獲利至上

你的一舉一動，
都是他們的賺錢工具！

Facebook、Instagram、WhatsApp

Meta 集團稱霸全球的經營黑幕

An
Ugly
Truth

Inside Facebook's
Battle for Domination

Sheera | Cecilia
Frenkel | Kang

希拉・法蘭柯 希西莉雅・康

著

陳柔含、謝維玲

譯

獻給提金、萊拉、歐塔克、爸爸、媽媽
獻給湯姆、艾拉、伊登、爸爸、媽媽

To Tigin, Leyla, Oltac, 엄마, 아빠
To Tom, Ella, Eden, אבא, אמא

目錄

作者的話

　　這本書訪談超過 400 人、共計 1,000 多小時，受訪者多為臉書的高階主管、離職與現職員工，以及他們的家人、朋友和同學，也有臉書的投資人與顧問。此外，還包括超過百位的立法與監管人士以及他們的助理；消費者與隱私權倡議者；美國、歐洲、中東、南美和亞洲的學者。受訪者都直接參與了所描述的事件，有少數例子是受訪者從當事者口中得知的消息。書中提及的《紐約時報》（The New York Times）記者即是我們或我們的同事。

　　《獲利至上》取材自從未報導過的電子郵件、備忘錄，以及與臉書高階主管有關或受其批准的內部報告。許多受訪者都提供了清楚的對話細節與當時的筆記、日程表，和其他讓我們得以重建與驗證事實的文件。由於聯邦政府與州政府正在和臉書進行爭訟，且受訪者的僱用合約中有保密協議，也害怕遭到報復，因此多數受訪者都不願具名，僅願以消息人士的身分接受訪問。書中闡述的事件，大部分都有獲得多人證實（包含目擊者或簡述該事件的人），讀者不應認為消息是由該情境的對話人所提供。即使臉書發言人否認某些事件，或否認本書對臉書公司高層的形象描述，我們也有多位對事件有直接了解的人士能佐證。

　　我們之所以能寫出這本書，受訪者的重要性不可抹滅，他們讓自己的職涯蒙受風險，若他們沒有發聲，我們就無法完整地描述當今最

具影響力的社會實驗。這些人提供了來自臉書內部的稀有視角；雖然臉書宣稱其使命為創造一個「緊密相連、言論開放」的世界，但企業文化卻要求員工保守祕密，展現無條件的忠誠。

　　一開始，祖克柏（Mark Zuckerberg）和桑德伯格（Sheryl Sandberg）曾向臉書的傳播部門員工表示，希望能在這本書中傳達他們的看法，但他們卻不斷拒絕受訪。桑德伯格曾三次邀請我們到門洛帕克（Menlo Park）和紐約進行不留紀錄的私下談話，並保證未來還會有更長的訪談，但她一得知我們的報導具批判性後，便切斷了直接的聯繫。顯然，臉書某些未經粉飾的行徑，跟臉書的公司願景並不一致，也和她的副手角色頗有出入。此外，我們也被告知，祖克柏沒有興趣接受訪談。

序章

不計一切代價

　　一位臉書的前高級主管說，馬克・祖克柏最恐懼的三件事就是臉書被駭、員工受傷，以及社群網絡被監管人士破壞。

　　2020 年 12 月 9 日下午兩點半，他的最後一個恐懼變成了迫在眉睫的威脅，因為聯邦貿易委員會（Federal Trade Commission）以及幾乎全美國各州政府都控告臉書傷害用戶，且試圖解散這間公司。

　　成千上萬支手機螢幕上都出現了新聞快報，這件事讓 CNN（美國有線電視新聞網）和 CNBC（全國廣播公司商業頻道）都暫停了日常節目，《華爾街日報》和《紐約時報》的網站首頁也刊出報導。

　　緊接著，負責協調兩黨共 48 位檢察官的紐約州檢察長詹樂霞（Letitia James）召開記者會說明此案❶，這是自 1984 年美國電信商 AT&T 被拆分後，政府對民營公司發動的最強攻勢。她對臉書提出了全面性的指控，尤其是針對公司領導人馬克・祖克柏和雪柔・桑德伯格❷。

　　「臉書在哈佛大學初創時，就開始壟斷市場了。」詹樂霞說道。數年來，臉書為了殲滅競爭者，祭出了「買不成便埋葬」（buy-or-bury）的策略，結果製造出一間強大的壟斷公司，帶來各式各樣的破壞。它濫用用戶隱私，讓惡毒的傷害性言論到處傳播，觸及了 30

億人口。「臉書利用龐大的資本和資訊，碾壓或阻撓該公司認定的潛在威脅。」詹樂霞說，「不只減少了消費者的選擇、扼殺創新，也削弱無數美國人的隱私。」

在訴訟文件中，馬克・祖克柏的名字被提及超過一百次，稱他是一位打破規則、以謊言和欺壓獲取成功的創辦人。檢察長們引述臉書的競爭者和投資者的電子郵件，寫道：「當你踏進臉書的勢力範圍或抗拒宣傳，祖克柏就會進入『毀滅模式』，對你的事業展開『馬克式懲罰』。」祖克柏非常害怕輸給對手，因此「臉書將目標放在消滅或阻撓，而不是以表現與創新來戰勝競爭威脅」。州訴狀中更提到他暗中窺探競爭者，在收購新創的 Instagram 和 WhatsApp 後很快就違背當初對創辦人的承諾。

前 Google 高階主管雪柔・桑德伯格自始至終都與祖克柏站在同一陣線，她將他的技術轉變成強大的獲利機器，以創新又害人於無形的廣告「監視」用戶的個人資料。臉書的廣告是建立在一種不安全的回饋機制之上：用戶花愈多時間在臉書，臉書就可以挖掘更多資料。對消費者來說，誘因是可以免費使用服務，但他們承受了另一種高昂的代價。州政府起訴書寫道：「使用臉書無需花費任何一毛錢，但用戶要付出時間、注意力和個人資料以換取臉書的服務。」

這是一種不計代價、只求成長的經營策略，而桑德伯格是這個產業裡將此策略擴大應用的佼佼者。她做事非常有條理，善於分析、工作努力，也有絕佳的人際交流技巧，正好完美襯托了祖克柏。她負責祖克柏沒興趣管理的所有部門，包含政策傳播、法規、人力資源和營創（revenue creation）部門。桑德伯格憑藉多年的公開演說經驗，聘請政治顧問打造公眾形象，成為了臉書投資人和大眾都喜愛的人物，轉移大家對核心問題的關注。

一位政府官員在訪談中說：「臉書的商業模式有問題。」桑德伯格的行為鎖定廣告＊把用戶的個資視為金融工具，像玉米或五花肉一樣在市場上交易。這位官員更將她的手法稱為「一種傳染病」，呼應了肖莎娜・祖博夫（Shoshana Zuboff）的說法❸。祖博夫是學界的行動派人士，一年前就形容桑德伯格「在扮演傷寒瑪莉的角色，將監控式資本主義從 Google 帶進臉書，成為祖克柏的副手。」

因為缺乏競爭者，臉書領導階層並不重視用戶的福祉，「臉書上的錯誤訊息、暴力或引人反感的內容與日俱增」，檢察長們在訴狀中指稱。監管人士說，即使平台上出現不法行為，例如俄羅斯在臉書散播不實消息和劍橋分析（Cambridge Analytica）事件的醜聞，用戶也沒有棄臉書而去，因為替代的平台不多。詹樂霞簡單明瞭地敘述：「臉書不從事良性競爭，而是用權力抑制競爭，這樣就可以占用戶的便宜，將個資變成搖錢樹。」

當聯邦貿易委員會對臉書發動這場指標性的訴訟時，我們對這間公司的調查已經趨近完成，這是歷時 15 年的記述，以絕無僅有的角度從內部審視臉書。臉書的故事已在書本和電影中以不同版本呈現過，祖克柏和桑德伯格也都是家喻戶曉的人物，但大眾對他們還是一無所知，這背後是大有原因的。他們極力保護自己的形象，一個是科技願景家與慈善家，一個則是商場強人和女性主義者。他們身邊圍繞著忠誠人士，以保密文化嚴加維護「MPK」（員工對臉書門洛帕克總部園區的簡稱）的內部運作。

許多人認為臉書是一間迷失了方向的公司，就像經典的科學怪人

＊　編注：「行為鎖定廣告」（behavioral targeting advertising）指透過分析訪客的網路瀏覽行為，精準把握訪客特徵，然後將廣告投放給具有同樣特徵的目標客群。

故事，怪物從創造者手裡逃脫了出來；但我們抱持不同的看法。我們相信，2007 年 12 月，從祖克柏和桑德伯格在聖誕派對上見面的那一刻起，他們就嗅到了把公司改造成今日全球強權的潛力❹。兩人合作建立了勢不可擋的商業模式，創造出 2020 年營收 859 億美元❺、市值高達 8,000 億美金的臉書帝國，這完全是精心設計的結果。

　　我們選擇把焦點放在 2016 ～ 2020 年兩次美國總統大選之間的五年，因為在這五年當中，臉書沒有保護用戶，也暴露出這個全球強大社群平台的弱點，臉書今日之所以如此的問題癥結都在這段期間浮上檯面。

　　我們可以把臉書的問題僅視為演算法出錯，這樣想容易許多，但真相遠比這複雜得多。

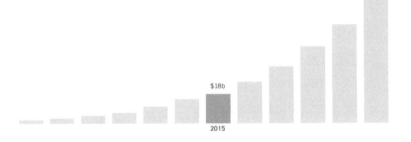

$18b

2015

第一章

別得罪你惹不起的人

臉書敢不敢刪除川普貼文？

　　深夜時分，門洛帕克的同事們下班數小時後，一位臉書工程師忍不住回到筆記型電腦前面。他剛才開心地喝了幾罐啤酒，這大概是他後來違背工作原則的原因之一。他知道，只要在鍵盤上輕敲幾下，就可以取得幾天前那位約會女子的臉書資訊。那次約會進行得不錯，但他們分開後 24 小時她便不再回覆訊息了。他想偷看她的臉書滿足好奇心，看看她是不是生病了？去度假了？還是小狗死了？只要能夠解釋為什麼她不想繼續約會就好。

　　晚上十點，他決定登入筆記型電腦，利用權限取得臉書所有用戶的串流資料，搜尋他的約會對象。這位工程師知道約會對象的姓名、出生地和就讀的大學，所以只花了幾分鐘就找到她。臉書的內部系統

存有豐富的資訊，包括用戶在聊天室跟朋友之間數年的私訊對話、參與的活動、上傳的照片（包含她刪掉的那些），還有她留言或點閱過的貼文。他看到臉書為了協助廣告商投放廣告而對她做的歸類：公司判斷她 30 多歲，政治傾向偏左，生活多采多姿。她興趣廣泛，從狗到東南亞度假都有；透過她安裝在手機上的臉書應用程式，他更得知了她的即時位置。十幾頓晚餐約會都無法讓這位工程師獲得這麼多訊息，而現在，第一次約會後還不到一週，他就取得了所有資訊。

臉書的主管都對員工強調，只要有人被發現利用權限取得用戶資料作個人用途（例如查看朋友或家人的帳號），就會馬上被開除。然而，主管也知道公司沒有預防措施，因為這套系統的設計目的就是要公開透明、讓所有員工都能取得資訊，這是祖克柏的根本理念之一。祖克柏要去除拖累工程師、讓他們無法快速工作和獨立作業的繁文縟節。這項規範在臉書員工還不到 100 人時就開始實施，但幾年後公司有了數千名員工，卻沒有人重新審視此系統，只有員工的「良心」能阻止他們濫用權限取得用戶的私密資訊。

從 2014 年 1 月到 2015 年 8 月，臉書開除了 52 位存取用戶資料的員工，這位查看約會對象個資的工程師只是其中之一。在濫用特權的案例中，大部分是男性員工在查看他們感興趣的女性，其中多數人都僅止於查看用戶資訊，但也有少數人遠不只是這樣；有位工程師就用臉書資訊找到跟他一起去歐洲度假的女性當面對質——他們兩人在旅途中吵架，這位工程師便在她離開兩人同住的房間後，追蹤她到新入住的旅館。另一位工程師甚至在第一次約會前就存取了約會對象的臉書頁面，他發現她常去舊金山的多洛瑞斯公園（Dolores Park），有天他就去那裡找她，跟她朋友一起享受陽光。

被開除的工程師用筆記型電腦查看特定帳號時，這種不尋常的活

動會觸發臉書的系統，傳送違規訊息給工程師的主管，上述員工就是事後被發現的案例，但我們不曉得有多少人沒被發現。

臉書的內部系統設定，讓工程師能輕易窺探用戶隱私

馬克‧祖克柏第一次注意到這個問題是在 2015 年 9 月，也就是艾力克斯‧史戴摩斯（Alex Stamos）成為臉書新任資安長的三個月後。祖克柏的高階主管們聚在名為「水族箱」（the Aquarium）的執行長會議室中，抱著接下來可能會聽到壞消息的心理準備，因為業界公認史戴摩斯對資安的要求很高又直言不諱。那年夏天他被聘用時所定下的目標之一，就是要全面評估臉書的資安現況，這會是第一個由外來者執行的評估。

高階主管們交頭接耳，認為在這麼短的時間內不可能做徹底的資安評估，無論史戴摩斯交出怎樣的報告，肯定都只會點出一些表面的問題，讓這位新上任的資安長在任期一開始就輕鬆獲得好評。如果史戴摩斯能擺出像其他臉書高層那樣樂觀無比的態度，大家的日子都會好過一點。現在是公司狀況最好的時候：Instagram 的廣告業務拓展了❶，也創下每日登入用戶都達十億的新里程碑，他們只要坐看臉書這台機器靜靜運轉就可以了。

結果史戴摩斯反而有備而來，在報告中詳細指出臉書核心產品、勞動力和公司架構的問題。他告訴大家，臉書將太多資安部門的人力用在保護網站，嚴重忽略了包含 Instagram 和 WhatsApp 在內的手機應用程式。臉書曾經承諾要加密資料中心的用戶數據，實際上卻沒有進展，不像史戴摩斯的前東家雅虎（Yahoo），在美國國家安全局（National Security Agency）的吹哨者愛德華・史諾登（Edward Snowden）揭露政府可能窺探了矽谷公司裡未受保護的用戶數據後❷，這兩年已經迅速開始保護數據。臉書的資安責任散落在公司各處，根據史戴摩斯的報告，臉書「在技術上或文化上都沒有準備好要面對」當前的挑戰。

史戴摩斯對高階主管們說，最糟的是公司雖然在過去的一年半裡，開除了很多濫用權限的員工，但並沒有解決或預防這個很明顯是系統性的問題。他在一張圖表中標示，幾乎每個月都有工程師利用臉書工具侵犯用戶隱私，滲入用戶的生活；那些工具原是為了方便工程師取得資料來打造新產品的。如果大眾知道這些違規情事，會非常憤怒；十幾年來，臉書有數千名工程師都在自由存取用戶的私密資料。史戴摩斯標示的只是被公司掌握的案例，他警告還有更多人躲過了偵測。

祖克柏明顯對史戴摩斯提出的數據感到訝異，也不太高興沒有人早點讓他知道這個問題。「負責工程管理的人都知道有員工不當使用資料，卻沒有人把案例匯整在一起，他們也很驚訝有這麼多工程師濫用資料。」史戴摩斯回憶道。

為什麼過去沒有人想到要重新評估這套讓工程師存取用戶資料的系統呢？祖克柏問，但會議室裡沒有人明講這個系統是他親自設計上線的。幾年來，他的員工曾建議用其他方式建構資料保存系統，但徒勞無功。「臉書過去曾有機會選擇別條路，做不同的決定，也許就能限制或甚至減少我們蒐集用戶的資料。」一位在 2008 年加入臉書，在公司裡跨團隊工作的老員工表示，「但這有違馬克的天性，即使之前我們提供他這些選項，我們也知道他不會選這條路。」

保護用戶隱私 vs. 提升工程師效率，
是相衝突的兩難困境？

　　包括工程團隊主管在內的臉書高階主管，例如杰．波瑞克（Jay Parikh）和佩卓．康納賀提（Pedro Canahuati），都以資料存取權作為賣點，向團隊的新進工程師誇耀。臉書是全世界最龐大的測試實驗室，全球有四分之一的人都是受試者。主管們認為資料存取權象徵臉書高度透明且信任工程師。想知道用戶喜歡用飄出的氣球跟弟弟說生日快樂嗎？使用生日蛋糕的表情符號會有更高的回覆率嗎？工程師只要打開資料系統看看就可以了，非常即時，不需經過冗長又過度繁瑣的程序找答案。但康納賀提也提醒工程師資料存取權是一種特權，他說：「我們絕不容忍權限濫用，所以過去每一位不當存取資料的人都被開除了。」

　　史戴摩斯告訴祖克柏和其他高階主管，事後開除員工還不夠，他認為臉書有責任一開始就確保隱私權不被侵犯。他請求更改臉書現行的系統，撤銷多數工程師存取私密資料的權限，如果有人需要某個用戶的資料，就得透過適當管道提出正式申請。在當時的系統之下，有16,744 名臉書員工能存取用戶的私密資料，史戴摩斯希望這個數字能下降到少於 5,000 人；針對如衛星定位和密碼等最敏感的資訊，他則希望限縮到少於 100 人。「每個人都知道工程師可以取得大量的資料，卻沒有人想過臉書已經發展成這麼大間的公司，能存取資料的人有這麼多。」史戴摩斯解釋，「大家都沒注意這點。」

　　臉書的工程主管波瑞克不理解為什麼公司必須顛覆整個系統？史戴摩斯建議的更動會大幅拖累許多產品團隊的工作。臉書大可實施預防措施即可，如限制工程師的資訊存取量，或在工程師查看某種資料

時發出警訊。

產品工程部主管康納賀提也這麼認為，他告訴史戴摩斯，要求工程師每次存取資料時都提出書面申請實在難以實施，並指出：「這會讓整間公司的效率急遽下降，甚至包括其他的資安工作。」

祖克柏則表示，改變系統是第一要務，並請史戴摩斯和康納賀提想出解決方法，在一年內向大家報告進度。但是對工程團隊來說，這會造成很大的動盪，會議室裡許多主管都私下埋怨，認為史戴摩斯端出了最糟的劇本，說服老闆進行結構性的大檢修。

史戴摩斯那天占了上風，但也樹立了一些敵人。

在這場 2015 年 9 月的會議上，有位高階主管缺席了。雪柔·桑德伯格的先生在四個月前才剛過世。資安問題是桑德伯格的職責，嚴格來說史戴摩斯在她的管轄之下，但她從未對他所提出的整頓表示同意，也沒有被徵詢過意見。

為什麼臉書不刪除川普貼文？

2015 年 12 月 8 日，臉書全球公共政策副總裁喬爾·卡普蘭（Joel Kaplan）在印度新德里一間旅館的商務中心，接到一通來自 MPK 的緊急電話，一位同事通知他得參加一場緊急會議。

幾個小時前，川普（Donald Trump）陣營在臉書上發布了他在南卡羅來納州普萊森山（Mount Pleasant）的演說影片。川普在影片中承諾要對恐怖分子採取更嚴厲的措施❸，接著將恐怖分子和移民連結在一起，他說歐巴馬總統對非法移民都比對受傷的士兵好。川普向群眾保證，他不會跟歐巴馬一樣，「我要全面並徹底禁止穆斯林進入美國，

直到國會議員把事情都搞清楚。」他宣布，觀眾爆出陣陣喝采。

　　煽動種族和移民議題是川普競選總統的重心，他的團隊更利用社群媒體火上加油。反穆斯林演說的影片在臉書上很快就吸引超過 10 萬人按讚，被分享超過 14,000 次。

　　這個影片讓社群媒體陷入了困境，社群平台對像川普這樣的候選人毫無準備，他吸引了極多的追蹤量，但也分化了許多臉書的用戶和員工。針對這件事，祖克柏和桑德伯格向卡普蘭尋求意見，他當時正在印度挽救祖克柏的免費網路服務計畫。

　　卡普蘭打了一通視訊電話，參與的有桑德伯格、臉書政策與傳播部長艾略特・舒瑞格（Elliot Schrage）、全球政策管理部長莫妮卡・畢柯（Monika Bickert），以及幾位政策和傳播部門的高級主管。卡普蘭已經在外旅行了好幾天，他的時間比位在總部的同事快 13.5 個小時。他靜靜地觀看視訊，聽著大家的擔憂，他得知祖克柏已表明對川普的貼文感到不安，認為可能會有人要求臉書移除貼文。卡普蘭建議主管們別草率行動。如何處理川普的反穆斯林言論由於政治因素而變得複雜，臉書多年來在經濟和政治上對民主黨的支持，讓他們在共和黨面前的形象不太光彩，共和黨也愈來愈不信任臉書的政治中立性。卡普蘭把川普的競選活動視為十足的威脅，而川普在臉書和推特（Twitter）的大量追蹤人數也顯示出共和黨內部有巨大的分歧。

　　卡普蘭還說，移除總統候選人的貼文是個重大決定，會被川普和他的支持者視為言論審查，也會被解讀成公司偏好自由派，支持川普的頭號勁敵希拉蕊・柯林頓（Hillary Clinton）。「別得罪你惹不起的人。❹」卡普蘭提醒道。

　　桑德伯格和舒瑞格對於如何處置川普的帳號沒有太多意見，他們相信卡普蘭的政治直覺；他們跟川普的圈子沒有交集，也沒見過這種

語不驚人死不休的政治風格。但那天會議上的某些主管卻非常吃驚，因為卡普蘭似乎**讓政治凌駕了原則**。一位參與視訊通話的人士形容他執著於穩定船隻，卻沒看見川普的言論正在捲起巨浪。

幾位資深高階主管紛紛發聲認同卡普蘭，他們擔憂關閉總統候選人的言論會上頭條新聞和引發反彈。川普和他的支持者早就把桑德伯格和祖克柏視為自由派菁英，是有錢又有權的資訊守門人，可以用不為人知的演算法審查守舊的意見。因此，臉書不能偏頗，這對保護事業是非常重要的。

於是視訊會議轉而開始嘗試正當化這個決定。川普的貼文可能會被認定違反臉書的社群規範，以前就有用戶檢舉他的競選帳號發表仇恨言論，數次的警告也讓臉書有理由徹底移除帳號。然而，同是哈佛法學院畢業生的舒瑞格、畢柯和卡普蘭都在想辦法擠出法律上的論點，為允許這則貼文的決定辯護。他們仔細探討仇恨言論的構成要件，連川普的文法也沒放過。

「他們一度開玩笑說，最高法院大法官曾經把色情定義為『我一看就知道』（I know it when I see it.）*，臉書可得想出類似的說法。」一位參與對話的員工回憶道，「對於川普可能遭到封鎖的言論，臉書難道可以劃出清楚的界線嗎？劃界線似乎不是明智的做法。」

嚴格來說，臉書禁止仇恨言論，但公司卻一直改變仇恨言論的構成要件。什麼言論會讓臉書採取行動，在同一國家的不同地區都不一樣，需配合當地法律。各界對於兒童情色和暴力內容已有普遍的定義，但仇恨言論的定義不只因國家而異，也因文化而異。

---

* 編注：這裡是開玩笑說臉書可以像大法官一樣，不明確定義何謂「仇恨言論」。1973年，美國最高法院審理米勒案（Miller v. California, 413 U.S. 15 (1973)），大法官波特‧史都華（Potter Stewart）曾說：「……也許我無法清楚定義（色情刊物），但我一看就知道。」

主管們在討論中意識到，如果能想出解套方案，臉書就不用幫川普辯護。**大家同意用「具新聞價值」為準則來保護政治演說，他們認為政治演說需要受到特別保護，因為大眾需要未經加工的影片來產生對候選人的看法。**臉書的主管為政治演說創造了一套新的言論政策基礎，卻沒有經過審慎思考。「他們簡直在鬼扯，」一位員工回憶說，「匆匆忙忙就做了決定。」

對喬爾·卡普蘭來說，這是證明自己價值的關鍵時刻。雖然會議上有些人不太喜歡他，但他對來自華盛頓逐漸擴大的威脅提供了重要的建議。

雪柔聘用保守派員工，平衡臉書內部的自由派勢力

桑德伯格 2008 年到臉書任職時，公司已經忽視保守派一段時間了，這是很關鍵的疏失，因為在蒐集用戶資料的立法上，共和黨是臉書的盟友。當眾議院在 2010 年翻盤，共和黨拿下多數席位時，桑德伯格僱用了卡普蘭來平衡臉書的議員遊說辦公室裡嚴重偏向民主黨的員工，改變華府認為臉書偏好民主黨的印象。

卡普蘭是純正的保守派，他是小布希（George W. Bush）總統的辦公室副主任，也是前美國海軍炮兵官、哈佛法學院畢業生，曾為最高法院大法官安東寧·史卡利亞（Antonin Scalia）擔任書記。他 45 歲，比多數 MPK 的員工都大上幾十歲，跟典型的矽谷自由派科技專家正好相反。（他和桑德伯格在 1987 年認識，那時他們是哈佛的大一生，曾短暫交往，戀情結束後依然維持朋友關係。）

卡普蘭是工作狂，跟桑德伯格一樣，很重視公司。他在白宮工作

時，辦公室裡放了一個三折白板，上面列有政府面臨到的棘手議題：汽車業紓困、移民改革、金融危機。他負責處理複雜的政策議題，讓問題不會延燒到總統的橢圓形辦公室。卡普蘭在臉書的角色也差不多，他受命保護公司的商業模式不受政府干擾，從這點來看，他的表現非常優秀。

2014 年，桑德伯格提拔了卡普蘭，除了負責遊說華府之外也領導全球公共政策部門。**2014 ～ 2016 年，臉書都在為歐巴馬之後可能換上的共和黨政府做準備**，但川普卻讓他們的計畫無用武之地，因為川普並不是共和黨的當權派。遇上這位前實境節目明星，卡普蘭的政治資本似乎變得毫無價值。

雖然川普為臉書製造了令人頭痛的問題，但他是極具影響力的用戶和重要的廣告客戶。從川普競選之初，他的女婿傑瑞德·庫許納（Jared Kushner）和數位經理布萊德·帕斯凱爾（Brad Parscale）就把大部分的媒體資金投入社群媒體，他們鎖定臉書，因為臉書有便宜又簡單的受眾鎖定功能可以擴大競選廣告的效益❺。帕斯凱爾利用臉書的「精準鎖定」（microtargeting）工具，比對選舉陣營的電子郵件清單和臉書的用戶清單來找到選民；他與進駐川普紐約競選總部的臉書員工合作❻，即興改編希拉蕊·柯林頓的每日演說，並投放負面廣告給特定觀眾。川普陣營購買了許多廣告和影音訊息❼，這些訊息比電視還容易觸及廣大的群眾，而臉書則是非常積極合作的夥伴，於是川普成了社群平台上難以忽視的存在。

2016 年的美國總統大選將一掃社群媒體對政治活動是否有影響力的疑慮。2016 年初，44% 的美國民眾表示他們會從臉書、推特、Instagram 和 YouTube 獲得有關候選人的消息❽。

「尊重言論自由」是最好的擋箭牌

　　十幾年來，臉書每週五都會舉行全公司的非正式會議，稱為「問題與答案」（Questions and Answers），或「問答」（Q&A）。會議形式很簡單，也符合業界標準：祖克柏會短暫發言，然後回答員工票選出來最高票的問題。這比臉書每一季的「全員大會」（all-hands）輕鬆許多，全員大會有更嚴謹的議程，也會安排特別的內容與報告。

　　門洛帕克有幾百位員工參加了「Q&A」會議，全世界更有數千人在臉書辦公室線上觀看即時會議。

　　川普發表了穆斯林國家旅行禁令的演說之後，員工都在「Q&A」會議開始前，到臉書內部社團 Tribes 的留言板上抱怨，認為公司應該要移除川普的演說。另一個臉書內部平台 Workplace 的群組裡，還有更多的專業討論，大家在上面詢問臉書過去是怎麼處理政治人物的言論。他們不滿臉書高層沒有對員工眼裡明顯是仇恨言論的東西表達反對立場。

　　一位員工走向麥克風，大家都安靜了下來。他問祖克柏：「你認為臉書有責任撤下川普呼籲限制穆斯林入境的選舉影片嗎？」❾這位員工接著說，這些針對穆斯林的發言似乎涉及了仇恨言論，違反臉書的社群守則。

　　祖克柏很習慣在「Q&A」會議上巧妙回覆困難的問題，他被問過有關計畫不周的商業案、公司員工缺乏多元性，還有在競爭中獲勝的計畫。但現在，他的員工問了一個連臉書高層都沒有共識的問題，祖克柏只能仰賴他的核心論點。他說這個議題不好處理，但他堅定信仰言論自由，移除貼文的做法太過激烈。

　　祖克柏總是老調重彈這套自由主義的台詞：1791 年通過的美國

憲法第一修正案中，明訂了對言論自由的重要保障 *。他的解讀是，言論自由不該受到阻礙。臉書會在各種想法和一片爭論聲中擔任主持的角色，幫忙教育用戶和提供資訊。

憲法第一修正案的目的是要確保人民不受政府干擾，藉此促進健全的民主、保護社會，然而臉書以點閱率來排序行為鎖定廣告、淫穢內容，並挖掘用戶資料，這些作為都和促進社會健全的理想對立。史丹佛大學網路觀察中心（Internet Observatory）研究員芮妮・迪雷斯塔（Renée DiResta）說，臉書演算法造成的危害，「被政客和權威人士扭曲，他們抱怨新聞審查制度，錯誤地合理化平台上的內容」[10]。她還說：「用演算法擴大觸及率是不對的，這是亟需改正的問題。」

這個議題相當複雜，但對某些人來說，解決之道很簡單。臉書全球政策管理部長莫妮卡・畢柯在 Workplace 平台的群組裡，發布了一則所有員工都看得到的公開消息，說川普的貼文不會被移除，而且大家可以自行評斷公司的決定。

---

*　編注：在美國，憲法第一修正案是用於防範政府侵害人民自由，壓制特定言論，但臉書是民間企業，審核言論並不違反憲法第一修正案。

第二章

洞悉人性的下一個大人物

讓大家自願交出個資

　　若不回顧臉書走的路有多遠，速度有多快，我們便無法了解這間
公司為什麼今日會出現如此危機。

　　馬克‧祖克柏第一次看見名為「臉書」（the Facebook）的網站時，
這個網站已經有人構想好、寫好程式碼，也有了名字。「the Face-
book」立意良善，目的是促進朋友之間的聯繫，而且是免費的。而祖
克柏的第一個想法就是**破解它**。

　　2001 年 9 月，祖克柏是個 17 歲的高年級生，就讀菲利普斯埃克
塞特學院（Phillips Exeter Academy），這是一間在新罕布夏州頗負盛名的
寄宿學校。祖克柏的出身跟許多同學都不一樣，他是牙醫的兒子，同
學的父母則是前州政府官員和企業負責人。但這位又高又瘦的青少年

很快就找到了自己的天地，在學校的拉丁文和電腦課生龍活虎，以電腦鬼才的名聲立足校園。他靠著提神飲料和起司玉米棒，帶領其他學生整晚狂寫程式碼，試著駭進學校系統或寫出可以快速完成作業的演算法。有時祖克柏會舉辦寫程式比賽，贏家通常都是他。

埃克塞特學院有一本壓模製作的紙本通訊錄，被大家稱為「the Facebook」，裡面有學生的姓名、電話號碼、地址和大頭照。數十年來，這本通訊錄的形式幾乎都沒有改變，直到當時的學生會計畫將全校學生的通訊錄放上網路。

這個主意的發想人是學生會的成員克里斯多福・提樂瑞（Kristopher Tillery），他跟祖克柏同屆，對寫程式的興趣不算高，卻很著迷於音樂共享平台 Napster 和雅虎這種受同學歡迎的科技公司。他想讓 1781 年就創立的埃克塞特學院也有現代又新潮的感覺，於是心想，沒有比將「the Facebook」通訊錄上傳到網路更好的方法了。

他從沒想過網站會就此發揚光大。每個人只要點選幾下，就能看到同學的檔案，這是很新奇的事，但也讓大家將惡作劇玩出了新高度，比如：有人收到了自己沒有訂的鰻魚披薩；或是學生喬裝成校方人員，打電話給其他同學，警告他們大樓要淹水了，或罵他們抄襲作業。

沒過多久，就有同學開始向提樂瑞抱怨網站有問題：馬克・祖克柏的頁面壞了，只要有學生想點進祖克柏在網站上的檔案，瀏覽器就會故障，他們使用的視窗會被關掉，有時電腦還會沒反應，得重新開機。

提樂瑞調查後發現，祖克柏在他自己的檔案裡加了一行引發故障的程式碼，然後輕鬆解決了故障問題。提樂瑞心想，這行程式碼當然是馬克寫的，「他好勝心強，而且非常非常非常聰明。他在向大家展

示他的技術比我好。他想看能不能把我做的東西再往前推進，我把這當成測試。」

臉書的由來：「臉蛋調情」哈佛正妹評選網站

兩年後的某天晚上，祖克柏在哈佛喝醉，建立了一個評選女同學外貌的部落格「臉蛋調情」（FaceMash）——這就是臉書的由來，一個老掉牙的故事。但講述這個神話故事時，大家經常遺漏掉一件事，就是當哈佛學生迅速擁抱祖克柏創建的「臉蛋調情」網站時，有些人卻警覺自己的隱私被侵犯。「臉蛋調情」上線後幾天，哈佛的兩個學生社團寄了電子郵件給祖克柏，對他的網站表達關切❶。他們是拉丁文化社「拉丁力」（Fuerza Latina）和哈佛黑人女性組織（Association of Black Harvard Women）。

祖克柏立刻回覆這兩個社團，解釋網站大受歡迎是個意外。他在一封他知道會被公開的電子郵件中寫道：「我知道網站有些地方還不完善，我還需要一點時間來思考這適不適合開放給哈佛學生。」他還說：「侵犯隱私不是我的本意，我沒考慮到網站的觸及速度，進而造成傷害及影響，我很抱歉。」

哈佛的電腦服務中心認為祖克柏違反著作權，也可能違反了校方的學生身分認證相關規定。祖克柏出席聽證會時，一再重複先前對學生社團的解釋：「臉蛋調情」是個程式碼實驗，他只是對演算法和電腦科學裡的網站運作機制有興趣，且堅稱沒想過這個網站會被大家瘋傳，他也向感到隱私被侵犯的學生道歉。

祖克柏受到責罵，同意定期跟學校的輔導老師會面，但他後來就

從哈佛休學了，以一種未來大家都很熟悉的模式退場。

祖克柏：我想設計一個「讓大家浪費時間」的網站

後來，祖克柏繼續創建只有學生能加入的私人社群網絡。他的同儕也有一樣的想法，其中最有名的是卡麥隆和泰勒・溫克爾伏斯兄弟（Cameron and Tyler Winklevoss）*，他們跟人脈頗廣的哈佛同學迪維亞・納倫德拉（Divya Narendra）都找過祖克柏，希望祖克柏可以幫忙寫程式碼，但祖克柏卻把注意力放在一個已經領先他的學生身上。2003 年秋天，一位哈佛大三生艾倫・葛林斯潘（Aaron Greenspan）推出了一個名為「the Face Book」的社交網站，網站很簡潔，刻意營造了專業感。葛林斯潘想創造對教授或求職者有用的資源，但「the Face Book」最早的幾個版本因為可以讓學生張貼別人的個資而受到批評，《哈佛大學校報》（the Harvard Crimson）更抨擊這可能會帶來資安危機❷。基於反彈，網站很快就暫停運作。

葛林斯潘聽聞了祖克柏在哈佛大學的名聲之後便主動找他，兩人在競爭中成了朋友。2004 年 1 月 8 日，葛林斯潘看到通訊軟體上有一則祖克柏傳來的訊息，嚇了一跳，因為他並沒有留帳號給祖克柏。那天稍早他們在哈佛柯克蘭宿舍（Kirkland House）一起吃晚餐，氣氛尷尬，因為葛林斯潘問祖克柏接下來想發展哪種類型的網站，但祖克柏拒絕回答。不過，祖克柏在聊天中透露了想法，他希望結合自己正在開發的社群網絡和葛林斯潘的計畫，建議葛林斯潘重新設計網站❸。

---

* 編注：當時卡麥隆和泰勒・溫克爾伏斯兄弟想要創立一個叫「ConnectU」的社交平台。

但葛林斯潘婉拒了祖克柏的建議，並問他想不想把東西放進自己已經上線的網站。葛林斯潘說：「我們之間的關係，大概會有點像達美航空（Delta Air Lines）跟頌航空（Song Airlines）*。」

「但頌航空屬於達美航空。」祖克柏回覆他。

祖克柏有宏圖大志，並不想配合葛林斯潘，他認為他們也許會變成彼此的對手。他想創造一個不那麼正式的平台，因為客廳比辦公室更容易讓用戶聊起嗜好或喜歡的音樂。他跟葛林斯潘說，如果社交網絡讓人感覺「功能性太強」，用戶就不會分享太多事情。他想設計一個讓大家可以「浪費時間」的地方。

祖克柏透露自己在想辦法將個人資料運用到其他地方。葛林斯潘的網站要用戶提供特定資訊是因為有特殊目的，例如電話號碼可以讓同學聯繫彼此，地址可以用來開讀書會。「當大家基於某種原因在網站放上個人資訊，但你想把資訊用到其他地方，就需要做很多工作和預防措施。」祖克柏在訊息中寫道。**他希望用戶可以無限制地分享資訊，讓他蒐集更大量也更多樣的資料。**

他們討論到彼此可以共享一個用戶資料庫，讓學生只要註冊其中一個網站，就可以自動登錄兩個網站。他們的對話時而熱絡時而冷淡，祖克柏最後還是認為自己的東西比較有特色，也比較喜歡走休閒路線。

---

* 譯注：達美航空於 2003 年成立了頌航空，進軍廉價航空的市場。後因營運不佳，頌航空在 2006 年併回達美航空，正式終止服務。

同學為什麼給我這麼多個資？一群蠢蛋

　　祖克柏的直覺告訴他，社交網站要成功，就要讓同學願意分享私密小事。他大學主修心理學，對人類行為十分著迷，而他的母親曾是一位執業的精神科醫師。祖克柏注意到學生十分樂於分享個資，每一張喝醉的照片、每一則短笑話和值得分享的故事都是免費的內容，這些內容會吸引更多人加入臉書，看自己錯過了什麼消息。對他來說，社交網站的挑戰是要成為讓用戶不知不覺就會閒逛的地方。「我想成為新一代的音樂電視網（MTV）。❹」他跟朋友說。用戶在臉書上花愈多時間，就會揭露更多有關自己的事，無論他們有意或無意。用戶看了哪些朋友的頁面、多久看一次那些頁面、批准了誰的交友邀請，每一個小小連結都會加速實現祖克柏擴大社交網絡的願景。

　　「馬克是為了資料而取得資料的，我覺得他跟我很像，他知道擁有愈多資料，就愈能建構出正確的世界模型，然後理解世界。」葛林斯潘說，他在祖克柏推出跟他競爭的網站後，仍跟祖克柏保持聯絡。「**資料具有極為強大的力量，馬克看見了這點，他的最終目標就是權力。**」

　　祖克柏向學生保證，這個社交網絡是哈佛限定，是私密的。但臉書最早期的服務條款並沒有提到他們會如何使用個資（當時用戶也尚未把自己在網站上的活動視為個資）。祖克柏早期關注的焦點是自己能拿到多少同學的資料，在後來的幾年中，他轉而不斷吹捧自己串連人群的力量有多強大（他串起了全世界）。某次，他在線上聊天時說得很清楚，他完全可以自由存取蒐集到的資料❺。祖克柏在對話一開始就向朋友炫耀，如果哪天朋友想要某個哈佛學生的資訊，只要問他一聲就好：

祖克柏：我有超過 4,000 人的電子郵件地址、照片、住址和社群帳號。

　　朋友：什麼？你怎麼會有？

　　祖克柏：大家給我的。

　　祖克柏：不知道為什麼。

　　祖克柏：他們「相信我」。

　　祖克柏：一群蠢蛋。

我忙著管理世界，沒時間閱讀

　　2005 年 1 月，祖克柏略顯笨拙地走進美國最悠久也最受尊敬的《華盛頓郵報》（*The Washington Post*），到一間小會議室跟社長會面。當時祖克柏正準備慶祝社群媒體公司「臉書」（TheFacebook）創立一週年，他的網站已有超過 100 萬用戶，讓這位 20 歲的年輕人成了罕見人物。在志趣相投的科技同好圈裡，祖克柏已經習慣了他公眾人物的地位，但參加這場會議他顯得十分緊張。

　　祖克柏對政治權力雲集的華盛頓特區感到不自在，也不熟悉東岸媒體的小圈圈文化。六個月前，他才跟幾個哈佛的朋友一起到加州的帕羅奧圖市（Palo Alto）❻，住在有五個房間、後院游泳池上掛著高空滑索的農莊，利用暑假試營運臉書，後來就開始向學校請長假，並跟創投公司和企業家會面。這些企業家都在發展令人興奮的新技術，經營科技公司。

　　「祖克柏就像一個涉世未深的電影明星。」這是一位朋友的觀察，他在當時新創立的臉書工作，經常出入祖克柏口中的「臉書之

家」（Casa Facebook），也就是帕羅奧圖的那間房子。「以矽谷的標準來看，臉書還是一間很小的公司，但很多人已經把祖克柏視為下一個大人物。」

　　一些企業家的經營哲學取代了祖克柏原本可能在大三時從校園裡吸收的思想，如 PayPal 的共同創辦人彼得‧提爾（Peter Thiel），以及前瀏覽器霸主 Netscape 的共同創辦人馬克‧安德森（Marc Andreessen），前者在 2004 年 8 月投資臉書 50 萬美金。提爾和安德森是矽谷最有影響力的兩個人，他們不只創立和投資新公司，也影響了科技人對自己的期許。他們擁抱創新和自由市場，鄙視政府和法規越線干涉，其核心信念是由進步與利益所驅動的個體自主性。這樣的思維深植於部分的右派自由主義者心裡❼。矽谷的商業活動重新定義了企業的舊思維，目標是打破低落的效率和不良的舊習。（2011 年，提爾願意提供獎金給大學生，讓他們休學參與實習和創辦公司。❽）

　　這並不是正規的學習管道。「我從沒見過馬克讀書，或流露出對書本的興趣。」祖克柏一位朋友回憶道，他們有好幾次熬夜打電動，還拿一些跟衝突和戰役有關的概念來比喻商業活動。「他吸取了一些當時廣為流傳的想法，但對那些想法的背景沒有太大興趣。他對哲學、政治思想或經濟也沒興趣。如果你問他，他會說他忙著管理世界，沒時間閱讀。」

　　在科技愛好者和工程師的世界之外，祖克柏認識的人很少，但假日時他的同學奧莉薇亞‧馬（Olivia Ma）說服她父親和這位表現超齡的年輕程式專家見面。奧莉薇亞的父親是在《華盛頓郵報》負責投資新創的副總裁，而祖克柏的網站已經紅遍全國的大專院校。她父親十分激賞祖克柏，便在華盛頓的總部安排了會面。

只要能創新，一個月虧損百萬美金也沒關係

　　祖克柏穿著毛衣和牛仔褲來到報社，同行的還有 Napster 的創辦人西恩・帕克（Sean Parker），帕克在幾個月前剛上任臉書總裁。最後進入小會議室的是《華盛頓郵報》社長唐諾・葛蘭姆（Donald Graham），也是這間家族企業的第三代領導人。

　　葛蘭姆從小就在紐約市和華盛頓社交場合中長大，往來對象包括甘迺迪（John F. Kennedy）和詹森（Lyndon B. Johnson）家族，以及商業大亨如巴菲特（Warren Buffett）。報社在他的帶領之下，已經拿下超過 20座普立茲獎和其他的報導獎項，在刊出石破天驚的「水門案」後又更上一層樓。葛蘭姆已經意識到數位媒體帶來的隱憂，廣告客戶都非常興奮網路出現爆炸性的成長，Google 和雅虎等網站都在模仿 CNN、報社和其他媒體的報導，把民眾吸引到自己的平台。

　　葛蘭姆想觸及新世代的讀者，對科技平台尚未產生敵意，這點跟音樂領域和好萊塢的電影人恰好相反，葛蘭姆正在搜集資料，探尋可能的合作關係。他已經跟傑夫・貝佐斯（Jeff Bezos）聊過亞馬遜販售書籍的事情，現在則對這位從他母校輟學的年輕科技人感到好奇。「我不是一個很了解科技的人，但我想學。」葛蘭姆回憶道。

　　葛蘭姆對祖克柏的印象是不諳世事又害羞，他在一個大自己幾乎40 歲的人面前斷斷續續地解釋臉書如何運作，眼睛幾乎都沒眨。祖克柏說，哈佛的學生可以用基本資料建立頁面，包含姓名、班級、宿舍、社團、家鄉和主修領域，也可以查看彼此的資訊，並問對方想不想成為「朋友」，建立朋友關係後，就可以到對方的頁面上留言並張貼訊息。「星期四晚上有誰要去懷德納圖書館（Widener Library）準備化學考試嗎？」一些劍橋當地商家已經在臉書上買廣告❾，收入還算

能支付添購設備的費用。

「那《哈佛大學校報》會出問題，」葛蘭姆提起這份哈佛的學生刊物，「因為你，劍橋所有的披薩店都不會再到《哈佛大學校報》登廣告了。」他繼續說，社群網絡吸引了這麼多目光，廣告費用又相對廉價，想做大學生生意的旅行社、運動用品或電腦公司若沒有到網站打廣告就是傻子。

祖克柏笑著說沒錯，但也解釋他真正有興趣的並不是收入，而是「人」。葛蘭姆後來才知道祖克柏似乎不清楚收入和獲利之間的差別。他想獲得更多的用戶，並告訴葛蘭姆他要以最快的速度，將社交網站擴展到每一間大學，以免被人捷足先登。

祖克柏的平台把重點放在擴大規模和提高用戶參與度，與《華盛頓郵報》不同的是，祖克柏沒有賺錢的壓力，有很多時間可以爭取用戶。葛蘭姆對臉書的觸及潛力感到驚豔，他並沒有把臉書視為傳統報紙的威脅，而是未來報社往網路發展時可合作的新科技夥伴，尤其是他目睹過音樂和娛樂產業在數位轉型上所遇到的困難。對談了 20 分鐘後，他告訴祖克柏，臉書是這幾年來他聽過最棒的想法。幾天之內，他表示願意投資 600 萬美金，換取公司 10% 的股票。

時任臉書總裁西恩‧帕克很高興有媒體公司要投資臉書，他覺得自己在經營 Napster 時被創投搞得焦頭爛額，因此不太信任創投。帕克跟祖克柏的形象很不一樣，他讓人感覺像個滑頭業務；他讓媒體公司加入投資看似有點諷刺，因為他是 P2P* 音樂共享服務公司的共同創辦人，跟唱片公司有好幾個侵權官司。不過他們三個很快就敲定了

---

* 譯注：P2P，為 peer to peer 之縮寫，在此指的是點對點網路架構，讓資料可以在兩台電腦之間傳輸，不需經過伺服器。

這筆交易的大致輪廓，沒有投資條件書，只有口頭上的同意。

接下來幾週，《華盛頓郵報》的律師和臉書來回商討正式合約，期間臉書要求提高金額，並同意讓葛蘭姆進入董事會。3月時，祖克柏打給葛蘭姆，說他「在道德上陷入兩難」，因為創投公司Accel Partners給他的價碼比葛蘭姆還高兩倍。

Accel給一大筆錢，不拖泥帶水，也沒有護衛道統的傳統投資觀，不會拿獲利能力與責任施壓像祖克柏這樣的年輕創辦人，因為新創公司只要能創新和吸引客戶，即使一個月虧損數百萬美金也能獲得支持，繼續營運。**祖克柏的策略很簡單：要成為市場第一人、瘋狂成長。錢的問題晚點再想。**

葛蘭姆很欣賞祖克柏坦白了這件事，他告訴這位年輕人要選擇對他事業最有助益的投資。這個建議跟祖克柏的競爭天性不謀而合。「當你認識馬克，他留給你的印象通常是**很好勝**。」一位常去「臉書之家」的老朋友說，「他這個人不喜歡輸。」

臉書仍在賠錢，卻果斷拒絕雅虎10億美金收購

到了2005年冬天，臉書已經成為矽谷最具話題性的公司之一。每天新增的用戶量在快速增加，蘊藏的用戶資料也是。用戶從註冊帳戶的那一刻起便自願交出個資，包含家鄉、手機號碼、就讀過的學校、工作經歷、喜愛的音樂和書籍；世界上沒有公司以如此廣度和深度在蒐集資料。2004年末時已有100萬個大學生加入了臉書[10]，更令人驚豔的是，他們一天登入超過四次，只要是經過祖克柏批准上線的學校，大部分的學生都註冊了帳號。

投資人都認為祖克柏是繼比爾蓋茲、賈伯斯和貝佐斯之後的創業天才。「當時矽谷剛開始盛行一種不能質疑創辦人的思潮，他們就像國王一樣。」記者卡拉・史威雪（Kara Swisher）*說。她見證了祖克柏的崛起，也密切觀察祖克柏的良師益友。「我感覺祖克柏並不是深思熟慮的人，他很容易受安德森和提爾的意見影響。他希望自己在他們眼裡是聰明的，所以會採納他們所投射的右派自由主義思維和建議。」史威雪繼續說，這沒什麼壞處，祖克柏有源源不絕的動力，讓他願意背負一切代價以確保公司成功。

臉書營運的第一年，祖克柏就展現了殺戮本能，將掌控權緊緊抓在手裡。他在哈佛大方開出高階職位，找朋友加入公司，其中一位同學愛德華多・薩維林（Eduardo Saverin）投入了一筆為數不多的金額協助臉書起飛，獲得了共同創辦人的頭銜。但在 2004 年 7 月，祖克柏組了一間新公司，而這間公司基本上買下了他跟薩維林締約的股權持份，祖克柏因此得以重新分配股權，確定可以掌握多數，薩維林的持份卻從約 30% 被削減成不到 10%。薩維林對這項決定表達不滿，後來訴訟求償。當時的董事會由兩位早期的投資人組成，即彼得・提爾和創投公司 Accel 的創辦人吉姆・布雷爾（Jim Breyer），他們相當於諮詢顧問，給了祖克柏很大的決策自由權❶。

2005 年 9 月，臉書「TheFacebook」捨棄了前面的定冠詞，變成了「Facebook」，開始讓高中生加入，也繼續擴展到更多大學。在帕羅奧圖市中心街上，某間中國餐廳樓上小小的總部裡，祖克柏召集員工，安排比以前都更長的班表以因應需求。那年年底，當平台獲得超過 550 萬用戶時，他開始在每週會議結束時握拳大吼：「主宰社群網

---

* 編注：超級資深科技記者，擅長矽谷新聞報導，為《華盛頓郵報》、《華爾街日報》撰稿。

路世界！（Domination!）」

　　與此同時，陸續有好幾家公司開始對臉書提出投資和收購案❷，娛樂傳媒集團 Viacom、社群網站 Myspace 和 Friendster 都在《華盛頓郵報》和 Accel 提案投資後採取行動；雅虎在 2006 年 6 月提出的 10 億美金收購案，是最難拒絕的一個案子。矽谷很少有像臉書這麼小的新創公司，在沒有獲利的情況下收到這麼高的收購價格，因此幾位員工懇請祖克柏同意這筆收購案，董事會和其他顧問也告訴他，他可以帶著一半的錢離開臉書，去做任何想做的事。

　　雅虎的收購案讓祖克柏不得不開始思考長期的願景❸。2006 年 7 月，祖克柏跟提爾和布雷爾說他不知道該拿這筆錢怎麼辦，他可能只會用這筆錢再打造另一個類似臉書的平台。他也發現到，臉書的成長速度可以愈來愈快。「收購案讓我們第一次認真思考未來。」他說❹。祖克柏跟共同創辦人達斯汀・莫斯科維茨（Dustin Moskovitz）都認為他們「可以串連起比 1,000 萬個學生還要多的人。」

　　臉書的整個管理團隊接連離職，抗議祖克柏拒絕雅虎的提案。事後他回憶說，這是他在領導公司上最低潮的時刻，也是公司的重大轉折時刻，他說：「令人痛苦的並不是拒絕這項提案，而是後來公司走了一大票人，因為他們對臉書在做的事情沒有信念。」

　　然而，這個決定提升了祖克柏的聲譽，他的大膽為公司帶來了信心。他開始從微軟、雅虎和 Google 挖角員工，「大家都想到臉書工作，這裡有一股會做出一番大事的氛圍。」一名前 50 位被挖角的員工說，「如果你的履歷上有臉書的工作經驗，會很加分。」

創立「動態消息」頁面：祖克柏改變世界的起點

　　臉書正在快速成長，但公司紀律依然鬆散。在啤酒和能量飲料的加持之下，為新功能編寫程式的員工黑客松活動依然頻繁舉辦。每個員工都擠在同一張小桌子周圍，桌面上常有前一批輪班員工遺留的咖啡杯和巧克力包裝。如果工程師無法將自己的想法落實為初步的模型，會議就會臨時取消，沒有主管會給予意見或提供指引。

　　祖克柏很享受公司的寫程式活動，但他大部分的時間都在醞釀讓臉書取得領先地位的想法❶，即個人化的臉書登錄頁面（landing page），這是他拒絕雅虎收購案的信心來源。這個新功能叫做「動態消息（News Feed）」，它會將用戶的貼文、照片和更新的狀態重整為一份消息，基本上就是不斷更新的資訊流。在此之前，當用戶想看朋友的更新時，都得點進朋友的個人頁面，當時的臉書就像一個簡單明瞭的通訊錄，用戶頁面之間沒有連結，也沒有簡單的方式可以互相聯絡。

　　祖克柏認為動態消息會讓「消息」（news，也是新聞的意思）的傳統定義變得模糊。傳統的報紙或網站首頁上的新聞順序，是由報社編輯決定，但祖克柏想要依照用戶的個人喜好，來排序「興趣清單」❶，這會決定用戶收到什麼樣的**個人化消息**。最重要的是，用戶只會想看到跟自己有關的內容，所以只要是有提到用戶的貼文、照片或標記，都應要置頂在用戶的動態消息，接下來才是跟朋友有關的內容，並依朋友跟用戶的互動程度排序，然後是用戶加入的頁面跟社團內容。

　　動態消息的概念在祖克柏的筆記本裡看起來很簡單，但他知道這很有挑戰性，他需要找到能幫他開發演算法的人，為用戶想看的東西

排序，於是他找了魯琪‧桑維（Ruchi Sanghvi）。她是最早期的工程師之一，負責技術的部分，而管理此計畫的是祖克柏近期聘用的一組管理人，當中最知名的是克里斯‧考克斯（Chris Cox）。

考克斯是祖克柏從史丹佛大學網羅來的人才，當時考克斯正在攻讀自然語言處理（natural language processing）的研究所課程，這是語言學的領域之一，在探討人工智慧能如何協助電腦，處理並分析人的說話方式。考克斯頂著平頭、總是曬得黝黑，外表看起來像衝浪手，但說起話來卻是個科技人。他是史丹佛的頂尖學生，為了一間小新創公司而離開學校讓他的同學和教授都大感不解；當時臉書的競爭對手是更大又更有錢的社群網站 Myspace 和 Friendster。他沒跟祖克柏見面就答應了這份工作，但他們從正式認識的那一刻起就非常合得來。考克斯有一種讓老闆放心的魅力與天賦，他似乎很清楚祖克柏對產品和設計的想法。

考克斯非常適合這個職位，他能將祖克柏對動態消息的想法解釋給員工聽。祖克柏希望用戶可以每天花上好幾個小時瀏覽動態消息，跟朋友連結，並能保持上線，工程師的目標就是要讓用戶盡量在平台上活動，這項數據後來被稱為「連網期間」。從工程師的角度來看，動態消息系統無疑是臉書處理過難度最高也最複雜的設計，他們花了將近一年的時間寫程式，但帶來的影響卻無遠弗屆。**動態消息不僅改變了臉書的發展路線，也啟發了全球的科技公司，讓他們重新思考人們在網路上究竟想看些什麼。**

用戶嘴上抗議臉書洩漏隱私，使用頻率卻不斷攀升

　　2006 年 9 月 5 日，太平洋標準時間凌晨一點剛過，臉書員工都擠到辦公室角落觀看動態消息上線。除了臉書員工和幾位聽過祖克柏簡報的投資人，沒有人知道臉書的翻新計畫。有些顧問建議祖克柏用軟啟動的方式推出新功能，但意見並未被採納。

　　當啟用時間一到，全美國的用戶登入臉書時突然看見彈出訊息，告訴他們網站增加了新功能，然後只留給用戶一個按鍵：「太好了」。只要按下按鍵，舊的臉書就會永遠消失。桑維在彈出訊息中附加了貼文，興高采烈地向大家介紹這個新功能，但很少有用戶會認真去讀，他們一頭栽進了祖克柏創造的東西裡。不過，有一位用戶不甚滿意，而且很快就在一則貼文中寫道：「動態消息爛透了。」祖克柏和他的工程師一笑置之，認為大家**只是需要時間適應新設計**，於是決定先做到這裡，回家睡覺。

　　但那天早上，憤怒的用戶出現在愛默生街（Emerson Street）的臉書辦公室外面❶，臉書上的「學生反臉書動態消息」社團（Students Against Facebook News Feed）也在線上展開抗議。該社團非常不滿，因為用戶更新的感情狀態彷彿突然被貼到公布欄上，他們不禁質疑，為什麼自己的感情從「只是朋友」變成「一言難盡」要被臉書昭告天下呢？也有人在自己的暑假照片被分享出去後感到不開心。雖然新功能使用的都是大家已經公開放在網站上的東西，但用戶這時才意識到臉書知道很多關於他們的事，這是相當大的衝擊。

　　48 小時內，有 7% 的臉書用戶加入了反動態消息的社團，這是由西北大學（Northwestern University）的一位大三生所創立的。臉書的投資人感到驚慌，有幾位打給祖克柏要求他關閉新功能，而後續的公關

餘波似乎也讓投資人的要求更站得住腳。隱私權倡議人士集結在一起譴責臉書，認為新設計侵犯隱私；也有反對者到帕羅奧圖的辦公室外示威，讓祖克柏不得不開始聘請保全。

然而，祖克柏在數據中找到了安慰。臉書的數據證明他是對的，用戶造訪網站的時間比以前更多了；事實上，學生反臉書動態消息社團證明了動態消息根本是漂亮的一擊，用戶就是因為看到它出現在動態消息頂端才加入社團的。愈多人加入社團，臉書的演算法就愈是在動態消息中把它往上推。這是臉書第一次體驗到動態消息的威力，工程師在主流訊息中加入某種東西，製造了讓用戶瘋傳的體驗。

「我們在觀察用戶的時候，發現大家真的真的真的非常投入其中。⑱」考克斯回憶道，「用戶的參與度非常高，而且正在成長。」考克斯並不把一開始的公眾反應當一回事，他認為這就跟過去大家對所有新科技的反射動作一樣，而這次經驗更證實了他的想法。「當你回頭看世上第一個無線電對講機，或人們第一次討論電話的時候，每個人都說在家裡拉電話線會侵犯隱私，因為如果別人打電話來，知道我什麼時候在不在家，就會闖進我家。」他說，「這種事也許真的發生過，但整體來說，電話算是個好東西。」

儘管如此，祖克柏知道自己還是得做點什麼來平息反對聲浪。在回應了一整天朋友和投資人的來電之後，他決定要表達歉意。於是在9月5日晚上11點前，也就是動態消息推出將近24小時之際，這位執行長在臉書貼文道歉，標題為「請冷靜，深呼吸，你們的聲音我們都聽見了」。這348個字基本上就是往後祖克柏的危機處理態度，「為了讓產品更好，我們正在聆聽所有用戶的建議。這是全新的產品，臉書會持續改進。」他寫道，並說他們沒有改變用戶的隱私設定（沒有人知道這是否為真，但臉書的工程師在幾週後推出了新工具，讓用戶設定

某些資訊的存取限制。）祖克柏的態度是，**臉書並沒有強迫用戶分享他們不願分享的事，如果他們對自己張貼的東西不滿意，嗯……那他們一開始就不該放上來。**他的貼文讀起來不太像道歉，反而比較像不耐煩的父母在告誡孩子：「吃這個對你有好處，以後你會感謝我。」

臉書缺乏廣告審查標準

超過一百年來，《紐約時報》的精神是「報導所有適合刊登的新聞」，而臉書秉持的則是另一種精神：「報導所有你不知道自己有興趣的朋友的消息。」

報社在決定報導內容時，靠的是多年的編輯判斷和整體知識；而臉書在決定平台上該出現哪些內容時，卻將任務交到一群缺乏內容審核能力的員工手上。幾乎在一瞬之間，公司就遇到了缺乏編輯人才或制定原則的問題。臉書草擬了一些審核貼文的初步構想，大致可歸納為「如果內容讓你感覺不太對，就撤下貼文」。他們在電子郵件中討論這些原則，也在員工餐廳交流時討論意見。臉書移除了許多貼文，但這些決定的背後卻沒有任何解釋或依據，都是臨時的決定。

臉書缺乏審核標準的問題，也影響了廣告刊登業務。管理廣告的小組基本上會接受所有的廣告申請，而大部分的廣告都了無新意。在推出動態消息的新功能前，提姆‧肯德爾（Tim Kendall）被聘為臉書營收長，公司當時並沒有廣告批准標準，肯德爾和他的廣告團隊也沒有審查程序可依循，他們幾乎是一邊做一邊制定的。「所有的內容審核相關政策都是臉書跟廣告方商量出來的，只會回應當時遇到的問題。」一位離職員工說。

2006 年夏天，肯德爾第一次接到了棘手的電話，中東的政治團體想要買廣告，刺激大學生對以巴衝突中某一方的敵意。那則廣告繪聲繪影，還包含了孩童屍體在內的恐怖畫面。廣告小組並不想刊登這則廣告，但又不確定該如何向政治團體說明拒絕的理由，於是肯德爾很快就擬定了新規範，表示臉書不會接受激起仇恨或暴力的廣告委託。他沒有取得祖克柏的同意，祖克柏也沒有表示意見。

這件事非常不正式，那薄薄的一張政策規約並沒有經過實質審查，內容審核政策遠在公司的優先處理項目之外。「當時我們並不真的了解自己擁有的能力，**臉書只有 100 位員工，卻有 500 萬用戶，我們並不重視言論審核這個項目。**[⑩]」另一位員工回憶道，「馬克專注在公司成長、用戶體驗和產品，大家的心態是：大學生網站怎麼會需要處理嚴肅的議題呢？」

我不想當管理者，這太累人了

祖克柏注重的一直都是其他的項目。美國的高速網路愈來愈普及，家裡的頻寬增加了，24 小時不間斷的網路為矽谷的創新提供了良好的環境，其中就包含社群網絡，專門提供持續且不斷變化的資訊流。2006 年 7 月上線的推特，用戶已經接近 100 萬人，從隔壁的青少年到自由世界的未來領導人，每個人都在用推特。

為了保持領先地位，臉書勢必得擴張，且要比以前大上許多。祖克柏將目標放在連結全世界的網路用戶，但他在往這個目標前進時，遇到了艱鉅的挑戰，那就是如何創造營收。臉書邁入第四年，必須想辦法將用戶關注度轉變成貨幣，必須升級廣告規模。投資者願意承受

上漲的成本和虧損，但有其極限。為了跟上成長的腳步，祖克柏僱用了更多員工、租下更多辦公空間，也添購伺服器和其他設備，開銷愈來愈多。

祖克柏就和葛蘭姆判斷的一樣，是個對生意沒興趣的生意人。臉書創建後一年，雷·海夫納（Ray Hafner）和德瑞克·法蘭西斯（Derek Franzese）拍攝了一部有關千禧世代的紀錄片，祖克柏在裡面回想自己剛開始當執行長的經驗，他若有所思地說，他想找別人來處理公司經營的大小事物，因為他覺得做這個很累❸。

「執行長的角色會隨著公司的規模而改變，」21 歲的祖克柏在紀錄片中說道。當時他穿著 T 恤和運動褲，赤腳坐在帕羅奧圖的辦公室沙發上。「在很小的新創公司裡，執行長比較像是創辦人或發想人。如果是在大公司，執行長的角色就是管理，也許會做些策略面的事，但不見得會提出重大的想法。」

「臉書正處在往大公司發展的過渡期，我想不想繼續擔任管理的角色呢？還是要找人幫我做，讓我繼續專注地醞釀想法呢？我覺得醞釀想法比較有趣。」他笑著說。

$777m
2009

第三章

我們要開發哪一門生意？

顛覆矽谷的商業廣告模式

　　1989年秋天，在祖克柏來到麻州劍橋市的十幾年前，哈佛教授勞倫斯‧桑默斯（Lawrence Summers）走進公共經濟學的教室，掃視全班。這堂課有難度，要探究勞動市場，還有社會安全跟醫療對大型經濟市場的影響。34歲的桑默斯教授，是經濟學界的新星，毫不費力就能分辨出誰是班上的馬屁精：他們都坐在前面，隨時準備舉手。桑默斯覺得他們很煩，但他們通常也是表現最好的學生。

　　然而，一個月後，桑默斯很驚訝期中考最高分的學生，他竟然幾乎沒注意過。他費了一番功夫才想起那位學生的名字，「雪柔‧桑德伯格？誰啊？」他問助教。

　　「噢，那個一頭黑捲髮的大三生，穿寬鬆休閒服的。」他回想

道。桑德伯格跟一群朋友坐在教室右後方，不常發言，但似乎寫很多筆記。「她不是那種高舉雙手、拚命爭取發言機會的學生。」桑默斯回憶道。

依照慣例，桑默斯會請最高分的學生到教職員招待所享用午餐，就在校園裡最有歷史的哈佛園（Harvard Yard）旁邊。桑德伯格準備了很棒的問題，在這頓午餐表現亮眼。

桑默斯很欣賞桑德伯格默默做功課的態度，但也感到很意外，因為她跟班上許多表現非凡的學生都不一樣。

「哈佛有很多學生被我稱為『祕密總統』，」桑默斯說，「他們總覺得自己很了不起，總有一天會成為美國總統，但雪柔並沒有這麼想，她沒有表現出大人物的樣子。」

桑默斯兼具政治與經濟專長，當時正逐漸在國內受到矚目。他27歲就在哈佛拿到經濟學博士，也是哈佛近代最年輕的終身職教授之一，要讓他印象深刻並不容易，但桑德伯格從班上脫穎而出。她希望桑默斯能支持「政經女性」（Women in Economics and Government）社團，這是她跟其他女同學一起創辦的，宗旨為提升政經領域的女性教職員與學生人數。桑德伯格不假思索地說出主修經濟學的女性數據，只有個位數，於是桑默斯接受了她的請託。她顯然花了不少心思在這個社團上，恭敬有禮的態度也讓他十分欣賞。

「有些學生在我說可以叫我賴瑞之前就直接叫我賴瑞，也有學生在我說可以叫我賴瑞之後依然叫我桑默斯教授，我還得提醒他們。」他說，「雪柔就是後者。」

少蠢了，雪柔，
如果一飛沖天的火箭上有個位子，趕快上去，別問太多

桑默斯在桑德伯格大四時離開學校，當上了世界銀行的首席經濟學家。1991 年春天，雪柔畢業後沒多久，桑默斯就找她去華盛頓特區當研究助理。（他繼續擔任她的資深論文指導教授，但因為去華盛頓後的指導時間有限，因此有點罪惡感。）

1993 年秋天，桑德伯格告訴父母她打算回哈佛念商學院，這讓他們感到不解。他們一直認為雪柔會到公部門或非營利組織做事，而在此之前，她自己也是這麼想的。她的家族都是醫生和非營利組織的董事，父親是眼科醫師，跟她母親一起領導南佛羅里達分部的蘇維埃猶太移民運動（Soviet Jewry movement），呼籲國人關注蘇聯對猶太人的迫害。雪柔的弟妹都追隨了父親的職涯道路，弟弟是知名的小兒神經外科醫師，妹妹則是小兒科醫師。雪柔到世界銀行工作他們可以理解，她接下來若選法學院應該比較合乎邏輯。

世界銀行的一位資深同事蘭特・普利切特（Lant Pritchett）稱雪柔為「**人際關係的莫札特**」，並鼓勵她改念商學院。「你應該要領導那些念法學院的人。」他說。幾年後，桑德伯格的父親跟普利切特說他是對的。

接下來的幾年，桑德伯格有點跌跌撞撞。1994 年 6 月，她在攻讀哈佛商學院（MBA）時與布萊恩・克拉夫（Brian Kraff）結婚❶，他是哥倫比亞商學院的畢業生，在華盛頓特區創辦了新公司。這段婚姻在一年後結束，日後桑德伯格告訴朋友她太早結婚了，兩個人並不適合，克拉夫很安於華盛頓的舒適生活，但她還有更多野心。

她帶著哈佛商學院碩士學位前往洛杉磯，到麥肯錫顧問公司工

作，卻發現自己對管理顧問沒有興趣。一年後，也就是 1996 年的下半年，她再度回到華盛頓加入桑默斯在財政部的團隊，好運降臨。有許多執行長前往財政部去拜見桑默斯，其中一位就是即將掌管 Google 的科技公司執行長艾瑞克‧施密特（Eric Schmidt）。

桑德伯格深受矽谷生機蓬勃的氛圍所吸引。線上拍賣網站 eBay 這類公司，讓數百萬人搖身一變成為了企業家；雅虎和 Google 則是要將知識傳播到全世界，為亞洲、歐洲和南美洲帶來搜尋引擎和免費的通訊工具，如電子郵件和聊天室；1995 年的亞馬遜（Amazon）只是個誕生在車庫裡的西雅圖新創公司，後來卻席捲了美國零售業，光是 2000 年的總營收就高達 27 億美金。

桑德伯格最感興趣的是科技為人類生活帶來的深遠影響，還有以企業領導社會運動的潛能。「雪柔非常希望能發揮自身的影響力。」一位朋友說，「**是的，錢很重要，但更重要的是做一番大事，帶來影響。**」

桑德伯格跟桑默斯一起出差❷，見過施密特和商用軟體巨擘公司 Novell 的總裁。施密特不像華爾街和全球 500 大富豪那樣穿著昂貴的訂製西裝、有司機開著林肯轎車，他穿的是牛仔褲，而且開自己的車到舊金山機場接他們。他們在當地的披薩店跟雅虎創辦人楊致遠（Jerry Yang）用餐，那時他才剛成為億萬富翁。桑德伯格很熟悉傳統商界和政治權力的交際模式，但眼前這些科技人對古板的禮節毫無興趣，他們一邊交換腦中的想法，一邊交換盤裡的食物，滿是閒情逸致。

這段經歷讓她難以忘懷。2001 年，施密特當上 Google 的執行長，開了一個商務管理的職位給桑德伯格，這個職位頭銜不太明確，當時 Google 也還沒有商務部門。桑德伯格告訴施密特，她不願在職

權定位不清的狀況下加入公司。「少蠢了，雪柔，」施密特說，「如果一飛沖天的火箭上有個位子要給你，趕快上去，別問那是什麼位子。❸」

　　Google 是當時最令人心動的新創公司，公司名稱已經被當成線上搜尋的動詞來用，首次公開募股注定會是市場上最轟動的大事之一。但其中，最吸引桑德伯格的是 Google 創辦人的遠見，他們是史丹佛大學的博士生，一心想讓資訊在全世界流通，並且為人所用。1998 年，佩吉（Larry Page）和布林（Sergey Brin）創建了這個搜尋引擎後，便以「不作惡」（Don't Be Evil）為他們非正式的座右銘。

　　桑德伯格對 Google 的理想非常有共鳴，她感覺這份工作很重要。此外，她還有回到西岸發展的個人因素：她的妹妹蜜雪兒住在舊金山，桑德伯格在洛杉磯也有很多朋友。她開始跟其中一個朋友戴夫‧戈德伯格（Dave Goldberg）約會，他在 2002 年創辦了一間音樂科技公司 Launch；六個月後，他們訂婚了。戈德伯格在 2003 年 6 月將公司賣給雅虎後，先是留在洛杉磯，一年後便到灣區跟桑德伯格一起生活。「我們丟硬幣決定要住哪裡，結果我輸了。❹」他說。2004年，他們在亞利桑那州的逍遙鎮（Carefree）舉辦了沙漠婚禮。

沒有雪柔，Google、Facebook 無法拓展為全球公司

　　桑德伯格在 Google 一展長才並立下功勞❺，讓這間搜尋引擎公司剛萌芽的廣告業務成長至價值 166 億美元。她被《紐約時報》、《紐約客》雜誌和《新聞週刊》（Newsweek）報導，也在研討會上發表演說，例如與《華爾街日報》旗下專門報導科技新聞的媒體《數位包

打聽》（All Things Digital）創辦人卡拉・史威雪和華特・莫斯伯格（Walt Mossberg）對談。Google 創辦人登上了頭條，但消息靈通的人都知道，這間草創初期的公司能成為百大企業，是因為幕後有桑德伯格這樣的人在努力。

2007 年 12 月，雅虎前執行長丹・羅森懷格（Dan Rosensweig）在加州伍賽德（Woodside）的家中舉辦聖誕派對，桑德伯格在那裡遇見了祖克柏❻。當時祖克柏正在迴避跟人閒聊，卻很有興致跟桑德伯格說話。當客人在周圍交際之時，他們談起了生意。祖克柏說自己的目標是讓美國每一個能上網的人都成為臉書用戶，這個目標對別人來說也許很天馬行空，卻勾起了桑德伯格的興趣，她拋出一些想法，討論該怎麼建立能跟上這種成長的事業體。「非常聰明，也很切中要點。」祖克柏日後回憶道。

他們的相遇是必然的，因為兩人有許多共通的人脈❼。羅森懷格是祖克柏和桑德伯格的共同朋友之一；戈德伯格曾在雅虎跟羅森懷格共事過；而羅森懷格與祖克柏則因為那場沒談成的雅虎併購案，早已認識。此外，羅傑・麥克納米（Roger McNamee）是臉書早期的投資者，他的私募股權公司 Elevation Partners 有位合夥人叫馬可・波尼克（Marc Bodnick），波尼克的妻子便是桑德伯格的妹妹蜜雪兒。

祖克柏和桑德伯格一直站在派對的入口處附近，聊了超過一個小時。祖克柏拒絕了雅虎 10 億美金的併購案，又有膽量在支持併購的抗議員工面前轉身走人，這些都讓桑德伯格感到好奇；他要讓臉書 5,000 萬用戶急速成長的野心實在太吸引她了。桑德伯格後來曾對臉書的前副總裁丹・羅斯（Dan Rose）說，她感覺自己「**天生就擅長擴大組織規模**」。臉書最早的業務主管們都不知道該如何將業務拓展成全球的規模，包含時任臉書總裁西恩・帕克。

聖誕派對之後，祖克柏跟桑德伯格約在她最喜歡的餐廳「跳蚤街」（Flea Street）見面，後來又去她位在加州阿瑟頓（Atherton）的家一起晚餐。他們的討論愈來愈認真，也開始對見面保密，以免引人懷疑她要離開 Google。他們不能在祖克柏住的公寓裡見面，因為那間帕羅奧圖的套房裡，只有一張放在地上的日式床墊、一張小桌子和兩張椅子。（2007 年，Google 的創辦人布林與佩吉，以及執行長艾瑞克・施密特曾到祖克柏的小公寓談合作。祖克柏和佩吉坐在桌子上，布林坐床墊，施密特則是坐在地上。）

祖克柏在談話中介紹了自己的願景（他稱之為「社交網」[the social web]），他說臉書是全新的溝通科技，用戶會無償產生新聞和娛樂消息；桑德伯格則是告訴祖克柏她在 Google 怎麼拓展廣告業務，把搜尋指令變成資料，讓廣告客戶對用戶有豐富的了解，進而為公司創造令人歎為觀止的金流。她仔細說明臉書該如何增加員工人數、為資料中心等的資本支出準備更多預算，並以可控的步調提高營收，因應大量新用戶的需求。

他們聊得相當久，有兩個年幼孩子的桑德伯格不得不把祖克柏趕回家，才能睡上一覺。

雪柔擁有華府的人脈，能處理隱私權立法的問題

從某些角度來看，他們是恰好相反的人。桑德伯格是管理大師，也是分派工作的人。她在 Google 的日程表精細到以分鐘計算；主持的會議通常都不長，她會在最後決定執行事項。她 38 歲，比祖克柏大了 15 歲；她晚上九點半就寢，早上六點起床做扎實的心肺運動。

祖克柏當時還在跟哈佛的女朋友普莉希拉‧陳（Priscilla Chan）交往，她剛畢業，在聖荷西的一所私立學校工作，距離帕羅奧圖開車 30 分鐘，不過他大部分的心思都放在工作上。祖克柏是夜貓子，超過午夜還在寫程式，早上晚起後才慢慢晃進辦公室。丹‧羅斯說自己曾在晚上 11 點被抓去開會，那時祖克柏才工作半天而已。桑德伯格非常有條理，會把大量的筆記寫在螺旋線圈筆記本裡，是她從大學就開始用的那種筆記本。祖克柏到哪裡都帶著筆記型電腦，開會晚到，如果他正在跟人談話或程式寫得正開心，就不會出席會議。

祖克柏發現，所有他不熱衷於經營公司的部分，桑德伯格都十分擅長，甚至還享受其中。她在最大的廣告公司和前五百大企業都有高層人脈，**祖克柏知道桑德伯格能為臉書帶來他需要的資產，那就是在華盛頓特區的經歷。**

祖克柏對政治沒有興趣，也不會關注最新的新聞。一年前當他在《華盛頓郵報》跟唐諾‧葛蘭姆近距離相處幾天時，有位記者拿了一本自己寫的書給祖克柏。祖克柏對葛蘭姆說：「我沒有時間讀這個的。」

「我取笑祖克柏說，世上能讓大家意見一致的東西並不多，但其中之一就是『讀書是很好的學習管道』，大家都不反對這點。」葛蘭姆說，「馬克最後也同意我的觀點，而且就像其他事情一樣，他很快就學會了，開始大量閱讀。」

然而，祖克柏在跟桑德伯格長談之前，臉書遇到了一些爭端，引發了立法上的隱憂。當時，政府官員開始質疑，臉書這類免費平台是否會用蒐集到的資料侵害用戶權利。2007 年 12 月，聯邦貿易委員會頒布了針對行為鎖定廣告業者的自律規範❽，藉此保護資料隱私，祖克柏需要有人幫他應對來自華盛頓的挑戰。「馬克知道臉書未來面對

最大的挑戰之一，就是隱私權和法律規範的問題。」羅斯說道，「桑德伯格顯然對華盛頓的官員非常有經驗，這對馬克來說相當重要。」

對桑德伯格來說，跳槽到臉書，讓一位 23 歲的大學中輟生領導公司，並不如表面上看來那麼反常。當時她是 Google 的副總裁，但遇到了職場天花板：跟她同層級有好幾位副總裁在競爭升遷，而執行長艾瑞克・施密特卻沒有要找副手。Google 前同事認為，表現沒她好的男性都獲得了認可，升到更高的職位。「她帶領的部門比其他男性主管更大、更賺錢，也成長得更快，她卻沒有因此升為總裁，而他們卻升官了。」Google 的廣告銷售部門主管金・史考特（Kim Scott）回憶道，「真是天大的鳥事。」

桑德伯格正在尋找新的仕途，有很多職位都在向她招手，包括《華盛頓郵報》的高級資深主管。她還在為桑默斯工作時，唐諾・葛蘭姆就認識她了。2001 年 1 月，葛蘭姆跟桑德伯格的母親凱瑟琳共進午餐，表示想找桑德伯格加入，但她選擇了 Google。六年後，他又嘗試了一次。葛蘭姆對紙本新聞的發行量下滑感到不安，因此對她開出了高級資深主管的職位，讓她有機會將老牌媒體轉型成線上強權，但桑德伯格再次拒絕了。

儘管祖克柏和桑德伯格都拒絕過葛蘭姆，葛蘭姆跟他們的關係還是十分密切，他們也會向他諮詢意見。當兩人都來詢問葛蘭姆對對方的看法時，他鼓勵他們聯手合作。2008 年 1 月底，祖克柏和桑德伯格認識後不到一個月，祖克柏陪同桑德伯格和其他 Google 的高階主管搭上公司的噴射機❹，前往瑞士達沃斯（Davos）參加世界經濟論壇（World Economic Forum），在阿爾卑斯山上的那幾天裡，他們也持續討論臉書的未來。3 月 4 日，臉書發布新聞稿，任命桑德伯格為公司的營運長。

雪柔替臉書找到獲利模式，
同時保留了公司的駭客文化

　　《華爾街日報》以「臉書持續成長，執行長祖克柏尋求協助」為頭條報導了這項人事異動，說明了桑德伯格接下來的挑戰。她要負責公司營運、增加營收以及全球擴張業務；也要負責銷售、拓展事業、公共政策與傳播。

　　「祖克柏先生與桑德伯格女士即將面臨巨大壓力⑩，兩人要為臉書尋求更好的商業模式。」文章指出，「臉書的網站流量持續攀升，但關注產業的人士都在質疑這樣的成長能否轉換成如 Google 那樣的營收。」

　　桑德伯格上任時，公司有 400 位員工在位於大學大道（University Avenue）的幾間辦公室上班。那條大道是帕羅奧圖的高檔商店街，有許多精品店和餐廳，走路就可以到達充滿刺柏與棕櫚樹的史丹佛大學校園。蘋果公司的執行長賈伯斯就住在附近，有時會被人看見穿著他招牌的黑色高領衣和牛仔褲走在街上。

　　臉書當時的辦公室文化與公司初創時並沒有太大的差異。喝到一半的運動飲料和果汁瓶占據了工作桌，桌上還有一疊疊的程式工具書；員工會在大廳騎滑板車和蛇板，大家總是在完成目標時用紅色免洗杯豪飲歡慶。

　　矽谷許多其他的公司給員工的獎金更高，但這些員工之所以選擇臉書，主要的原因是祖克柏本人。祖克柏就跟這些工程師一樣，是個「做產品的人」，知道怎麼把東西做出來。臉書是充滿競爭的環境，工程師之間會打賭，看他們能寫複雜的程式到多晚。

　　安德魯・博斯沃斯（Andrew Bosworth）在 2006 年被祖克柏聘來領

導工程部門，他畢業於哈佛大學，是打造動態消息的人之一，大家都稱他為博斯。他頂著光頭，身材像美式足球的線衛，相當有威嚴。他是在當電腦科學助教時，在人工智慧的課堂上認識祖克柏的，祖克柏離開哈佛後兩人依然保持聯絡。博斯喜歡逗別人笑，充滿朝氣，想到什麼就說什麼。他把工程師逼得很緊，也欣然接受自己的硬漢形象。他有句玩笑話是「我要往你臉上揍一拳」，同事們都已經見怪不怪了，這句話就印在一件他偶爾會穿的 T 恤上。有些員工抱怨博斯太粗魯，在 2007 年底，他在一則臉書貼文中拐彎抹角地宣布要戒掉這句話❶。「我很享受在臉書發光發熱的時光，參與在剛萌芽的公司文化當中。」博斯寫道，「可惜的是，我發現我這個嗓門大、身高 190公分、體重 113 公斤、經常留鬍子的粗野男人，並不適合走令人畏懼的路線。」

對於在臉書占少數的女性員工來說，公司不是友善的環境。露絲（Katherine Losse）是臉書的第五十一號員工，後來成為祖克柏的演講撰稿人，她憶起辦公室裡那些不經意貶低女性的言論❷。有天，一位男同事在跟一位女同事說話，男同事說：「小心我咬你屁股。」這件事在會議中被提起時祖克柏不太想理會，他還問：「這句話是什麼意思啊？」後來露絲跟祖克柏談話，驚訝地發現他非常不成熟。「他有聽我說話，這點我很感謝，但這件事的重點是女性員工因為職等低，人數又少，所以成為了辦公室裡的弱勢群體，祖克柏似乎不了解這點。」

桑德伯格上任營運長的第一天，祖克柏召開全員大會介紹她❸，說她會幫他「擴張」公司；桑德伯格接著簡短發言致詞，解釋她在公司扮演的角色。

她接著問大家：「博斯是哪一位？」她聽說他寫了一則貼文，

擔心公司成長得太快，會失去拚搏的駭客文化。

博斯顯然很意外，他不好意思地舉起手。桑德伯格向他道謝，因為這則貼文是她決定加入臉書的原因之一，她的責任就是要讓公司成長，同時保留公司與眾不同的元素。「有天我們會有 1,000 名員工，1 萬名員工，然後是 40 萬員工，」她說，「而且我們會變得更好，不是更糟。這就是我來這裡的原因，讓臉書變得更大更好，不是愈來愈糟。」

這場精神喊話還不錯，讓以男性工程師為主的空間都熱絡了起來。桑德伯格讓大家知道，她不是要改變公司的方向，而是會帶領大家穩健地前進。公司的腳步很快，她要來確保成功，避免臉書成為一間被媒體炒紅一陣子而已的科技新創公司。

祖克柏在這方面就沒那麼能言善道，根據露絲的說法，他有跟員工提到桑德伯格「皮膚很好」，並說不反對大家「愛上」她。

女性工程師的地位，似乎沒有因為雪柔到來而獲得提升

桑德伯格對這群剛成為科技新貴的年輕員工來說就像外星人：她以前讀北邁阿密海灘高中（North Miami Beach High School），當時留著蓬蓬頭，外套墊肩很大；她擦起粉藍色眼影的時候，祖克柏和多數員工都還在穿尿布。從表面看，她接下臉書這個職位有點奇怪，因為她大半輩子都在提倡兩性平權，大學論文探討的還是家暴女性容易在經濟上陷入困境的原因。她在麥肯錫擔任專員時，客戶因為自己的兒子在跟桑德伯格約會而騷擾她，她也毫不退縮。在 Google 時，她創立了「Google 女性」（Women@Google）系列講座，邀請珍芳達（Jane Fonda）、知名女權主義者葛洛利雅・史坦能（Gloria Steinem）和其他傑出女性領袖到加州山景城（Mountain View）的 Google 總部演講。

　　桑德伯格加入臉書後不久，就發覺這裡很像早期的 Google，她並沒有對男性主導的文化多說什麼，但公司最早聘僱的女性（如娜歐蜜・格雷特 [Naomi Gleit]）表示，能見到一位女性掌權讓她感到很欣慰。一開始，桑德伯格幾乎是走到每一張辦公桌前自我介紹，也會特別花時間跟女性員工相處。

　　但並不是每位女性員工都受桑德伯格喜愛。「很明顯，大概從第二個月開始，大家就知道她最喜歡幫哪些人的忙。她們都跟她很像，會帶健身背包或瑜伽包上班，頭髮吹得很漂亮。」一位早期的員工說，「總之，不是那些在男性主導的團隊裡，每天作戰的邊邊女性工程師。」

學習 Google 的「AdWords」廣告競價，重新構思臉書的商業模式

　　新工作開始後一個月，桑德伯格找了廣告部門的成員到帕羅奧圖辦公室的會議室，一起共進商業晚餐❶。出席的有臉書營收長肯德爾和羅斯，他們負責臉書跟微軟的展示型廣告合作案；成長部主管查馬斯・帕里哈皮提亞（Chamath Palihapitiya）；祖克柏在哈佛認識的軟體工程師金康新（Kang-Xing Jin）；以及產品管理主管麥特・柯勒（Matt Cohler）。

　　當時祖克柏很難得地正在度長假，而臉書已經成為跨國公司，剛開始營運西班牙的據點，在南美洲和西班牙共有 280 萬用戶，但祖克

柏的生活經驗十分有限，生活圈只有紐約多布斯費里村（Dobbs Ferry）、埃克塞特學院、哈佛和矽谷。賈伯斯已經扮演起類似良師益友的角色，平時會帶祖克柏到史丹佛大學後方的山丘散步，鼓勵他多看看世界。於是祖克柏開始了為期一個月的旅行，在德國、土耳其、日本和印度停留，也在賈伯斯建議的印度教修道院待了一段時間。

祖克柏這趟旅程剛好讓桑德伯格有機會構思，改造為公司帶來營收的單位。「我們要開發哪一門生意？」她問主管們，一邊在白板上振筆疾書。臉書要做訂閱服務還是廣告服務？要賣資料賺錢還是靠資料賺錢？

他們沒有思考太久，主管們說臉書是免費的，所以賺錢的途徑當然是廣告。

桑德伯格點點頭繼續說，**要把廣告做好，就得清楚了解臉書真正拿得出來和其他公司競爭的東西。**她說 Google 和臉書之間的差異，就是兩間公司蒐集的資料類型不同，並拿工商管理界和美國廣告業都很熟悉的行銷漏斗模型 * 做比喻，Google 在漏斗底部，是狹窄的通道，最接近消費者掏出信用卡的位置。Google 會利用搜尋指令的資料，把已經有消費計畫的用戶推向付費購買的終點線，他們不在意消費者是誰，只在乎搜尋欄裡的關鍵字，藉此大量產出符合搜尋結果的廣告。

這場會議只是在溫習廣告行銷的基礎面，桑德伯格希望跟大家一起建立相同的認知。

桑德伯格繼續說，網路為用戶開啟了資訊和通訊的新世界，也為

---

* 編注：行銷漏斗是將客戶的消費行為劃分成不同階段。當顧客想購買商品，會搜尋及瀏覽市場上的品牌，然後逐漸收窄目標，直到付錢結帳。這個「由寬到窄」的選擇過程，構成一圈有如漏斗般的曲線形狀。

廣告客戶開啟嶄新的前景，但問題是，臉書該如何抓住網路上群眾的注意力？人們的視界已經跟過去的印刷品年代完全不同了，關注的發散程度亦然。

1994 年，前瀏覽器霸主 Netscape 的一位工程師創造了「行為軌跡」（cookies）❺，這是網頁瀏覽器留下的一串字碼，可在使用者瀏覽網站時追蹤他們，這些資料就可以賣給廣告客戶。「行為軌跡」能讓企業更深入的追蹤使用者，「行為鎖定廣告」因此誕生，資料蒐集也再度受到重視。但超過十年以來，絕大多數的網路廣告都是靜態的，缺乏創意，大小如郵票，還有橫幅廣告與令人反感的彈出視窗；儘管廣告商已經能夠追蹤使用者，但他們的投資並沒有獲得大筆收益。

那天，在會議室裡和桑德伯格開會的很多人，都負責臉書早期的廣告投放，這是平台起飛後很快就開始進行的案子，但他們實際做出來的成品都不脫橫幅廣告和偶爾出現的贊助商連結。根據研究，網路使用者都無視這些廣告。微軟在 2006 年跟臉書達成協議，要在平台上銷售並放置橫幅廣告，臉書的廣告生意基本上有很多都外包給微軟❻。

桑德伯格曾負責 Google 內部名為「AdWords」的廣告競價產品（ad auction）❼，以及另一個稱為「AdSense」的計畫，讓出版商在各網站上放文字和圖像廣告。「AdWords」最大的創新，就是 Google 利用搜尋資料，推送給用戶與搜尋內容直接相關的廣告。只要輸入「夏威夷、機票、便宜」，後台就會馬上競價，讓檀香山的廉價旅館、泳衣和衝浪業者競標，並在搜尋結果中投放廣告。這是最單純也最強大的方式，將商品丟到**想消費的人**面前。AdWords 和 AdSense 讓 Google 成為廣告巨獸，而桑德伯格背負著期望，要運用專業大力推展臉書的廣告業務，因為跟激增的用戶數量比起來，臉書的廣告收益實在落後

不少。那天主管們跟桑德伯格聚在一起，就是要診斷出臉書成效不佳的部分，並將焦點放在能吸引到廣告客戶的商業提案。

其他社群都只能「滿足」需求，
唯有臉書能「創造」需求

　　幾次會議後，桑德伯格指出，雅虎和 MSN 這類網站近年已經在廣告上取得領導地位，但臉書跟這些網站和電視、報紙相比，具有特殊優勢，因為社群網絡不只擁有用戶的詳細資料，還掌握每一個用戶的動向，而臉書最厲害的就是用戶會無比地投入其中，展現出真實的自我。臉書了解用戶，一手掌握所有資料，因此廣告客戶不需仰賴傳統的「行為軌跡」工具。

　　就拿一位住在富裕郊區的 40 歲母親當例子，她瀏覽過猶他州帕克城（Park City）一處滑雪場的頁面，如果她的富裕郊區朋友也剛好分享了滑雪度假的照片，那麼這位母親很可能就是靴子廣告的完美受眾，可以向她投放 150 美金、具羊毛內襯的 UGG 靴子廣告。臉書可以邀請品牌自行創作廣告，將用戶活動轉變成金錢，不用再銷售難看的橫幅廣告。例如，品牌方可以在網站上設計宣傳廣告，吸引用戶透過投票、問答和品牌頁面進行互動。用戶可以留言並分享給朋友，為臉書和廣告客戶產生更多數據。

　　桑德伯格的看法是，若 Google 滿足了廣告需求，那臉書的強大之處就是「創造」消費需求。**臉書用戶上線並不是要消費的，但廣告客戶可以利用臉書對客戶的了解，讓他們變成消費者。**她的提案可說是將追蹤用戶行為的模式，推上了全新的境界，而她的執行計畫也同

樣大膽，需要聘僱更多的員工幫她做事，也需要更多工程師開發新的廣告產品。臉書還要參與企業廣告展覽，贏得大型品牌的青睞。

祖克柏度假回來後，批准了這個新的商業模式，臉書將自己經營廣告業務，聚焦在目標式廣告和新廣告工具，例如遊戲和促銷，讓品牌直接接觸用戶，逐漸減少對微軟的依賴。但祖克柏對細節沒有太大興趣，這讓桑德伯格大感不解。從他之前洽談時在晚餐中展現的熱誠來看，祖克柏已經下定決心要強化事業，而且會積極地支持她。但幾個星期過去，她卻得想辦法獲得祖克柏的注意，當她建議祖克柏撥時間來討論廣告業務，或聘僱更多員工、擴大預算時，他都置之不理。

臉書的內部情勢很清楚，工程師的技術地位高於獲利，早期的員工都知道這點。「打造讓大家喜歡、自己也滿意，且滿足用戶特定需求的產品，絕對是祖克柏的第一優先項目。」2008 年擔任行銷主管的麥可・霍伊弗林格（Mike Hoefflinger）解釋道。

臉書內部分裂：「馬克幫」vs.「雪柔幫」

桑德伯格被聘用時，堅持要跟祖克柏每週開兩次會，討論工作內容和公司面臨到的重大問題。她把會議安排在週一和週五，這樣他們可以在每週的開始和結束時都一起工作。但無論桑德伯格是否在辦公室，她都無法像別人那樣獲得祖克柏的注意，但博斯、考克斯、祖克柏的朋友和與他年齡相仿的人卻可以。她努力爭取想要的資源和關注，想讓廣告業務發展的更快，於是技術和非技術團隊之間的分歧就形成了。大家開始把她從 Google 和財政部挖來的人稱為「雪柔・桑德伯格之友」，多數的資深員工也被非正式地歸類到兩個陣營：「雪

柔幫」或「馬克幫」❶。

　　大家開始劃分領土。有些員工說，桑德伯格對產品和工程提出了自以為是的意見。桑德伯格需要開發人員來構建廣告工具，但祖克柏不願意讓開發網站新功能的工程師去幫忙廣告業務，雙方互不信任，也處得不愉快。**工程師看不起「做行銷的」，業務經理也很難約到祖克柏的團隊一起開會。**「我一直很困惑，他們竟然被形容成優秀的組合。」一位負責業務的員工根據他的觀察說，「我跟馬克和雪柔一起開會時，他明顯對她所說的話不屑一顧。」

　　桑德伯格在 Google 一開始的處境也是如此：她擁有的資源很少，也很少受到創辦人關注，因為他們並不熱衷於賺錢。但桑德伯格沒有被打倒，她開始爭取各大品牌廣告客戶，包括福特汽車、可口可樂和星巴克❶。她在遊說客戶時強調，臉書的用戶需要使用真實身分，這跟包含推特在內的其他平台不同。桑德伯格問祖克柏，難道你不想參與這些討論嗎？臉書可是全球最大的廣告平台，只要宣傳得宜，用戶自己就會說服朋友購買產品；同時，品牌方還可以追蹤用戶發表的評論或加入頁面的用戶。

　　即使有桑德伯格的名聲，各大品牌還是很難被說服。頂尖廣告公司的負責人懷疑，到臉書上對度假照片發表評論的人，是不是真的會願意分享有關威訊通訊（Verizon）的無線通訊服務。她所說的「創造消費需求」能引起廣告客戶的共鳴，但他們並不相信臉書對消費者的心理影響能勝過黃金時段的電視廣告。臉書的目標鎖定功能可能很誘人，但平台依然在使用了無新意的橫幅和展示型廣告。

　　桑德伯格回應了所有對於臉書廣告的懷疑。當索尼（Sony）的執行長麥可・林頓（Michael Lynton）質疑在臉書上投放廣告的效益時，桑德伯格的回應是，他們正在跟做媒體收視調查的尼爾森（Nielsen）市

調公司洽談合作，要調查社群網絡上的廣告關注度。「她跟其他高級主管不一樣，桑德伯格跟臉書的回應速度令人驚艷。[20]」林頓說。

桑德伯格正在推進廣告業務，但遭到祖克柏阻撓。她需要他一起做行銷遊說，也需要更多廣告銷售人員和工程師來設計新的廣告功能。但祖克柏不但沒有這麼做，還把工程人才挪去開發用戶功能。最後，桑德伯格只好向唐諾・葛蘭姆抱怨這件事，葛蘭姆在 2008 年被提名為臉書董事，當時董事會已經擴增，馬克・安德森也在其中。她請求葛蘭姆介入，施壓祖克柏投入更多資源給她。

葛蘭姆是董事會唯一一個同樣仰賴廣告來經營事業的成員，他能理解桑德伯格的沮喪，但要祖克柏正視她的擔憂並不容易。葛蘭姆也注意到自己能發揮的影響力有限，因為公司終究是祖克柏的。**「在祖克柏眼裡，用戶數成長的優先性遠遠高於廣告、營收和利潤，」**葛蘭姆回憶道，「每次雪柔打電話給我後，我的工作就變成打電話給祖克柏。我試著讓他了解廣告的重要性，但我並不是要改變他的優先事項，只是想讓他稍微改觀。」

你買了什麼東西，朋友都看的到

早在桑德伯格帶著探勘用戶資料的願景來到臉書之前，隱私權倡議者傑夫・切斯特（Jeff Chester）就已經抱著戒心觀察臉書的成長。2007 年 11 月，他坐在華盛頓特區的小辦公室裡，用筆記型電腦觀看祖克柏的直播。這位臉書創辦人正在對紐約市的廣告主管發表談話，宣布臉書最新的創舉：一項名為「發信器」（Beacon）的革命性社群廣告服務計畫[21]。

切斯特僵住了。祖克柏繼續說，「發信器」會將臉書用戶在其他網站的消費資訊，發布在用戶或朋友的動態消息上，例如票務公司 Fandango 的電影票、旅遊平台 Tripadvisor 的旅館和家具零售商 Overstock 的沙發。這些公司都是「發信器」的合作夥伴，非常渴望從這項計畫獲得用戶資料，並透過用戶的推薦，來宣傳自家的商品和服務，即使用戶並非自願推薦。用戶的每一筆消費、閱讀過的故事、被評論的食譜都會自動推播給朋友。口耳相傳是最理想的廣告方式，而這就是臉書能大規模提供的資源；「發信器」消除了廣告與用戶親自評論之間的界線，用戶將會是有效的品牌宣傳者。

「沒有什麼比朋友的推薦更能影響一個人。」祖克柏說。臉書已經與 40 多個合作夥伴簽約，包括哥倫比亞廣播公司、《紐約時報》和婚禮策劃平台 TheKnot。這些合作夥伴支付費用給臉書，以獲得將品牌展示在用戶面前的權利。

切斯特從椅子上跳起來打給他的妻子——美利堅大學（American University）的媒體研究教授凱薩琳·蒙哥馬利（Kathryn Montgomery）。「真不敢相信！」他喊道。「你得聽聽這個傢伙說的話！」

從切斯特的角度來看，**臉書的「發信器」計畫是廣告業一直以來都在做的事——控制消費者的思想，在收銀台前說服他們付錢——**只是臉書做了合理的延伸。切斯特從 1990 年代就開始與這類心理操縱行為對抗，當時他抨擊電視頻道和廣告商，因為他們在節目中置入產品，還在兒童節目中宣傳垃圾食品。隨著網路的出現，他將目光轉移到未受規範的線上廣告，成立了隱私權組織「數位民主中心」（Center for Digital Democracy），並在蒙哥馬利的幫助下，於 1998 年成功推動了一項保護兒童的法律，即《兒童網路隱私保護法》（Children's Online Privacy Protection Act）。

數位民主中心只有一名全職員工，就是切斯特，辦公室設置在杜邦圓環（Dupont Circle），離國會山莊的政治運作核心很遙遠，但他並沒有因為這樣就氣餒。切斯特喜歡扮演局外人的角色，他穿著皺巴巴的寬鬆長褲、無框眼鏡和蓬亂的頭髮，在西裝筆挺的華府說客們當中看起來十分出眾。他每天都會讀大約十份科技和廣告業的貿易公開資訊，在裡面仔細搜索，希望能揭發不道德的商業行為，然後將資料彙整成一封封電子郵件給記者，他簡潔的句子通常都能引起媒體的興趣。就在祖克柏宣布消息的前幾天，《紐約時報》引用了切斯特的話，將行為鎖定廣告描述成「嗑類固醇的數位資料吸塵器」。

切斯特認為「發信器」的出現是個警訊。祖克柏沒有得到用戶的同意，就把用戶自動列為銷售代理人。臉書正在利用對用戶的洞悉擴張資訊網，做法已經跨越了道德界線。他打給私人團體，火速向記者寄發聲明，並聯繫他在媒體界的人脈。

「這件事敲響了警鐘，『發信器』計畫種下了日後臉書所有問題的遠因。」切斯特回憶道，「**無論用戶是否願意，臉書都要讓使用平台的每一個人為它變現，把每個人都變成廣告商。**」發信器計畫上線的隔天，臉書用戶看到自己的私下活動被顯示出來都很震驚；突然間，用戶到佛羅里達的機票、昨晚羞於啟齒的租借影片，或是在eBay下的標都出現在朋友、親戚和同事的動態消息上了。有位女性就發現他男朋友買了一個鑽戒要送她。

抗議聲浪立刻湧現，11月20日，公眾倡議團體「前進組織」（MoveOn.org）廣發連署[22]，要求臉書關閉服務，幾天內就累積了五萬份連署。隨著爭議愈演愈烈，可口可樂和家具零售商Overstock都退出了計畫[23]，並告訴記者他們被誤導，以為「發信器」功能需要經過用戶同意才會啟用。當臉書回應該功能可以關閉時，用戶卻拿出相反

的證據。一位在聯合電腦（Computer Associates，現為組合國際電腦股份有限公司）的資安研究者表示，他停用「發信器」之後，從網路流量觀察到臉書依然會追蹤他儲存在食譜網站上的食譜。

你能決定誰看得到你的臉書，
但你不知道自己的資料會被賣給誰

切斯特認為大眾對「發信器」的怒火搞錯重點。用戶被點頭之交和家人得知消費活動固然很難堪，也的確侵犯了權益，但大眾的注意力都被分散了，反而忽略掉真正的威脅：臉書正在追蹤和監控用戶。切斯特的判斷是，大家都知道要提防政府伸出的監控之手，但危險的並非公部門或執法單位知道什麼，而是臉書、商業組織和廣告商做了什麼。

祖克柏拜訪紐約後僅僅幾週，便因為突然將新的廣告工具「發信器」用在用戶身上而道歉，並宣布會改變設定，讓用戶主動選擇加入，而不是先內建好功能再讓用戶選擇退出。他在一篇部落格文章中要用戶放心[24]，臉書不會再不經同意就分享他們的消費活動，也承認這次的功能展示弄得一團糟。「我們沒拿捏好分寸。」他說。

這起風波和祖克柏缺乏誠意的道歉，都顯示出臉書完全無視對隱私的侵犯。切斯特和蒙哥馬利認為，廣告客戶不該知道用戶的個人資料，而臉書並沒有對此做任何改變。「臉書說你可以選擇在平台上跟誰分享你的資訊，」蒙哥馬利解釋，「但你並不知道平台背後發生了哪些事，也不知道他們怎麼賺錢，他們並沒有讓你選擇要跟廣告商分享哪些東西。」

臉書在聘僱桑德伯格後邁入了新的廣告階段[25]，她成功吸引大型品牌（如愛迪達和披薩店 Papa John's）開發小測驗和粉絲專頁，讓用戶直接跟廣告商面對面，並監督特定地區和語言族群的廣告開發。

　　桑德伯格也竄升為臉書最有力的發言人，達到祖克柏對一位得力副手的期望。她精心設計了一套說法，詮釋臉書對數據隱私的處理，並讓臉書成為數據隱私的議題的領導者。同時，她將焦點轉移到臉書讓用戶握有精細的掌控權，能決定讓誰（所有人、朋友、特定對象）看到特定內容。她堅稱臉書沒有跟廣告商「分享」數據，日後公司也不斷地強調這個論點。的確，臉書並沒有親手把數據遞交或賣給廣告商，但廣告商確實有根據年齡、收入、職業、教育和其他統計數據來鎖定用戶。正如維吉尼亞大學媒體研究教授希瓦・維迪亞那桑（Siva Vaidhyanathan）所言，證據清楚顯示臉書的利潤來自用戶的數據，「臉書在玩兩面手法，幾年來都沒有對數據負起責任。」

　　桑德伯格堅稱臉書把權力交給了用戶，用戶可以毫無顧忌地表達意見，「我們相信，臉書堅持創造值得信任的環境和安全的用戶隱私控制，讓大家可以在網路上真誠地做自己。[26]」

　　這項聲明直接牴觸了隱私倡議人士的所見所聞，事實上，臉書之所以能盈利就是因為大家摸不著頭緒，如哈佛商學院教授肖莎娜・祖博夫所說，臉書的成功是利用「用戶的無知和偵訊室玻璃的原理，把用戶包裹在誤導、婉轉的陳述和謊言之中。[27]」

一個按讚鍵，就能讓臉書知道用戶去了哪些網站

　　矽谷其他科技公司的高階主管似乎非常樂見大眾的無知。（桑德

伯格的前老闆艾瑞克‧施密特 2009 年到全國廣播公司商業頻道接受專訪時，打趣道：「如果你有不想讓人知道的事，也許一開始就不該做。❷」呼應了執法單位強調用戶責任的說詞。）事實上，臉書正準備大力推動用戶的數據蒐集。2009 年 2 月，他們介紹了讓用戶快速表達自由意見的終極手段：按讚功能。這項功能日後奠定了網路上幾乎所有交流的基礎，不僅止於臉書而已。這是由一位產品經理莉亞‧帕爾曼（Leah Pearlman）所設計的，她在 2007 年開始跟博斯和其他資深主管一起開發這個想法，但因為員工意見不一而停擺，當時他們對按鍵名稱、是否該加入倒讚功能、這種快速回應鍵是否會讓用戶的使用時間減少都沒有共識。

臉書創造了一種文化，鼓勵工程師以最快的速度讓產品上線。「搞出來，推上線」（Fuck it, ship it）是臉書裡經常出現的一句話，但這個按讚功能的案子卻以龜速進展。2008 下半年，案子終於獲得祖克柏批准，內部數據讓他相信這個功能值得推出。在小型測試中，按讚鍵讓用戶花更多時間使用臉書；他也自行決定了正式名稱：按讚鍵（the Like button）。

按讚功能一推出就大獲成功，當用戶滑閱動態消息時，按讚鍵可以讓他們對朋友的貼文傳達立即的正面肯定。如果你喜歡動態消息上的某個內容，臉書就會給你看其他類似的內容，比如你馬上可以瀏覽一堆看不完的好笑貓咪影片和有趣迷因。同時，用戶會在個人貼文上競爭按讚數，促使用戶分享更多有關自己的事，來累積數位版的大拇指。按讚鍵跟臉書在同年終止的「發信器」廣告工具不同，鮮少有用戶反對。可以說，帕爾曼默默地為網路設計了一款新貨幣，政治人物、品牌和朋友都在競爭讚數認證。

這個按鍵相當成功，推出後近一年臉書就決定把這個功能應用到

網站之外。任何網站都可以添加臉書的按讚鍵，只要放入一小串程式碼。這是個雙贏的局面：外站可以知道哪位臉書用戶前來造訪，臉書也可以知道用戶離開後到別的網站做了些什麼。

對臉書的用戶來說，按讚鍵很實用，因為臉書會因此推薦他們有興趣的頁面、社團和網頁。臉書也能得知用戶的朋友喜歡的外站，並把網站推薦給有類似想法和有共同興趣的用戶。

但對臉書自己人來說，按讚鍵可不只是實用而已。這個功能代表公司有了全新的技能與規模，能夠了解並**蒐集用戶的偏好**。

半強迫用戶公開帳戶，造成私人照片意外曝光

2008 年底，臉書有 3 億 5,000 萬用戶，公司面臨競爭，勁敵推特愈來愈受歡迎，話題性與日俱增。推特有 5,800 萬用戶，規模比臉書小得多，但祖克柏擔憂的是：推特是帳號公開的，這是一項關鍵優勢。

推特用戶可以查看其他用戶並追蹤帳號，任何人都可以到網站上看更新的狀態；而臉書是在封閉的網絡裡運作，用戶可決定是否接受朋友邀請，也可以隱藏大部分的資訊，避免在網路上被搜尋到。臉書是朋友之間聚在一起關門討論事情的地方，推特則是嘈雜、愈來愈擁擠的小鎮廣場[28]。凱蒂‧佩芮（Katy Perry）和達賴喇嘛都加入了推特，瞬間就獲得大量追蹤。

臉書需要提供用戶同樣的新鮮感，祖克柏一心想著新勁敵，要求員工想出因應辦法。2009 年 12 月，他宣布了一個大膽的做法，將某些先前設為「不公開」的用戶資訊改為「公開」[29]。某天，用戶登入

臉書時就看到一個彈出視窗，要求他們維持「對所有人公開」的設定，這是公開程度最高的選項。但這個要求讓人不解，很多用戶不了解其中的含意便按下同意。原本隱藏起來的個人資料（照片、電子郵件等）現在都可以被搜尋到，用戶也開始收到陌生人的交友邀請。新的設定帶來了許多麻煩，又令人費解，改回較私密的選項似乎不太容易。這個改變在公司裡也引發了爭議；在推出更改隱私權的設定前，政策團隊有位員工與祖克柏會面，告訴他這會造成隱私權災難。他提醒說，消費者不喜歡猝不及防的感覺，如果他們感覺被捉弄，臉書就會受到華府的關注。但祖克柏心意已決。

一如預期，改變隱私設定引發了眾怒。臉書聲稱改變是為了讓混亂的隱私設定系統運作得更有效率，但實際上，開放社交網絡是為了要讓臉書成為網路的活動集中地，就如科技新聞媒體 TechCrunch 所寫：「總之，這是臉書對推特的回應❸……臉書利用公開資訊做即時搜尋，也可以把資訊賣到其他地方，例如搜尋引擎 Google 和 Bing。」

同一週，華盛頓的監管人士在國際隱私權專家協會（International Association of Privacy Professionals）的年度會議上，要求臉書說客提姆‧斯帕拉帕尼（Tim Sparapani）解釋這次的隱私權變更。斯帕拉帕尼為此辯護，說這對隱私更有保障，並說用戶因此可以在詳盡的控制清單中做選擇❸。但政府官員看了新聞，有些報導引用了傑夫‧切斯特的話，切斯特認為公開用戶資料是違法的，因為可能違反了欺騙消費者的相關法條。

切斯特十分肯定，臉書對隱私的定義「狹隘又只想到自己」❸，「臉書不承認把消費者的數據拿去做行銷和廣告目標鎖定。」祖克柏似乎不太了解用戶為什麼這麼憤怒，他不像早一代的執行長們，比爾

蓋茲、佩吉和布林都大力捍衛隱私，但祖克柏對於在網路上分享資訊卻展現毫不擔憂的態度。他在自己的臉書頁面上放了一張跟普莉希拉、朋友、同事享受快樂時光的照片，並設定公開，彷彿在告訴大家他沒有什麼好隱瞞的。他看不見蒐集更多資料和暴露用戶個資的問題，好像這只是用戶為了免費跟世人聯繫，而必須付出的小小代價。（2010 年 1 月，祖克柏在科技新聞媒體 TechCrunch 的頒獎典禮上演講，甚至還表示線上分享正在演變為「社會常態」。[34]）

他大概不知道，他的人生經驗（安穩的成長環境、出身常春藤名校、吸引投資的能力）跟別人並不一樣。就像他難以同理女性員工在公司裡的弱勢處境一樣，他也感覺不到這世界有系統性的成見。他不懂若你是黑人，你可能會被投放極度剝削的貸款廣告；若你薪水很低，可能會被投放垃圾食物和飲料的廣告。

但祖克柏的確明白分享太多個資的風險。當他鼓吹開放時，卻對自己的臉書帳號相當保護。他會精心設定哪些朋友有完整權限可以看他的照片和貼文，在現實生活中也更加防備。（2013 年，他買下帕羅奧圖住家周圍的房子，並將它們拆除以擴增空地。）

一個人的祕密，是最能替臉書賺錢的工具

那年稍早，《紐約客》記者瓦加斯（Jose Antonio Vargas）專訪祖克柏，挑戰這位科技鬼才對隱私權的想法。他們坐在祖克柏跟普莉希拉一起租的小房子外的長凳上，瓦加斯說自己是同性戀，但還沒讓他在菲律賓的家人知道，這個祕密若曝光將會對他造成莫大的困擾。但祖克柏似乎沒抓到重點，他一時說不出話，面無表情地看著瓦加斯，那

段沉默「意味深長，都快冒出字來了。」瓦加斯回憶道。**在祖克柏的世界觀裡，一個人的真實性是最有價值的東西，對用戶和廣告商來說都是。**他的反應說明了他侷限又被好好保護的人生經驗，「如果紐約州威斯徹斯特郡（Westchester）、埃克塞特和哈佛塑造了你的人生，然後你又搬到矽谷，如果這就是你對世界的了解，那你的世界觀會非常侷限。」

臉書對用戶資料的傲慢態度也讓華府的政府官員感到不滿。2009年12月，紐約州參議員查克·舒默（Chuck Schumer）的助理向臉書說客斯帕拉帕尼抱怨，臉書改變了隱私設定，讓他們在把帳戶重設為「不公開」時遇到很多麻煩。舒默參議員辦公室的來電讓臉書嚇了一跳，進而讓斯帕拉帕尼和臉書政策與傳播部長艾略特·舒瑞格從帕羅奧圖前去拜訪。舒瑞格是桑德伯格請來的人，也是來自 Google 的密友，官方上他是臉書的政策傳播負責人，私底下則是桑德伯格的顧問。斯帕拉帕尼則是公司請來的第一位說客，因為公司預期會發生個資風暴，所以將他從美國公民自由聯盟（ACLU）挖角過來。

在舒默的辦公室裡，好鬥的舒瑞格是主要的發言人。舒默的助理向他抱怨，要把內容設為不公開似乎因為臉書改變了設定而更加困難。舒瑞格對這些問題很不耐煩，表示新的設定沒有問題，並重複桑德伯格的話，強調臉書的隱私政策是所有網路公司中最嚴謹的。他輕蔑的態度讓舒默的助理很不高興，科技公司派來的訪客咄咄逼人又強辯，讓國會職員感到失望，舒瑞格這麼做似乎定調了臉書面對政府的態度：「臉書沒有在傾聽參議員的困擾，也沒有想要這麼做。」職員回憶道。

臉書的高層在拜會舒默參議員辦公室和面臨消費者反彈之後，在隱私選項做了一些讓步，讓大部分的資料（除了姓名和基本資料）不再

未經同意就公開，但傷害已經造成。監管單位開始關注隱私權的問題，那年歐巴馬總統任命強納森・雷伯維茲（Jonathan Leibowitz）擔任聯邦貿易委員會主席就是個先見之明。雷伯維茲是經驗豐富的國會助理，也擔任過美國電影協會（Motion Picture Association of America）的說客，他嚴厲批評網路上剛開始發展的行為鎖定廣告，說他對「某些公司『肆無忌憚蒐集並利用消費者的敏感資訊』很感冒」，尤其是兒童和青少年的資訊。他說：「可能有公司在販賣可辨識個人身分的行為資料，這不僅讓消費者大感意外，還有可能違法。」

2009 年 12 月 17 日，數位民主中心以及另外九個隱私權團體向聯邦貿易委員會投訴❺，指控臉書改變隱私設定是不合法的欺騙，委員會有義務保護消費者免受欺騙與不公平的商業行為。

2010 年 1 月，聯邦貿易委員會回應了數位民主中心的投訴，表示他們對此「相當關切」，以及「對臉書分享資訊的做法感到擔憂」。這樣的內容十分罕見，因為委員會很少針對案件表達關切。這是臉書第一次成為聯邦單位調查的對象。

這項調查最終決議要對臉書進行長達 20 年的一般隱私權審查，但接下來幾年，政府還是讓臉書持續成長，選擇不去干涉 2012 年的 Instagram 併購案和 2014 年的 WhatsApp 併購案，併購過程中幾乎沒有監督。直到臉書在 2016 年發生危機，聯邦貿易委員會當初的裁決才再度發揮作用。

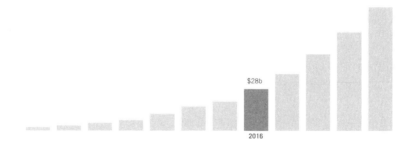

$28b

2016

第四章

追捕洩密者
你的聊天內容、所在位置，全都會被記錄下來

　　2016 年冬天，臉書的員工士氣低落，因為臉書上最多人瀏覽的前十名網站，常是散發不實消息和偏頗陰謀論的頁面。員工向主管抱怨臉書等於在協助散播有害資訊，工程師在幾個臉書內部社團上詢問，他們的演算法是不是偏好聳動的內容，讓臉書變成了川普的競選工具。

　　近六個月來，陸續有臉書員工向記者訴說不滿，並外流臉書內部的紀錄、演講和電子郵件。高級主管對此十分生氣，博斯特別訓斥了一番，說臉書是互相信任的大家庭，但有一小撮外人在破壞這樣的價值。科技網站 Gizmodo 在 2016 年 2 月登刊了一篇標題為「馬克‧祖克柏要求種族主義員工別再塗掉臉書內部留言牆上『黑人的命也是

命』（Black Lives Matter）標語❶」的報導後，資深主管便向頌雅・亞胡賈（Sonya Ahuja）求助，她曾是工程師，帶領臉書內部的調查單位追查每一個案件，從騷擾、歧視投訴到追捕洩密和吹哨者都有。

大家都叫她「洩密者捕頭」。

亞胡賈的部門有如鷹眼，會檢視臉書員工的每日工作，且有權限可取得通訊內容。**員工滑鼠每點一下、鍵盤每敲一下都會留下紀錄，讓亞胡賈和她的團隊得以搜尋。**這種監視深植在臉書的系統之中，祖克柏對公司內部的對話、專案和組織變革有很強的掌控權，當產品比他計畫的還要早曝光，或內部對話被媒體報導，資安小組就會展開追查，揪出公司裡的叛徒。臉書的資安小組還會測試員工，在公司部署「捕鼠器」，看員工會不會散布這些機密資訊。矽谷公司和員工之間簽有保密協議是很平常的事，這種協議通常都是禁止他們跟公司以外的人討論工作，但臉書卻要求許多員工簽署額外的保密協議，限制他們討論某些話題。以 Google、推特和其他矽谷社群媒體公司的標準來看，臉書對待員工是出了名的嚴格。

為了抓捕洩密者，臉書讀取用戶的 Google 聊天室內容

科技網站 Gizmodo 的記者麥可・努尼茲（Michael Nuñez）並沒有長時間報導臉書的經驗，也不住在舊金山灣區，但這位 28 歲的記者認識在臉書工作的人。2 月 25 日早上，他坐在曼哈頓辦公室的桌子前，看到 Google 聊天室跳出一則訊息，是他的前室友班・費爾納（Ben Fearnow），他們每天都會用 Google 聊天室聯絡。

費爾納喜歡揶揄和捉弄努尼茲，他當時剛成為臉書紐約辦公室的

約聘人員。費爾納隸屬於一個小組，裡面都是新聞系畢業生或當過記者的人，他們被臉書聘來提升公司的新聞意識。但他身為約聘員工，並沒有完全融入 MPK 的公司文化，也沒有享有正式員工那樣的福利。「你應該看過這個吧？」費爾納寫道，並附上看起來像祖克柏寫的臉書貼文。

那是祖克柏在臉書內部 Workplace 平台的群組裡，寫給所有員工的備忘錄❷，內容是在討論公司近日的流言——臉書門洛帕克總部辦公大樓牆上的「黑人的命也是命」標語遭到毀壞。祖克柏寫道：「黑人的命也是命，並不代表別人的命就不是命。」並說臉書對員工在辦公室牆上寫的言論或貼海報都很開放，但「塗掉別人的留言就是強迫他人噤聲，或代表你的言論比別人的重要。」

努尼茲一開始在掙扎是否要報導這則備忘錄，臉書內部也在上演跟全美一樣的種族對立，這算是新聞嗎？他問了一些編輯，他們認為讀者會好奇臉書的內部文化。

這則報導在 2 月 25 日下午 12 點 42 分刊出❸，讓祖克柏不太光彩。他說的話被媒體用來批評臉書員工，塑造出那些破壞標語的臉書員工是特權菁英、跟「黑人的命也是命」運動脫節的形象。於是，找出洩密員工的工作落到了人稱洩密者捕頭的亞胡買身上。

亞胡買的團隊開始搜尋臉書員工的電子郵件和通話紀錄，看誰可能跟努尼茲聯絡。他們可以輕鬆查閱臉書上的訊息，但應該不會有多少人天真到用自己的臉書帳號傳訊息給記者，因此，洩密者用的可能是 WhatsApp。WhatsApp 的訊息都是用端對端加密，所以調查小組無法看到內容，但可以取得資料，例如哪兩個號碼有跟彼此傳訊息，以及通訊發生的時間。

調查小組還有其他的工具可用。他們可以透過手機應用程式的定

位許可，精確記錄臉書員工的所到之處。舉例來說，如果有位記者所屬的單位剛好報導了臉書的獨家消息，**他們可以檢查臉書員工的手機是不是跟記者的手機靠得很近**。臉書也可以追蹤員工用公司筆電鍵入的任何資訊或滑鼠滑過的東西，進而產生詳細的圖表，標示員工所讀取的內部文件或備忘錄。如果出現任何不尋常的跡象，就可能代表違規，例如有員工花特別久的時間查看另一個部門的備忘錄。

當亞胡賈鎖定幾位嫌疑人之後，他們便會被找去參加「與調查洩密案有關的一般會議」，亞胡賈就在那裡拷問他們。她會不時提醒員工股票可能會被沒收，或洩漏公司資訊可能違反保密協議。「她非常沒人情味，老實說，她很認真看待她的工作，如果你違反臉書的規定，把一些東西洩漏出去，她不會饒了你的。」一位離職員工說，他承認洩漏資訊給記者後便離開了臉書。

3月4日，努尼茲的報導刊出後八天，費爾納起床發現手機有一堆請他到辦公室開會的訊息。他那天休假，但他回覆訊息說可以用筆記型電腦開線上會議。

沒多久，費爾納就跟亞胡賈連上線，她直接切入重點，問他是不是把消息洩漏給科技網站 Gizmodo。他一開始否認這樣的指控，但亞胡賈開始唸他跟努尼茲傳的一連串訊息，她說是臉書聊天室裡的對話。費爾納感到困惑，他知道自己不會那麼不小心，用臉書的訊息系統跟努尼茲聊天。

「我拿起手機查看 Google 聊天室，發現她唸的是我跟努尼茲在 Google 的對話。」費爾納回憶道，「我不知道他們竟然可以看到這個，我本來要否認的，但那一瞬間我就知道我完蛋了。」

費爾納問亞胡賈她是怎麼取得 Google 聊天室的對話，她回答她「不會承認或否認」是在哪裡看到的，這個回應讓他大笑，因為他們

對話的時候他正在看 Google 聊天室的訊息。他知道自己會被開除，而且不會有繼續質問她的機會。

那天早上，費爾納並不是亞胡賈唯一找上的人。他跟努尼茲在布魯克林還有另一位室友萊恩·維拉瑞爾（Ryan Villarreal）。維拉瑞爾跟費爾納一起到臉書工作，他並不知道洩密的事，也不知道費爾納跟這件事有關，他只是看到努尼茲轉貼了那篇報導，然後按了讚，一邊好奇他的消息來源。

費爾納被開除後幾小時，亞胡賈寄信給維拉瑞爾找他開會。她給他看努尼茲的臉書頁面，並問他為什麼要按讚那篇有關「黑人的命也是命」的備忘錄報導。他答不出個所以然來，最後說他不記得有按讚那則貼文，但他也一樣被告知不用再繼續當臉書的約聘員工了。

努尼茲對他的朋友感到抱歉，但那時候有一堆臉書員工聯繫努尼茲，有人只是想確認文章的真實性，有人則是告訴他，他知道的只是「冰山一角」。

臉書員工偏好民主黨，
但祖克柏極力避免公司顯露政黨傾向

當川普競選總統的野心從空想轉變成可能的未來後，員工對祖克柏的不滿持續攀升。2016 年 3 月 3 日，一位臉書員工決定該跟祖克柏好好談這件事，於是提出了問題「對於阻止川普在 2017 年當上總統，臉書的責任為何？」，希望在下次全員大會時討論。隔天早上，他的問題已經獲得足夠的票數，成為祖克柏要回答的問題之一。

臉書的企業傳播小組陷入慌亂，如果這個問題被外界知道，臉書

就真的會被大家認為是一間自由派的民主黨公司，平台也會被抹上反川普的色彩，無論祖克柏回答什麼都會引發爭議，也極具新聞價值。有些公關部的職員想把票投給其他問題，藉此影響票選結果，但到了中午，這個提問依然是清單上的第一名。

他們勸祖克柏不要回答這題，並且把焦點放在臉書保證會維護言論自由，以及公司在民主社會裡扮演的角色。祖克柏應該說明臉書面對選舉的態度，即臉書會支持任何總統候選人。最重要的是，他的回應要避免讓人覺得公司偏好哪位候選人。以商業經營的角度來看，這很有道理，因為臉書不是出版商，公司不會對用戶言論下任何編輯指令；臉書只是一間科技公司，單純讓用戶有空間可以發表看法。所有的社群媒體都在強調這樣的說法，因為這能讓臉書免於誹謗官司和其他法律責任，遠離政黨政治的紛紛擾擾。

那天下午，祖克柏再度將問題導向他對言論自由的信念，但這場內部對話還是被報導出來了。2016 年 4 月 15 日，科技網站 Gizmodo 刊登了努尼茲的文章，標題為「臉書員工問祖克柏是否該阻止川普當上總統」。文章裡有一張提問的截圖，並特別探討臉書身為資訊守門人所擁有的權力。「臉書的存在，讓我們不知道哪些事情是我們沒看到的，不知道哪些內容是偏頗的，或這會怎麼影響我們對世界的看法。」努尼茲寫道。

報導被保守人士大量轉發，也成為福斯新聞頻道（Fox News）和右翼網站的素材，後者過去曾指控臉書審查川普和支持者的言論。但更讓祖克柏警覺的是，全員大會裡有人跟媒體通風報信，這是從來沒發生過的事。臉書營運十多年來，內部對話一向是神聖不可侵犯的，尤其是祖克柏的全員大會。

決定用戶能看到什麼內容的，不是演算法，而是臉書的人為操控

努尼茲已經有了下一個目標，要曝光一個神祕新單位的運作，臉書開設這個單位的目的，是要與新社群媒體公司競爭。當時，想閱讀新聞的人通常都會上推特或 YouTube，這兩個網站很受新聞從業人員歡迎，任何人都能在上面製作或瀏覽內容。這些網站上的趨勢話題和影片似乎愈來愈像每日新聞的推手，推特和 YouTube 愈是推播趨勢話題，新聞媒體就愈常引用網站上的素材，接著就有更多人去搜尋和點閱推特或 YouTube。

祖克柏因此感到擔憂，他希望大家做什麼都想到臉書，包括看新聞。「研究告訴我們，發生大事時大家比較會上 Google 或推特看消息，我們也想在新聞界參一腳。」一位臉書的主管回憶道。

「趨勢話題」（Trending Topics）功能為主管提供了解答。這是美國用戶登入臉書時第一個看見的東西，就在頁面右上角。「趨勢」的圖樣是一個曲折的藍色箭頭，放在一個不顯眼的黑色標題下方，這個功能會顯示所有臉書用戶當天分享的三個重點話題。設計此功能的工程師說，這些最流行的每日話題是透過演算法得到的。

但臉書實際上是用何種方法來決定趨勢話題，令人費解。臉書說系統是由演算法決定的，但這個新單位僱用的員工似乎全都是新聞背景。有時候，每日的趨勢話題會讓人有種太過深奧或「很順便」的感覺，比如世界地球日當天的趨勢話題會是乾淨用水和回收，這是好事，但**某些臉書員工不禁質疑這些趨勢話題是人為討論出來的，臉書則在背後操控。**

幾個月來，努尼茲都在打探負責趨勢話題的臉書員工，除了兩位

前室友費爾納和維拉瑞爾，他還認識了一些近期加入臉書的大學畢業生。他利用 Google 文件，列出所有趨勢話題小組的員工並分成兩大類：「臉書的忠誠追隨者」和有可能提供消息的人。那些願意開口的人都告訴他類似的事情，令他不安。「臉書彷彿一個黑箱，『趨勢話題』看似由一些機制來決定，但實際上這麼重大的決定卻是基層員工在做，而且不受監督。」努尼茲說，「他們都說，決定哪些東西能不能放上趨勢讓他們非常不安。」

2016 年 3 月 3 日，努尼茲發表了關於臉書趨勢話題小組的第一份深度報導，努尼茲稱內幕是「工作環境令人身心俱疲、待遇極差，企業文化遮遮掩掩又囂張跋扈」。他描述一群紐約的約聘員工（許多人因為出身新聞系而被認為有「新聞經驗」）是如何扮演起「新聞策劃者」的角色，又被臉書嚴格要求不能說自己的工作是編輯「趨勢話題」。

實際上，臉書系統會依用戶的即時討論產生話題清單，再交給趨勢話題小組。當這些「新聞策劃者」開始八小時的輪班時，他們發現用戶都是在討論美國名媛卡戴珊（Kardashian）家族的人最近穿什麼，或討論相親節目的來賓，這可不是臉書想要放在平台上的話題類型。

經驗不足的大學畢業生，負責決定臉書每日的趨勢話題

在決定要推廣哪些話題時，「新聞策劃者」被要求要自行判斷。他們要製作標籤和寫話題介紹，還要為話題打分數，這個分數會決定話題出現在某個用戶頁面上的機率。他們還要製作話題黑名單，調低出現頻率太高或不重要的話題，例如上述的卡戴珊家族和相親節目；並且移除重複或已經過時的新聞話題。

一開始，努尼茲聽到的消息是沒有人在監督他們。「做這些決定的大部分都是剛畢業的年輕人，這責任似乎太重了。」一位曾經在趨勢話題小組工作的成員說。**他們被賦予權力，要決定成千上萬的臉書用戶能看到什麼內容，很多成員都覺得不妥。**努尼茲的第一篇深入報導被瘋傳後，這些成員也對自己的工作有了更多反思。報導出來後幾週，一位成員寄了匿名電子郵件給努尼茲，經過幾次聯繫證明他確實是臉書員工後，這位消息人士同意跟努尼茲通話。他跟努尼茲在週末頻頻聯繫，向努尼茲解釋這個機制的運作方式，以及「新聞策劃者」對臉書上的趨勢話題有多大的影響力。

　　「其中一個例子就是眾議院前議長保羅・萊恩（Paul Ryan），臉書的工程師會直接了當地說保羅・萊恩的消息太多了。」努尼茲說，「他們會不斷修改程式，直到保羅・萊恩不再出現。」

　　這位消息人士政治立場為保守派，他認為大眾有權知道臉書這一小群人做了什麼決定。2016 年 5 月 9 日，星期一早上，網站刊出了從這些對話衍生的報導❹，標題為「**前臉書員工指稱：臉書每天都要壓制保守派的新聞**」。這顆震撼彈間接證實了保守派一直以來的懷疑，極右派政治專家格倫・貝克（Glenn Beck）和川普的競選負責人史蒂夫・班農（Steve Bannon）也持同樣意見。他們認為臉書和其他網路上的資訊守門人都在為自己的利益對用戶言論進行干涉。

　　這篇報導獲得的反應不一，有人質疑報導背後有其他目的。而在臉書，趨勢話題小組成員對這篇報導非常憤怒。雖然的確有人認為自己被賦予這樣的權力不妥，但他們並沒有大力鼓吹自由派或保守派的理念，他們的工作一直都是要確保趨勢話題不會一直重複，可是現在卻被抹上政治色彩。

　　那年稍早，臉書決定不處置川普的帳號，因此避免了一場跟保守

派的衝突，但現在臉書陷入了麻煩。「臉書利用權力噤聲不同理念的觀點和故事，令人極度惱怒。❺」共和黨全國委員會（Republican National Committee）在聲明中表示。

在 MPK，桑德伯格和祖克柏指示資安小組找出還有誰在洩漏資訊給努尼茲，但趨勢話題小組的流動率很高，裡面的成員也多是約聘員工，對臉書的忠誠度不高。於是祖克柏請工程師檢視趨勢話題的運作，看是否可以只用演算法來決定用戶看到的內容。

為了平息保守派怒意，臉書專門宴請右派領袖吃飯

同一時間，桑德伯格把重點放在處理公關危機。他們得做些什麼來安撫右翼人士，但由她開口並不理想。她跟民主黨的關係是個不利的條件，因為外界謠傳她已經被列入希拉蕊政府的閣員人選❻，而希拉蕊勝選是很有可能的。那時桑德伯格正在認真寫《擁抱 B 選項》，這是她繼 2013 年暢銷書《挺身而進》之後的續作。《挺身而進》主要講述的是提升職場的女性力量，《擁抱 B 選項》則提供了桑德伯格的個人指引，讓大家從失去和傷痛中培養韌性。

這本書的起源，是一個很特殊的故事。2015 年 5 月，桑德伯格的丈夫戴夫・戈德伯格因心律不整去世，當時夫妻兩人正在墨西哥慶祝朋友的 50 歲生日。痛失丈夫壓垮了桑德伯格，祖克柏提供了極大的支持。他幫忙安排戈德伯格的追思儀式，並在桑德伯格重返工作崗位、懷疑自己能否繼續帶領團隊時鼓勵她。她開始寫《擁抱 B 選項》，以此面對悲痛，同時也監督公司的日常運作。她在書中詳敘她很快就回去工作，以及祖克柏在她失去丈夫後的全力支持。他們的關

係比從前更加密切，但對桑德伯格的團隊來說，她似乎心不在焉，有時也容易發怒。員工如履薄冰，擔心會惹她生氣。

2016 年 6 月發生了一件讓桑德柏格特別不高興的事，凸顯出她面對丈夫離世時承受的巨大壓力。當時她在華盛頓特區進行每季的固定行程，跟政府官員和媒體話家常。臉書的說客在國會大廈設置了一個會議廳，讓公司派人去展示新產品，這些新產品包括 Oculus 虛擬實境頭戴式裝置。會議廳預留了兩個雞尾酒會時段，第一個時段給議會成員，第二個時段留給記者，桑德伯格在兩個時段都是榮譽嘉賓。她在來到這裡之前，已經在兩天之內跟立法人士開了一場又一場的會議，也到偏保守派的美國企業研究院（American Enterprise Institute）演講，試圖平息「趨勢話題」功能引發的立場紛爭，而雞尾酒會是她回家前的最後任務。

抵達國會大廈時，她發現自己無法在雞尾酒會開始前，先跟華盛頓辦公室的臉書員工見面，因此很不高興。此外，她曾要求助理找個安靜的地方稍作休息，但說客和桑德伯格的首席助理卻忘了幫她準備私人休息室。

「你怎麼可以忘記？我真不敢相信！」她在會議廳外的走廊上當著華盛頓臉書員工的面，對助理大吼，接著轉向一位準備接替首席助理的新員工，大聲說這是嚴重疏失，不准再有下次。「她大力斥責。」一位華盛頓員工回憶道。幾分鐘後，那兩位年輕女助理便到廁所哭泣。曾為前眾議院發言人約翰・博納（John Boehner）工作的葛雷格・茂爾（Greg Mauer）見到這樣的狀況，便請他的前同事幫桑德伯格找一個房間。問題解決了，但這個插曲傳達了重大的警訊。戈德伯格過世後，桑德伯格變得易怒又不耐煩，員工都很怕惹她生氣。後來，這演變為管理上的問題，一位員工回憶道：「那次之後，沒人想表達

意見。」

　　當桑德伯格遇到棘手的問題，像是如何處理保守派的批評，她就會一如往常地尋求臉書全球公共政策副總裁喬爾·卡普蘭的建議。卡普蘭要她放心，他可以召集保守派的媒體高層、智庫領袖和門洛帕克的專家開會，來處理爭議。關鍵的是，祖克柏同意在會中扮演積極的角色。

　　5月18日，16位重要的保守派媒體名人和思想領袖都飛到門洛帕克參加午後聚會❼，關切臉書的政治傾向，其中包括新聞頻道Blaze TV的創辦人格倫·貝克、美國企業研究院的主席亞瑟·布魯克斯（Arthur Brooks），以及保守派團體茶黨愛國者（Tea Party Patriots）的領袖珍妮·貝絲·馬丁（Jenny Beth Martin）。一位高級主管說，這場90分鐘的會議，只有臉書的共和黨職員可以進場，指的即是支持川普的董事會成員彼得·提爾與包含喬爾·卡普蘭在內的幾位華盛頓職員。會議由祖克柏主持，多年來他都強調絕不在公開場合談論自己屬意的政治派別。賓客們在享用乳酪、水果和咖啡之餘，禮貌地表達他們的不滿，會場有些人也力勸祖克柏應聘用更多保守派的人；美國企業研究院的主席亞瑟·布魯克斯則提醒祖克柏，臉書應保持政治中立性，不應該培植特定的政治或宗教主張。

　　祖克柏熱情地說他十分歡迎各種政治主張，並保證公司沒有刻意扼殺保守派的觀點。他向賓客掛保證，呈現多元的政治觀點對公司的使命和業務都有助益。

　　請保守黨領袖來聽祖克柏談話，似乎對平息保守派的怒氣有所幫助；會議結束後，大家到園區參觀，臉書也展示了Oculus頭戴式裝置。貝克後來在部落格寫道❽：「祖克柏的態度、掌控全場的能力、巧思、坦率，以及他想連結世界的深切渴望都令我印象深刻。」

雪柔恐懼共和黨，政治力開始介入臉書的內部決策

貝克和其他與會者離開 MPK 時，多少都放心了一點，有人說他們相信祖克柏真的會努力保持平台的中立，但這場會議卻在公司內引發許多不合。臉書政策、傳播和工程部門的員工擔心這次聚會將讓更多團體將自己的理念強加在臉書身上，並向高級主管抱怨這場會議目光短淺，也不會完全消除外人對公司政治傾向的猜疑。

最糟的是，臉書員工認為這場會議等於正當化了散播惡意陰謀論的人。貝克曾經錯誤地指控有沙烏地阿拉伯人涉入波士頓馬拉松爆炸案❾，還說奧克拉荷馬市聯邦大樓要再發生一次爆炸案，歐巴馬政府才會長進。他這番說法，被右翼人士進一步渲染擴大，如陰謀論者艾力克斯・瓊斯（Alex Jones），瓊斯在臉書有成千上萬的追蹤者。2012 年 12 月，康乃狄克州新鎮（Newtow）的桑迪胡克小學（Sandy Hook Elementary School）傳出大屠殺，瓊斯說這是假的，在槍擊案中失去孩子的家人都是領錢的演員，這是他最受歡迎也最具爭議的評論之一。瓊斯的追蹤者湧進他的網站和廣播節目，他還靠著賣品牌商品賺了一大筆錢。

「我們都沒機會聽馬克談論『黑人的命也是命』這件事，但像格倫・貝克這種保守派卻可以？這決定真是爛透了。」一位離職員工說。

這場會議是臉書的轉捩點，在那之前，公司都保證會維持政治中立。這也是桑德伯格職涯的關鍵時刻，自此之後，為了避免保守派的反彈傷害臉書的聲譽，並招致政府更嚴格的審查標準，她的決策愈來愈受到恐懼影響。

「那時沒人覺得川普會贏，但共和黨掌握了眾議院與參議院，可

以讓矽谷的科技公司沒好日子過。」華盛頓的臉書前發言人偉克斯勒（Nu Wexler）說，「所以，**臉書選擇跟保守派交流並接受批評，而非否認保守派的惡意指控，或拿數據反駁他們。**後來，這就變成右翼指控臉書立場偏頗時，臉書的固定處理方式。」

臉書調高假消息的演算法權重，擠掉高品質的新聞網站

隨著 2016 的總統選情進入白熱化，臉書的趨勢話題顯示美國人分裂得比以前更加嚴重。黨派性質強烈的新聞媒體瘋狂播報希拉蕊與川普之間的競爭，兩邊都非常努力地將對方妖魔化。更令人擔憂的現象是有幾個明顯是假新聞的網站，正在大量生產跟兩位候選人有關的怪誕故事。在全美各地，以及遠至如馬其頓等國家，某些具有「開創精神」的年輕人發現他們可以靠著提供美國人想看的內容，藉此賺錢。於是，「希拉蕊陷入昏迷」、「比爾・柯林頓有個私生子」這類報導突然在臉書到處蔓延。操縱這些議題的人大多都對政治興趣缺缺，但他們知道，故事愈奇怪，用戶就愈可能點進去看。

負責動態消息的員工向主管提起了這個現象，得到的回應卻是假新聞跟臉書的社群規範不衝突，員工難以接受這項回應。「我氣得咬牙切齒，動態消息裡到處都是那些垃圾網站，我們知道大家打開臉書在頁面上看到的都是假新聞，卻什麼也不能做，因為用戶可以分享任何想分享的東西。」一位動態消息小組的員工回憶道。6 月初他跟主管開會時，很多在臉書上宣傳假消息或誤導文章的網站，似乎都在用可疑的方式散播文章，他懷疑他們用的是假帳號。「主管說公司有在

調查，但其實並沒有，都沒有後續消息。」

事實上，產品主管克里斯・考克斯和其他工程師在同一個月，正試圖處理這個問題，希望再次修改演算法，將家人和朋友的內容權重設為最高。但外部研究人員發現，這個改變帶來了令人意外的結果。提升家人與朋友的優先順序會排擠掉高水準的新聞網站，例如 CNN和《華盛頓郵報》。這些網站的新聞無法在用戶的動態消息中優先顯示，用戶卻依然看得見家人和朋友貼的假消息和黨派性極強的新聞。

在臉書的每週「Q&A」會議中，員工一再提出有關動態消息的問題，平台上瘋傳的文章讓他們擔憂。由於類似的問題實在太常出現，博斯在 2016 年 6 月 18 日到 Workplace 平台某個群組裡張貼了備忘錄，說明臉書對用戶的權責範圍。

「臉書將人群串連起來。我們所有工作的基礎，都是要實現這一點，包括系統推薦用戶不熟悉的聯絡人、讓大家可以被朋友搜尋到的語言設定、為了帶來更多溝通所做的努力、臉書有天將到中國做的事情，全部都是要將人群串連起來。❿」博斯寫道。

「我們要串連更多人，」博斯在備忘錄的另一段激動地說，「如果用戶往負面的方向發展，可能是件壞事。也許有人會因為被壞人知道身分而失去生命，也許有人會利用我們的工具策劃恐怖攻擊或殺人，但臉書還是要將人群串連起來。**醜陋的真相就是，臉書對串連人群有無比堅定的信念，只要能夠串連更多的人，那就是好的。」**

備忘錄的標題就是「醜陋的真相」。

Workplace 平台上的群組掀起了激烈的爭論，有人為這篇備忘錄說話，認為博斯只是說出令人不舒服的真相，畢竟臉書本來就是營利公司，要將事業放在第一優先。然而，多數人對備忘錄裡的態度表達了不舒服，並說這暴露出公司高層的冷血算計。

仇恨言論增加似乎是個全球現象，就在臉書員工觀察此事時，他們發現陰謀論、假新聞帳號和用仇恨言論攻擊少數族群的陣營，經常以臉書為發源地。全球的極右派領袖以川普宣布的穆斯林禁令為藉口，開始以更極端的態度對待穆斯林移民和難民。緬甸的幾位軍系人物也用自己的臉書帳號發言，轉發川普的貼文，說美國若禁止穆斯林，緬甸也應該這麼做。人權倡議者愈來愈相信，緬甸無國籍的羅興亞少數民族遭受攻擊，以及菲律賓人民被總統杜特蒂（Rodrigo Duter-te）殘暴鎮壓，都跟臉書平台有關係。

　　接下來的臉書全員大會座無虛席，而且毫無疑問員工會有一堆質問。博斯已經在 Workplace 平台的群組裡，張貼貼文解釋過了，他說他不完全同意備忘錄裡面的觀點，他只是寫來刺激討論的，但員工想聽的可不止這樣。他們想知道，當臉書在某些國家飛快成長時，博斯是不是真的有考慮到那些消逝的生命。他們問博斯，有沒有來自這些國家的用戶回應他的貼文，以及他是否對自己寫的東西感到愧疚。博斯看起來很懊悔，但他重複解釋他只是在做知識型的論述，用意是要刺激討論。

　　祖克柏和桑德伯格向員工保證，他們絕對不希望看到臉書被用來傷害世界，他們不會追求「不計一切代價的成長」。「我希望我們的成長是負責任的。」一位員工回憶桑德伯格所說的話。他說會議結束時他只覺得懷疑，「桑德伯格說的都是好聽的話，但我不認為大部分的人會相信。」他回憶道，「我就不相信。」

雪柔開發「自訂受眾」廣告工具，資金大量湧入臉書

在過去的四年裡，祖克柏和桑德伯格找到了最佳的合作節奏。2012 年 6 月，桑德伯格被提名為臉書董事，是第一位女性成員❶。董事會裡還有馬克·安德森、前白宮幕僚長厄斯金·鮑爾斯（Erskine Bowles）、吉姆·布雷爾、唐諾·葛蘭姆、里德·海斯汀（Reed Hastings）和彼得·提爾。祖克柏在記者會中滔滔不絕地說：「雪柔是我經營臉書的夥伴，是多年來公司成長與成功的核心。」桑德伯格也接著闡述她為公司奉獻的心：「臉書每天都在努力讓世界更開放也更緊密，我對這個使命有深深的熱情，我很幸運可以加入一間深切影響世界的公司。」

他們繼續定期在週一和週五開會，有時會打電話，因為兩人都愈來愈常出差，以前為資源爭吵的狀況已不復存在。正如馬克·安德森所述，他們是完美組合：一位是專注於遠大願景的創辦人，一位是執行商業計畫的夥伴。「桑德伯格的名字已經變成一種頭銜了❷，每一間跟我們合作的公司都想要有一位『雪柔』，」安德森在《財富雜誌》（Fortune）的訪問中說，「我一直跟大家說，我們還不知道該怎麼做她的複製人。」

桑德伯格發展了一項大規模資料探勘的新業務，資金不斷湧入。她正在建立新的廣告工具❸，其中一項是「**自訂廣告受眾**」（Custom Audiences），品牌和政治團體可以將他們手上的電子郵件清單或其他數據跟臉書的資料結合，增加廣告的投放對象。臉書也在發展**自動競價功能**，這個功能會根據臉書的資料和用戶在外站的瀏覽紀錄投放廣告，每秒可處理極大量的競標。另外還有「**類似廣告受眾**」（Lookalike Audiences）工具❹，由品牌方提供顧客清單，讓臉書辨識出具有類

似特徵的用戶，進而投放廣告。

「Google 是由價值驅動的公司，但臉書的文化絕對不是由價值驅動的。」一位跟桑德伯格共事過的 Google 離職員工說。雖然有些人認為桑德伯格已經適應也融入了臉書的文化，但也有人認為是她改變了公司文化。這點從她聘僱的人來看最清楚，卡普蘭就是一個例子，艾略特·舒瑞格也是。

高級主管攏絡用戶，卻對著民主黨議員和記者咆哮

臉書政策與傳播部長舒瑞格是桑德伯格找來的第一批人之一，他比祖克柏年長 24 歲，在臉書隨心所欲的年輕氣息中顯得很突出。對他來說，所謂的休閒穿著是解開燙平的襯衫最上面的扣子。他很有威嚴，眼神銳利、戴方眼鏡，有一頭黑捲髮和低沉沙啞的聲音。

舒瑞格是芝加哥人，畢業於哈佛法學院，他的幽默感總是帶點諷刺，跟桑德伯格在 Google 結識。他們都不是科技人，共同身處在瞧不起律師和 MBA 學位的科技產業。對他們來說，世界經濟論壇才是年度盛事，而非新創公司博覽會或《華爾街日報》的數位研討會。此外，兩個人都瘋狂關注國內政治圈誰上台了誰又下台了的新聞。

在公開場合，舒瑞格會展現出友善又認真的態度，但他對記者的態度很強硬，挑剔報導細節更是出了名，有時還會在電話裡因為標題的用詞對編輯咆哮。2010 年 5 月，臉書系統的小故障讓用戶可以看到其他人的私人聊天訊息，舒瑞格因此同意回應《紐約時報》部落格的讀者問題。群眾憤怒地問了大約 300 個有關資料濫用的問題，他都巧妙地回答並予以安撫，他說：「讀這些問題讓人很痛苦，而痛苦有

部分是來自於對用戶的感同身受。沒有一位臉書員工想讓用戶不好過，我們想讓用戶的人生更美好。❶⑤」

但另一方面，2009 年他在舒默參議員辦公室裡反擊議員質疑隱私權設定的表現，則是在執行公司的另一種公關策略。一些傳播與政策部的員工說，舒瑞格採用了具攻擊性的戰術擊退了立法上的威脅。

當批評者抱怨臉書從用戶身上拿走了個資，並抱怨某些用戶在平台上放不當內容時，舒瑞格就會予以回擊。隨著平台逐漸成長，有害的內容也愈來愈多，這個現象在較年輕的用戶身上似乎特別明顯。

臉書對待爭取兒童網路權益的團體，極不友善

2012 年 1 月，比爾・普萊斯（Bill Price）跟桑德伯格在門洛帕克駭客路一號（One Hacker Way）的臉書新辦公室會面。普萊斯是非營利兒童網路權益倡議團體「常識媒體」（Common Sense Media）的董事長，也是舊金山一間投資公司 TPG Capital 的共同創辦人，這是美國最大的私募基金之一。普萊斯跟桑德伯格一樣搬到了富裕又有政治資源的灣區商業領袖圈，擔任如加州科學院（California Academy of Sciences）這類組織的董事，跟科技公司的高級主管一起工作。

但「常識媒體」對臉書來說是個十足的公關問題，因為他們是嚴厲的批評者。當消費者、兒童網路權益倡議人士和隱私保護團體嚴加檢視臉書是如何影響年輕人，以及如何使用私密資料時，「常識媒體」也是抗議的力量之一。「常識媒體」創辦人吉姆・史戴爾（Jim Steyer）曾是民權律師和史丹佛教授，曾在報導中猛烈抨擊臉書，他在剛完成的著作《臉書世代的網路管教》（*Talking Back to Facebook*，無繁體

中文版，書名暫譯）中，評論了社群媒體對青少年的社交和情緒健康的影響。

自從臉書在 2005 年將平台開放給高中生以來❶，外界便開始擔憂青少年的安全與心理健康。青少年若不是不自主地查看貼文留言和讚數，就是在比較誰的朋友最多。網路霸凌的案例不斷攀升，臉書也無視禁止未滿 13 歲者持有帳號的規定。2011 年 5 月，《消費者報告》（*Consumer Reports*）估計臉書約有 750 萬未達規定年齡的使用者❷。

根據普萊斯的描述，那次到臉書洽談，桑德伯格堅持不讓史戴爾參加。普萊斯答應了，同時也表示不希望舒瑞格參加。然而，當桑德伯格以擁抱和溫暖微笑問候普萊斯時，他看見舒瑞格就站在她身後。普萊斯沒有提高音量，但望向桑德伯格並堅定地問：「舒瑞格來這裡做什麼？」

桑德伯格提醒普萊斯，舒瑞格是政策負責人，因此最適合代表臉書在青少年議題上發表意見。普萊斯顯露出不悅，但會面繼續進行。他告訴桑德伯格，他要來傳達重要的訊息，希望臉書能幫忙。普萊斯坐下後，桑德伯格也在他旁邊的皮椅上脫掉鞋子盤腿坐著，舒瑞格則是獨自坐在會議桌的另一邊，雙手抱胸怒目瞪視，扮起黑臉。

會議開始，普萊斯要求臉書設置一個重置功能。「常識媒體」的確可以和臉書找到某種共識，進而保護網路上的孩童。這個非營利組織擔心孩童會貼出日後對自己造成負面影響的內容，例如微醺的青少年在派對上拿著啤酒罐，或擺出挑逗姿勢自拍的年輕女孩。他提出「消除貼文按鍵」（Eraser button）這樣的想法，希望臉書能為青少年設一個工具，讓他們有第二次的機會。這個想法似乎頗有道理，但桑德伯格的孩子還不夠大，她無法同理這個想法；舒瑞格的孩子已經可以使用臉書了，理應是最好說服的，可是他很快就否定了這個想法。

根據普萊斯的描述，舒瑞格當時不快地說：「不可能，你不懂技術。」

　　普萊斯被舒瑞格的口氣嚇了一跳，但沒有因此害怕。他做出反擊，為什麼做不到呢？他想了解為什麼擁有頂尖工程師和數十億營收的臉書沒辦法做這樣的調整。

　　桑德伯格不發一語。

　　「消除按鍵」會在網路上帶來不良的漣漪效應，舒瑞格說，「你不懂網路！」

　　桑德伯格終於開口，說「常識媒體」不公平地針對臉書，她試圖反擊普萊斯。「Google 的問題也沒有比較少。」她說。

　　普萊斯回憶說，桑德伯格接著換上受傷的表情，轉換語調開始提史戴爾的書，問為什麼書名要叫《臉書世代的網路管教》？Google和其他公司在資料蒐集的做法，不也和臉書一樣嗎？這本書難道不是史戴爾行銷自己的手段嗎？

　　普萊斯解釋，Google 跟「常識媒體」在安全和隱私權計畫上有合作，但瞬間發現這根本不重要。他到臉書是希望能讓雙方成為合作夥伴，臉書的高級主管經驗老到又聰明，當然了解「常識媒體」的擔憂，但他們顯然有不一樣盤算。桑德伯格是來抱怨書名的，舒瑞格是來攻擊他眼中的敵人。普萊斯轉換戰術，「如果你不更加努力保護孩子，是會留下罵名的。」他說。

　　對此，舒瑞格也說了警告性的話。普萊斯不想跟臉書這隻大鯨魚交惡，因為「常識媒體」多數的董事都是科技投資人，不會樂見跟臉書的合作機會泡湯。臉書正在加緊準備首次公開募股，高級主管們隔天就要宣布這件事，因此言外之意非常清楚。「我感覺他們想展現出恫嚇和威脅的意味，如果我們不放過這個議題，他們就要對『常識媒

體』和董事會採取激烈的做法。」普萊斯回憶道。

舒瑞格繼續指責他的訪客，而桑德伯格沒有說話。當會議破局，她再次敷衍地擁抱普萊斯，舒瑞格則是連握手都免了。

後來，舒瑞格否認威脅普萊斯。「說我威脅或恫嚇比爾‧普萊斯很可笑，他創辦了世界最大最成功的私募基金之一，我為什麼要這麼做？這對我和臉書有什麼好處？」舒瑞格說。但普萊斯的印象卻大不相同：「會議結束時我感到很沮喪，」他回憶道，「這好像某種典型故事，絕對的權力腐蝕了人的觀點。」

雪柔不滿內容審查部門得罪政治人物，
開始介入貼文審查決策

桑德伯格在臉書的主導勢力穩定擴大，她最近在一項重要的業務案裡有了更高的參與度，那就是臉書的內容審查策略小組。

這個小組原本隸屬營運部門，前任臉書員工威爾納（Dave Willner）在 2008 年加入時，還只是個 6 ～ 12 人的小組，負責將網站禁止的內容編入清單。臉書的禁止標準簡單明瞭（禁止裸露、禁止恐怖主義），但沒有說明小組的決策機制。「如果你看到以前沒見過的怪東西，清單也無法告訴你該怎麼做。公司有政策，但沒有可依據的理論。」威爾納說，「『不要幫下一個希特勒傳話』就是小組的任務之一。」

內容審查的規則規範了臉書用戶能貼在平台上的東西。祖克柏很少涉入內容審查小組的決策或政策，似乎也不太清楚他們訂規則的理由，「他幾乎無視這個小組，除非出問題或上新聞。」一位早期的成

員回憶道，「當大家在討論憲法第一修正案的涵義，或臉書在為世界決定言論政策時，祖克柏都不在場，他真正關心的不是這個。」

然而，這個小組屢屢讓臉書陷入困境。早在 2008 年，臉書就因為是否該發布哺乳照片而跟全世界的媽媽槓上⑱。2010 年，臉書對一個香港親民主派團體頒布了禁令，因此登上頭版新聞，並引發抗議。2011 年，威爾納和當時已經大幅擴編的小組成員決定不要移除某個臉書專頁，而該專頁的名稱拿澳洲反對黨領袖東尼·艾伯特（Tony Abbott）的女兒開了不當的玩笑，這是壓倒駱駝的最後一根稻草。

桑德伯格得去面對氣呼呼的艾伯特，她開始堅持要在職權範圍內主導內容審查政策，這個決定讓小組許多人都大感意外。「她說她在臉書的遊說部門有政治布局，因此希望監督所有決策。」一位組員說，「誰都知道一定是有政客和高官打給她抱怨某些決策，然後突然問起這些決策背後的理由。」

沒多久威爾納便離開了公司。「我們早該看懂局勢的，」那位組員說，「臉書是世界舞台的要角，認為內容審查不會受到政治布局影響是想得太美了。」

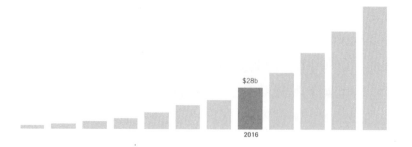

$28b

2016

第五章

預警金絲雀

如果鳥死了，就代表資料遭入侵

　　奈德‧莫蘭（Ned Moran）緊緊盯著筆記型電腦，他正在觀看一位俄羅斯駭客和美國記者之間的對話。莫蘭是資安分析專家，在臉書特別設置的威脅情報小組工作，他曾研究由國家在背後主導的激進駭客，對這些駭客有相當驚人的了解，是知名的電腦資安專家。莫蘭身材高大、戴著眼鏡、留著鬍子，沉默寡言，開口時一字一句都十分輕柔謹慎，大家都會放下手邊的事仔細聆聽。他的名聲就是一項保證，無論他說什麼都值得一聽。

　　莫蘭比任何一位電腦資安專家都清楚境外勢力扶植的駭客，但在這之前，連他也沒見過駭客跟記者之間的對話。有時候，對話會停頓好幾分鐘，但他繼續等，就跟那位美國記者一樣，看那位俄羅斯人會

說什麼。他在臉書的華盛頓辦公室工作，得知了兩位正在交談中的用戶身分和所在位置。俄羅斯人在 2016 年 6 月 8 日建立了「華府揭密」（DCLeaks）臉書頁面，現在正在利用它誘惑美國記者，要記者公開一批俄羅斯駭客從民主黨偷來的文件。

自從 8 月稍早他發現「華府揭密」這個臉書頁面之後，他就忍不住一直閱讀這個帳號的所有聊天訊息。莫蘭不會暗中監視美國記者的對外聯絡，但他在臉書上到處追蹤俄羅斯人，發現他們開始用臉書聊天室跟記者聊天。莫蘭能看到他們所使用的裝置，也能看到他們在臉書上搜尋了哪些東西，他知道這個自稱為「華府揭密」的頁面其實是俄羅斯設的。幾個星期前，他在追蹤俄羅斯人的足跡時發現了這個網站，當時他們正要在美國大選前註冊臉書帳號並建立頁面和社團。

距離美國大選只剩不到三個月，川普和希拉蕊之間的競爭愈來愈激烈，莫蘭握有證據，能證明俄羅斯正在做一些美國情報單位都在懷疑的事：俄羅斯駭進希拉蕊陣營並公開關鍵的電子郵件，試圖讓這位民主黨總統候選人難堪。這是間諜活動史上空前的一刻，打破了所有過往的網路戰常規。莫蘭知道這是件大事，並向上級報告。

距離莫蘭幾公里遠的地方，美國情報人員正急忙了解滲透希拉蕊陣營的俄羅斯駭客。**情報人員儘管經驗豐富，但他們缺乏像臉書那樣居高臨下的視角。**對莫蘭和臉書的威脅情報小組來說，這份工作吸引人的地方就是臉書能提供的全面視角，小組中有許多人曾在美國國家安全局（NSA）、聯邦調查局（FBI）和其他政府部門工作過，研究他們現在正在監視的駭客。

資安小組發現用戶被駭，但祖克柏不太在意

莫蘭從 2016 年 3 月初開始就特別留意俄羅斯人，那時他跟另一位臉書的資安分析師發現他們正在嘗試駭入美國各地的臉書帳號。分開來看，這些被駭帳號之間沒有共通性，但把他們放在一起看就不一樣了：這些帳號的朋友名單，都有總統候選人的家庭成員和政治說客，某位重量級民主黨說客的妻子和共和黨總統候選人的孩子就是駭客的目標。這些人雖然沒有直接參與 2016 年的總統大選，但都跟大選有關。

臉書的資安小組早已預料到俄羅斯人會在 2016 美國總統大選前加緊監視候選人，但高層似乎都沒有人理解這些活動的嚴重性。莫蘭將每週工作紀錄和報告交給了艾力克斯・史戴摩斯，並上傳到臉書 Workplace 平台的群組，史戴摩斯告訴了他的老闆，即臉書法務長柯林・史崔奇（Colin Stretch）。根據史戴摩斯的了解，史崔奇會再將重點轉達給舒瑞格和卡普蘭這兩位臉書最有權力的人，由他們判斷是否該向祖克柏和桑德伯格報告這些問題。

然而，幾年來，**祖克柏和桑德伯格都漠視資安小組，他們對資安小組的工作不感興趣，也不主動要求看報告。**「我們會報告重大事件，例如北韓或中國駭客試圖滲透臉書。」一位資安小組的工程師說，「但他們不會要求定期開會討論資安威脅，或諮詢小組的意見。他們認為資安人員只要默默在角落運作就好，他們就不用經常煩惱這件事。」

莫蘭和一些威脅情報小組的成員在華盛頓特區工作，團隊其他人則是被放逐在臉書總部一棟小房子，位在 MPK 逐漸擴大的園區外緣。無論桑德伯格在公司監督了多少非她直屬的業務，公司依然把重

點放在工程師身上。開發新產品、推動成長和追蹤用戶每日使用時數的小組都直接向祖克柏報告。那年春天，他們忙著執行祖克柏的十年大願景，包括人工智慧和虛擬實境領域的重大發展。

其他人也慢慢發現了俄羅斯駭客的活動規模。2016 年 6 月 14 日，網路資安公司 CrowdStrike 受民主黨全國委員會的委託調查❶，宣布他們已找到足夠證據，顯示包括希拉蕊陣營在內的民主黨資深黨員遭駭客入侵，跟俄羅斯政府有關聯的駭客已經取得了民主黨內部的電子郵件。幾週內，另外兩間網路資安公司 ThreatConnect 和 Secureworks 也跟 CrowdStrike 一樣發表了獨立報告❷，提供了攻擊者使用的技術細節；報告也說明俄羅斯人如何設局民主黨員工，讓他們揭露電子信箱密碼。另一方面，推特和其他社群媒體上突然出現了名稱如「古西法 2.0」（Guccifer 2.0）的可疑帳戶，他們表示願意跟有興趣的記者分享駭到的檔案。

這些報告都跟莫蘭在臉書看見的情況吻合。這批俄羅斯駭客就是他多年來所觀察的那些人，雖然很多技術都不陌生，但還是有新花樣，且這次的駭客規模跟之前在美國發生過的完全不一樣。莫蘭的團隊知道這些俄羅斯人在試探跟希拉蕊陣營關係密切的人，現在他想回過頭確認他們是否遺漏了一些臉書平台上的線索。上述報告成了臉書資安小組的指引，讓他們可以在臉書系統裡搜尋俄羅斯人。

莫蘭利用報告裡的細節找到了「華府揭密」這個可疑頁面，它從創建之初就開始分享民主黨全國委員會的外洩資訊。團隊還找到了類似帳號，其中一個建立了名為「奇幻熊駭客團」（Fancy Bear Hack Team）的臉書頁面。CrowdStrike 和其他網路資安公司幫一個俄羅斯政府駭客團隊取了「奇幻熊」（Fancy Bear）的綽號，英語系媒體便跟著使用這個琅琅上口的名字；而俄羅斯駭客為頁面取這個名字似乎是在

嘲弄臉書找不到他們。這個頁面上有從世界反禁藥組織（World An-ti-Doping Agency）偷來的資料，這是莫斯科克里姆林宮介入美國大選的另一個證據，因為過去幾年，俄羅斯政府被抓到讓運動員使用禁藥❸，也試圖在奧運和其他比賽中利用手段奪牌。

美國對俄羅斯駭客沒有既定戰術，若惡意帳號在社群媒體散播偷來的電子郵件藉此影響美國新聞報導，美國政府沒有可以因應的對策。臉書也沒有可以對付他們的規範，即便證據已十分明顯，俄羅斯駭客裝成美國人建立臉書社團，彼此配合，操弄美國公民。

臉書的設計，讓俄羅斯駭客非常容易找到想駭的人

諷刺的是，俄羅斯駭客使用臉書的意圖，跟臉書的基本精神完全相符。他們想跟世界各地的人接觸，跟對方聊彼此都感興趣的話題；他們創立臉書社團，利用社團散播想法。他們討論對希拉蕊不利的電子郵件、頁面和社團，但這些都不是重點，重點是臉書讓駭客很容易就找到想找的人。

駭客也知道電子郵件裡的淫穢內容是花邊網站和邊緣團體的最愛，這些人會大肆宣傳跟希拉蕊有關的消息。為了得到最大效益，俄羅斯人有策略地慢慢釋出電子郵件。就在 2016 年 7 月民主黨舉辦全國代表大會（Democratic National Convention）之前，約兩萬封洩漏的電子郵件突然出現在維基解密上，這些郵件顯示，民主黨全國代表大會的領袖對黨提名人有差別待遇，其中最明顯的就是主席舒爾茨（Debbie Wasserman Schultz）偏袒希拉蕊，打壓佛州參議員桑德斯（Bernie Sand-ers）。曝光的電子郵件登上了頭條新聞，舒爾茨也被迫下台❹。

還有另一批電子郵件，竊取自希拉蕊陣營的負責人波德斯塔（John Podesta），釋出時剛好是川普陣營最難堪的時刻 *，幫川普轉移了焦點。波德斯塔的電子郵件揭露了民主黨內部互相攻擊和尷尬的內情❺，例如在一場市民座談會上，希拉蕊比其他候選人先拿到了會被詢問的問題。大眾對川普的壓力和關注，全被波德斯塔的電子郵件吸走，希拉蕊陣營再度陷入窘境。俄羅斯駭客成了全球最具影響力的新聞編輯，他們誘使記者撰寫報導，還會繼續釋出民主黨成員更腥羶色的電子郵件。同時，駭客也是在為臉書打造點擊保證，因為人們一定會點進去看新聞，且保證有人會分享新聞。當一批電子郵件的熱度開始消退，駭客也已經準備好下一批爆料了。

　　莫蘭和臉書團隊調查得愈多，就愈確定那些帳號跟俄羅斯有關。這些駭客有點草率，有時會忘記用私人虛擬網絡（VPN）隱藏自己的位置，或不小心留下其他線索，證明他們在俄羅斯，還跟彼此聯繫。整個 7 月和 8 月，史戴摩斯和他的團隊向柯林‧史崔奇提出了一份又一份俄羅斯活動的報告，莫蘭並在其中一份報告裡，描述他即時觀看了「華府解密」頁面管理者跟記者談論電子郵件的對話。那位記者在右派的媒體工作，要求駭客盡快提供那些電子郵件，就算是原始檔也沒關係，還聽取了駭客對「報導架構」的建議。

　　幾天後，那位記者寫的文章刊出了，裡面引述大量希拉蕊陣營的電子郵件。對此，莫蘭覺得自己也有責任。

---

* 　注：當時，川普被控在電視節目《前進好萊塢》以輕蔑的口吻說他在未經女性同意的情況下抓住她們，並強吻、撫摸。

聘用矽谷最權威的資安專家，臉書資安團隊擴編兩倍

　　莫蘭的老闆史戴摩斯在來到臉書以前，就因為在雅虎指出資安漏洞而成為網路資安界的知名人物。2015 年 4 月，他在舊金山市區的辦公室廣邀數百位記者、網路資安專家和學者參加一場他取名為「非關會議」（Unconference）的研討會，目的是要讓大家了解企業保護網路使用者的失職之處，而不是像一般網路資安研討會那樣宣傳新技術。

　　當時，史戴摩斯是雅虎的資訊安全主管❻，也是矽谷最年輕、最高調的資安專家。他在加州的駭客社群中長大，是表現超齡的程式專家，擁有加州大學柏克萊分校電機工程與電腦科學的學位。35 歲時，他就建立並賣掉了一間成功的網路資安公司 iSEC Partners。在他的職涯中，當一些矽谷最有影響力的公司發現網絡中有俄羅斯和中國駭客時，都會找他諮詢意見。

　　那些案例中的駭客大多已經潛入多年，史戴摩斯很驚訝，因為矽谷公司在相對簡單的網路攻擊之下竟然如此脆弱。「我要講一個事實，雖然我們都說要保護大家的資安，但資安界已經偏離了這樣的使命。」他說。**科技公司並沒有將資安放在第一優先，而且還依賴過度複雜的系統，導致自己和用戶容易遭受攻擊。**他以房子做比喻：矽谷公司等於在創造有易碎窗戶的多層住宅，而不是打造堅固可防禦的結構、確實鎖上每一道門。駭客只要潛伏等待，矽谷公司終究會暴露弱點。

　　為了聽史戴摩斯演講，數百人齊聚在單調平凡的會場，他緊張地在人群中迂迴走動，以他特有的連珠炮說話方式跟人閒聊。他在講台上紮好紅色格子襯衫，調整灰色西裝外套的縫邊，把手塞進口袋。當

大家還站著聊天，史戴摩斯已經等不及要開始談話。

「身為業界的一分子，」他開口道，「我對現況並不滿意。」

他說，科技公司沒有考量到一般人的隱私權和資安需求，網路資安公司對銷售光鮮亮麗且昂貴的技術比較有興趣，而非提供小公司負擔得起的基本資安保護。駭客對成千上萬人造成影響的事情一年比一年常見，大家的私密資訊都被駭客在網路論壇交易販售，包含社會安全碼和信用卡資料。

許多人紛紛點頭。史戴摩斯沒有明講，但他愈來愈擔心當時任職公司雅虎的資安措施，而他的擔心並非沒有道理。「非關會議」後幾週，他的團隊就發現了一個弱點，雅虎系統可能遭人入侵，有人進入用戶信箱搜尋郵件。史戴摩斯趕緊確認這個破口是不是俄羅斯或中國駭客所為，卻發現這是刻意留下來的❼，並經過執行長瑪麗莎‧梅爾（Marissa Mayer）同意，好讓美國政府私下監視雅虎信箱的用戶。「我對公司的信任嚴重破裂，」他回憶道，「我不能袖手旁觀。」不到一個月，他就離開雅虎。後來梅爾批准政府祕密監視的情事被揭露，成了全國醜聞。

網路資安界稱史戴摩斯為「預警金絲雀」。二十世紀初，人們會將金絲雀帶到地底深處的煤礦坑，如果鳥死了，就代表礦坑釋出了有毒氣體，礦井並不安全。到了 2000 年代中期，網路公司借用這個詞，因為他們開始收到政府的祕密傳票，要求提供用戶資訊，這些要求極為保密，揭露傳票甚至還是違法的，於是網路公司想出警告用戶資料遭人入侵的權宜之計。他們開始在網站放置微小的黃色金絲雀圖片表示一切安全，如果有天金絲雀消失，就代表公司得配合祕密傳票的要求。因此，隱私權專家和倡議者都知道要在網站尋找金絲雀，若圖片突然消失就要發出警告。

史戴摩斯離開雅虎就是一個警示，代表雅虎發生了非常不對勁的事；到臉書工作則代表他看見這間公司有值得他效力的理由。2015年春天，臉書高層正在悄悄尋找新的資安主管來接替喬‧蘇利文（Joe Sullivan），因為他要跳槽到叫車公司 Uber 的類似職位。祖克柏和桑德伯格請蘇利文幫忙找繼任人選，桑德伯格說希望這項人事可以高調一點，藉此向董事會和華府官員傳達他們對資安的承諾。

蘇利文建議找史戴摩斯，理由是他過去曾讓掌權者負起應負的責任：史戴摩斯身為獨立合約員工（independent contractor），因為非常堅持隱私權和資安，遭到僱主開除或被迫離職是天下皆知的事。桑德伯格表達了擔憂，想知道史戴摩斯能不能做出最符合臉書利益的決定，可是蘇利文無法保證史戴摩斯會遵守臉書制度，但網路資安界裡擁有如此信譽的也只有史戴摩斯了。

史戴摩斯被聘用時，公司承諾他可以擴編團隊並改變臉書在資安上的做法。桑德伯格是他的上級，她提出保證，若有需要，他可以自由擴編和重整團隊。在史戴摩斯的領導之下，臉書的威脅情報小組從幾位變成了十幾位，他繼續大肆招募，整個資安團隊從約 50 人增加到超過 120 人。許多加入的人都曾在政府工作，因為他懷疑資訊戰已經在臉書平台悄悄展開，他要找受過這方面訓練的人。

用戶無法抗拒煽動言論，演算法也沒有加以抑止

史戴摩斯在臉書建立的團隊具有特別的組織文化和地理位置。他的辦公室和多數團隊成員位在園區一個偏遠的角落，很少有員工聽過那棟建築，更不用說親自去過。這棟二十三號大樓的外牆除了大大的

白色數字以外，沒有任何裝飾。大樓裡面看起來就跟其他臉書辦公室一樣，有極簡風漂白木家具和玻璃隔間的會議室，呈現出一種乾淨冰冷的美學。資安團隊的工作區堆滿了健身背包、照片和抱枕，他們不像與其他臉書員工會時常移動辦公位置，所以會擺放一些照片；他們的位置是固定的，桌上厚厚的資料夾裝滿了解密情報和國會簡報。他們將駭客研討會的識別證掛在電腦螢幕上展示自己的痴迷，還用「駭進全世界」海報裝飾牆面。

每到歡樂時光，整個園區的臉書員工就會喝起印度淡色艾爾啤酒和精釀啤酒，但資安團隊有私下的雞尾酒時間，他們喝馬丁尼，用老派餐車上的約翰走路威士忌、金快活龍舌蘭（Jose Cuervo）和一些無酒精飲料調成雞尾酒（Highball）。不在門洛帕克的成員也常視訊同歡，例如位在華盛頓的莫蘭和威脅情報小組。

資安長史戴摩斯加入臉書不到一年就發現臉書有重大問題，但大家都對他的報告沒反應，而俄羅斯那邊的動作則是愈來愈多。2016年7月27日，一位臉書的資安工程師坐在沙發上看電視新聞，川普正在開記者會，對民主黨全國委員會遭駭事件提出猜測。川普絲毫不浪費時間，將焦點集中在希拉蕊身上，他認為俄羅斯可能從希拉蕊的私人伺服器偷了一些電子郵件。「我想告訴俄羅斯，如果你們在聽的話❽，我希望你們可以找到希拉蕊那消失的三萬封電子郵件＊，」他說，「我想美國的媒體會大大酬謝你們。」

川普的話讓這位工程師大吃一驚，他打開筆記型電腦查看新聞網站有沒有報導他剛才聽到的事：剛剛有一位美國總統候選人叫俄羅斯

＊　編注：希拉蕊任職國務卿期間，曾以私人電郵伺服器處理公務，共收發6萬多封電子郵件，她離任後將半數交給國務院，其餘約3萬封以「私人郵件」為由，聲稱全數刪除。

駭客攻擊他的對手？工程師走去沖澡，在熱水底下站了好一段時間。「這感覺有很大的問題。」他說。整個夏天，臉書有掌握了俄羅斯駭客的第一手消息，現在川普竟然在鼓勵駭客繼續攻擊。

過了幾天，他在上班時間問團隊同事會不會覺得很生氣。包含史戴摩斯在內，多數人都說他們愈來愈害怕。「對我們這些專業的人來說，我們知道川普說的不是玩笑話。」史戴摩斯回憶道，「我們對俄羅斯人的活動有一定的了解，但我們並不知道他們會做到什麼程度，尤其是美國總統候選人還要他們進行攻擊。我們真的很擔心他們會對臉書做各種利用和操弄。」

川普跟俄羅斯駭客不約而同得到了相同的結論，那就是他們可以利用臉書的演算法達到目的。用戶抗拒不了民粹政客的煽動話語，無論他們同不同意那些言論，都會瀏覽內容，即使新聞業者的報導重點是在抨擊川普最新的妄語或謊言。臉書的演算法將用戶的瀏覽動作視為對內容有興趣，並悄悄統計該內容的分數，於是那些煽動言論在動態消息的分數只會愈來愈高。川普一再登上頭版，就代表他是難以忽視的候選人，無論在新聞還是臉書上。

川普的團隊知道如何利用臉書頁面操縱平台，他每天都會張貼跟競選有關的聲明，有時甚至每小時發布一次。同時，川普陣營忙著花大錢購買臉書廣告❾，也摸清楚了臉書嚴密調控的系統，以確保他最需要爭取的選民會不斷收到他要傳遞的訊息。此外，他的陣營也在臉書上向支持者募得大筆資金。

川普陣營在平台上的明顯優勢，讓臉書員工再度開始探討之前已默默討論數年的問題：臉書偏愛民粹嗎？川普其實只是最新的例子，過去幾年，印度總理莫迪（Narendra Modi）和菲律賓總統杜特蒂都使用臉書來爭取選民支持❿。這兩個國家的臉書員工向主管表示擔憂，想

了解臉書在這兩個選舉中扮演了什麼角色，但直到美國的民粹領袖崛起，才有更多的美國員工開始擔心。

臉書不打算協助員工約束俄羅斯駭客

史戴摩斯團隊的挫折感愈來愈深，臉書有些熱心的律師將威脅情報小組的報告交給聯邦調查局，但沒有得到回音。

史戴摩斯理解臉書沒有公開此事的理由，尤其團隊並不確定美國情報單位正在執行什麼樣的監視行動，也缺乏能讓法院判定這是俄羅斯政府所為的證據，但史戴摩斯還是認為自己有責任。他跟團隊說他會向史崔奇和其他法務人員轉達他們的擔憂，於是便在某次跟史崔奇開每週會議時提起這件事，而史崔奇告訴他，法務和政策團隊會將此事列入考量。史戴摩斯總覺得這是打發之詞，但他也知道要臉書直指一個國家是網路攻擊者可是前所未見的事。「透過聯邦調查局處理的做法已經相當成熟。」史戴摩斯說，並表示臉書跟調查局已有長期的合作關係，曾幫忙調查局起訴許多人口販賣和危害未成年人的案件。「2016 年以前，從來沒有社群媒體公司**公開**指控某個團體策劃駭客攻擊的先例。」

威脅情報小組內部也在討論該怎麼做。**有人說臉書是私人公司，不是情報單位，呈報調查結果並不是公司職責**，而且就臉書所知，國家安全局正在追蹤同一批俄羅斯臉書帳號，有可能計畫逮捕，臉書發表意見可能才是不負責任的作為。也有人說臉書默不吭聲等於助長俄羅斯散播偷來的資訊，公司需要讓大家知道那些跟俄羅斯有關聯的帳號，正在透過臉書散播駭來的文件。對後者來說，這局面就像國家的

緊急危機。「這整件事簡直瘋了，臉書沒有標準做法可以參考，所以不希望我們採取行動，這根本沒道理。」一位資安團隊成員說，「也許這就是開先例的時機。」

那年秋天，威脅情報小組看見了反擊的機會，他們一直在監視的俄羅斯帳號開始進行不同類型的活動，「奇幻熊」駭客入侵了億萬富翁兼避險基金經理人喬治・索羅斯（George Soros）的基金會，有 2,500 份文件遭竊❶。

索羅斯的開放社會基金會（Open Society Foundations）是全球慈善組織，致力於促進民主價值，但多年來卻遭到許多無根據的陰謀論指控。2015 年 11 月，俄羅斯檢察總長辦公室對俄羅斯的「開放社會基金會」頒布禁令❷，理由是危害國家安全。俄羅斯顯然將索羅斯和他的組織視為威脅。

俄羅斯駭客在分享民主黨的電子郵件時就設好了臉書頁面和帳號，於是他們繼續利用這些帳號去說服記者和部落客，讓他們報導索羅斯的文件。當俄羅斯駭客散播那些文件時，臉書的資安分析師珍・維頓（Jen Weedon）正在密切觀察。那些文件裡有索羅斯員工的個人資料，維頓知道洩漏其他用戶個資嚴重違反臉書的規範，是禁止帳號的充分理由，於是帶著她的發現去找卡普蘭談。

卡普蘭認同容許「華府解密」繼續運作，可能讓臉書背負法律責任，公司唯一負責任的做法就是立刻移除該頁面。雖然這是從技術層面（而非法律層面）獲得的勝利，但許多資安團隊的成員都感到些許寬慰。公司還是不打算約束俄羅斯的大量活動，但至少員工找到了移除頭號要犯的方法。

可是，2016 年 11 月 8 日美國總統大選投票日前的最後幾個月，分化美國人的尖酸內容和引戰言論，在臉書更氾濫了。有些貼文只是

隨便引用駭客從希拉蕊陣營取得的電子郵件，有些則是憑空捏造。以前從沒聽過的部落格和網站開始發表文章，宣稱希拉蕊在台上昏倒、有私生子，或在美國境內偷偷指使恐怖行動。這些故事實在太不可思議，即使只是想要弄清楚是誰在背後操弄，用戶也會忍不住點進去看。

一位臉書的動態消息工程師稱這個現象為「完美的風暴」。大選前一週，他跟幾位工程團隊的朋友一起坐在帕羅奧圖市區的玫瑰與皇冠（Rose and Crown）酒吧裡，一邊享用炸魚薯條和生啤酒，一邊討論工作。其中一位說，要跟家人解釋臉書不會處理平台上到處流竄的陰謀和假新聞實在是很難堪的一件事。另一位說他已經不再跟別人說他在臉書工作了，因為他們只會向他發牢騷。

「我們笑著跟彼此說幸好這些都要結束了，」那位工程師說，「希拉蕊會贏，川普會罷手，一切都會恢復正常。」

他們從沒想過川普會當上總統。

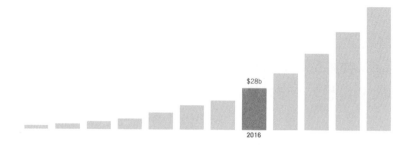

$28b

2016

第六章

無稽之談

臉書上的假新聞會影響美國大選，根本是無稽之談

　　2016 年 11 月 9 日早上九點，臉書的政策小組聚集在離白宮 1.6 公里的遊說辦公室裡。大家在會議室就座，然後是一段很長的沉默。一位員工前一晚才在曼哈頓賈維茨中心（Javits Center）的希拉蕊「勝選」派對上度過黑暗時刻，其他人則是毫不掩飾他們紅腫的雙眼。

　　終於，卡普蘭開口了。他跟其他人一樣對選局結果感到意外，並說川普勝選讓臉書和全國都陷入了未知的局面，也提出警告，臉書可能會因為網站在選前充斥著錯誤資訊而受到責難。一些華盛頓的臉書員工私下認為公司應該要受到責難，因為公司對假新聞管理漫不經心，讓川普當上總統。

　　「我們一起面對。」卡普蘭說。

卡普蘭並不支持川普，他有很多朋友都是「反川」的共和黨員，誓言阻擋川普競選總統。而身為「希拉蕊尖兵」*（Hillblazers）之一的桑德伯格，由於跟希拉蕊陣營關係密切，對新的政治局勢自然也沒有正面幫助。

川普一當選，臉書馬上聘用親川普政客

臉書面臨的挑戰十分清楚，公司已將薪水帳冊上共 31 位的內部與外部說客部署在華盛頓，發揮臉書的影響力。在卡普蘭的任期當中，臉書遊說辦公室的民主黨和共和黨成員比例已更加均衡，說客團隊包含葛雷格・茂爾，他曾擔任共和黨眾議院發言人約翰・博納的助理；以及凱文・馬丁（Kevin Martin），他是聯邦通訊傳播委員會（Federal Communications Commission）前主席，也是共和黨人。一直以來，臉書的華盛頓辦公室都將遊說重點放在鼓勵政客使用臉書，較少遊說特定議題。以華盛頓說客的用語來說，臉書的目標是「保護」公司的影響力，阻止政府設立會威脅臉書成長的規範。

但此時，卡普蘭清楚地表示，他已經準備好要「進攻」了。總統大選結果出爐後不到三天，他就製作了「政府管道」名單，列出跟川普有關係、臉書應該嘗試網羅或聘為顧問的人。名單包含川普的前競選團隊幹事李萬度斯基（Corey Lewandowski）和資深顧問班尼特（Barry Bennett）❶，班尼特還在 2016 年底走訪了臉書辦公室。這兩位在大選後立刻開了一間顧問公司，自詡為川普達人，可以為大家解讀並解釋

---

* 編註：希拉蕊陣營以此稱呼捐款或募款至少十萬美金的人。

總統對商業和貿易議題的想法。李萬度斯基提出保證，若臉書以一個月兩萬五千美金的費用聘這間公司當顧問，他就會利用跟川普的關係幫助臉書。

對許多臉書員工來說，看見李萬度斯基和班尼特走在臉書的華盛頓辦公室大廳，是很不真實的事。班尼特是卡普蘭的舊識，也是他在共和黨政客裡的朋友和熟人，但好鬥的李萬度斯基是美國政界和遊說圈的新人物，是爭議事件的眾矢之的。他曾經因為在集會時抓住記者的手臂而被控不當傷害（後來不起訴）[2]，川普陣營也有許多人不喜歡他，他在共和黨正式提名川普前幾週就遭到開除。

臉書內部對於聘請李萬度斯基和班尼特有互相矛盾的意見。他們不確定川普對科技公司的立場，有些員工認為總統難以捉摸，若哪天他針對起個別公司，這兩位剛好可以幫忙抵擋。但其他人並不同意，認為李萬度斯基跟公司的文化和品牌形象不符。華盛頓的員工說，最後卡普蘭因為對李萬度斯基有所提防而沒採納他的提議。

祖克柏：我不認為臉書上的假新聞，會影響美國大選

祖克柏坐在門洛帕克的「水族箱」會議室裡，試著處理選舉結果造成的另一道餘波。美國總統大選過後出現了一種說法，認為臉書要為川普的意外勝選負責。

祖克柏要求高級主管們緊急應戰，如果全世界都指控臉書以巨量的不實消息和譁眾取寵的報導幫川普贏得選舉，那祖克柏就要以數據回擊。臉書要向世界證明，**不實消息只占了用戶動態消息中的一小部分內容**，他說如果他拿得出確切數據，風向就會轉變，大家就會轉移

目標，為希拉蕊敗選找其他理由。

臉書坐擁一堆數據，包括平台上的每一篇文章、照片和影片，只要臉書願意，就可以精確地計算用戶觀看那些內容的時間，但公司裡沒有一個人追蹤過不實消息的足跡。產品主管考克斯跟動態消息主管莫瑟里（Adam Mosseri）下令，要工程師計算出平台上假消息的比例。許多會議室都在幾天甚至幾週前就被預訂，於是高階主管們就在餐廳和走廊上開會。

計算假消息的比例比大家以為的還要難處理。完全錯誤的文章和刻意誤導的文章之間有一些灰色地帶，工程團隊討論了幾個數字，結論是，無論他們決定採用哪個數字，不實消息的占比都只有個位數。但當他們報告結果時，高階主管們很快就意識到，**即使臉書判斷只有1～2% 的內容是不實消息，都代表有數以百萬計的文章在選前投放到美國人面前**。因此，祖克柏聽到的回報是，工程團隊還沒找到他要的數據，幾個星期後才會有確切的答案。

與此同時，祖克柏已經答應要在 11 月 10 日出席一場會議，也就是選舉後不到 48 小時。這場科技經濟會議（Techonomy conference）在加州半月灣（Half Moon Bay）的麗思卡爾頓飯店舉辦，距離 MPK 約 30 公里。祖克柏走上台，免不了要談論選舉的話題。大會保證訪談會友善輕鬆，因此祖克柏的媒體小組建議他要回答問題。台上只有兩張黃綠色的椅子，一張給祖克柏，另一張給大會創辦人大衛・柯派翠克（David Kirkpatrick）。2010 年，柯派翠克出版了第一本講述臉書崛起歷史的書，他跟祖克柏在出版前後見面過很多次。臉書的媒體小組視他為公司的朋友，並希望他會盡量以正面角度看待祖克柏的回答。一位公關員工描述這場訪談「就如我們所希望的那樣溫和。」

一如預期，柯派翠克一開始就問了有關選舉的問題，好奇以臉書

居高臨下的視角，是否看得出來川普會贏得總統大位。「你可以計算跟川普有關的貼文數，並跟希拉蕊的做比較，然後得到相對的支持度，我想你應該有一些方法可以知道吧？」

「我們是可以這麼做，」祖克柏回答，「我現在就想到了一些方法。川普的臉書追蹤數比希拉蕊多並不是什麼新鮮事，他有些貼文也吸引了更多人，這個大家在選前都看得出來。」但祖克柏堅決地說，臉書並沒有花時間去研究這些數字，而且每天都有上千個因素在決定用戶看到什麼內容，公司也無法再現動態消息裡的東西。他說，臉書看到報導指控公司在動態消息裡放垃圾訊息，他要駁斥這樣的說法，那些報導並沒有影響選民的投票選擇。

「我想，**臉書上的假消息只占極少部分的內容，認為這會影響選舉真是無稽之談。❸**」祖克柏說，口氣愈來愈強硬，「認定某個人會因為看了假消息而選誰，這種想法缺乏一定程度的同理心。」

直到選舉結束，
祖克柏還不知道俄羅斯利用臉書干預選舉？

祖克柏的話被斷章取義後登上了世界各地的報導。假消息在臉書的動態消息氾濫，而祖克柏在選後幾天就徹底駁斥臉書上的假消息可能影響大選結果的指控，令人無法信服。CNN 和美國國家廣播公司（NBC）的時事評論猛烈抨擊祖克柏和他的公司，認為臉書在大選沒有為自己的角色負起責任。

臉書的員工覺得很困惑，有幾個人把祖克柏的訪談連結貼到 Tribe 留言板上詢問同事們的意見。他們問：「祖克柏說的是實話

嗎？」有幾百位員工回覆，接著，原本的貼文衍生出其他貼文，小型聊天室裡也開始討論。

有些人說要去問主管，並要求公司進行稽查，或請外面的公司調查不實消息在選舉中的作用。其他人則是重複同樣的問題：黨派性極強的內容和不實消息是不是在臉書的助長之下，形成了某種網絡，導致川普成為下一任美國總統？

史戴摩斯當時在德國主持會議，討論即將來到的歐洲選舉以及在社群媒體上進行干預所帶來的威脅。他在新聞上看到祖克柏的「無稽之談」之說，接著搜尋完整的訪談以確認報導的正確性。他讀了完整的逐字稿，感到十分訝異。他的資安團隊發現平台上有俄羅斯人在進行各種令人擔憂的活動，但祖克柏似乎一點也不知情。幾個月來，史戴摩斯的團隊的一直在向他的直屬上級報告，他也以為祖克柏和桑德伯格有聽取簡報，因為他本人並沒有跟公司層級最高的主管接觸。

那週，他要求親自跟祖克柏和桑德伯格開會。

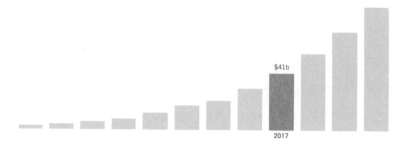

$41b

2017

第七章

公司勝過國家
臉書比任何國家更可能改變歷史

「可惡，我們怎麼不知道？」祖克柏問道，並望向「水族箱」會議室裡一張張嚴肅的面容。約有十位高級主管不發一語地盯著臉書資安長史戴摩斯，希望他能給出答案。而史戴摩斯坐在沙發邊緣，手抓著膝蓋，美麗諾羊毛衣底下的汗水愈來愈多。

時間是 2016 年 12 月 9 日早上，臉書高級主管聚在一起聽取簡報，史戴摩斯概述了所有資安團隊掌握到的俄羅斯干預活動。基於安全考量，史戴摩斯沒有事先將這些結果寄給與會人士，而是列印出來發給他們。

「我們有中度到高度的把握，有俄羅斯支持的執行者利用臉書，刻意散布有問題的報導和資訊，企圖損害他人名譽。俄羅斯積極與美

國記者交涉，進而散播上述竊取到的資訊，試圖大範圍影響政治論述。」總結寫道。

這份長達八頁的文件，闡述了臉書的資安團隊是如何在 2016 年 3 月首次在平台上發現俄羅斯的駭客活動，當時駭客在蒐集美國大選裡重要人士的情報。報告也敘述俄羅斯人申請了臉書帳號並建立頁面，散播不實的資訊和新聞；更介紹俄羅斯軍事情報單位（GRU）的歷史，概述其動員能力。報告指出，俄羅斯的下一個目標是即將在 2017 年 5 月舉行的法國選舉，該選舉將由右翼候選人勒龐（Marine Le Pen）對上馬克宏（Emmanuel Macron）。臉書團隊已經發現俄羅斯探員正在大動作左右法國選民，和剛在美國完成的操作極為相似，包括事先準備好臉書假帳號，散播駭到的資料，羞辱馬克宏並支持勒龐。

這份報告的最後一部分以「未來預測」為標題，內容提到臉書握有豐富的資料，能證明外國政府試圖干預美國總統大選。「鮮少有組織能像我們一樣，在社群媒體上透視政府活動，此份文件所討論的多數內容尚未公開。」報告寫道，「有鑑於議會兩黨皆要求召開公聽會，歐巴馬總統也下令審視俄羅斯在大選期間的活動，臉書可能會被認定為主動與被動資訊作戰的平台。」

員工若積極找出臉書的資安問題，不會有好下場

史戴摩斯的報告清楚表示臉書面臨的威脅只會愈來愈多：「我們預期，不實消息的宣傳活動會在 2017 年為我們帶來更多挑戰。」

當祖克柏和桑德伯格狂電資安長時，大家都沉默不語。為什麼他們被蒙在鼓裡？俄羅斯人有多激進？激動的桑德伯格還問，為什麼她

不知道史戴摩斯組織了特別團隊調查俄羅斯干涉選舉？他們是不是該立刻將史戴摩斯的發現通知立法人士？公司還有沒有其他的法律義務？

史戴摩斯的處境很微妙。幾個月來，他一直在向舒瑞格和史崔奇報告，他們就坐在會議桌前，卻都沒有出聲。他認為責怪他們不是明智之舉，也知道這件事還有法律的層面要考量。他的調查可能會讓公司背負法律責任或遭到國會監督，而桑德伯格作為臉書和華盛頓之間的溝通橋樑，免不了會被叫到華盛頓向國會解釋臉書的發現。「沒有人真的這樣指示，但我有種不確定的事就不能說的感覺。」一位參加會議的高級主管說。

史戴摩斯的團隊揭露了包括美國政府在內都無人知曉的資訊，但在臉書，積極主動並非總是好事。「史戴摩斯調查了俄羅斯人，迫使我們得決定對外要怎麼說，大家都不太高興。」那位高階主管回憶道。「他認為自己有責任要找出問題，這絕對不會讓他有好下場。」另一位參加會議的人說。

對舒瑞格來說，他強烈認為史戴摩斯的發現還不足以百分之百肯定俄羅斯有介入。「開完會後，我感覺史戴摩斯引發的問題比他回答的還要多。臉書上的假新聞聚集有多嚴重？我們該怎麼移除？他們的意圖是政治性的還是經濟性的？如果是政治性的，幕後主使是誰？」舒瑞格回憶道，「我們必須繼續挖，臉書才知道該改變什麼政策或發布什麼消息。」

史戴摩斯覺得自己已經發出警報好幾個月了，連為了直接面對祖克柏和桑德伯格，他都得先依要求向他們的愛將報告。他在前一天的會議上被工程部門主管博斯和產品部門主管考克斯責罵，因為他沒有在一開始注意到俄羅斯干涉時就直接找他們。博斯和考克斯在自己的

部門都享有相對自主的權力，因為祖克柏信任他們，讓他們當自己的眼目並執行任務，他們必須讓公司順利運作才能擁有這些權力。史戴摩斯沒想到自己必須讓他們掌握調查進度，他報告的人是史崔奇。「在平台上調查境外活動完全在我的職責範圍內，我們也合理地依呈報順序進行簡報。」他說，「後來我才知道那根本不夠，沒有讓產品團隊參與是大問題。」

博斯指責史戴摩斯刻意保密調查俄羅斯的事，考克斯則是不解為什麼沒有早點讓他的團隊了解。史戴摩斯回答他並不受兩位管轄，也發現自己太過相信臉書的呈報結構。他還算是公司的新人，很少跟祖克柏和桑德伯格互動。「這是我的問題，我沒打進他們的信任圈裡，如果換作是個性跟我不同的人，他們可能就比較聽得進去。」史戴摩斯有所領悟地說，「我是外人。」博斯和考克斯不喜歡史戴摩斯讓他們陷入當時的局面，也因為不知道這些事而感到不安，他們知道事情大條了，於是馬上空出隔天的時間跟祖克柏和桑德伯格開會。

臉書資安長警告有駭客干預選舉，
卻被公司認為在小題大作

現在，史戴摩斯在「水族箱」會議室裡為公司處境做了沉重的評估，也承認公司裡沒有人完全了解俄羅斯對選舉的干預。祖克柏要求高級主管們找出答案，他們承諾會投入最優秀的工程人才和資源，調查俄羅斯在平台上做了什麼。但聖誕節和新年假期就要到來，他們需要近一個月的時間才能找齊平台各處的資安專家。

川普在就職前幾週收到了情報體系的簡報❶，即將離開白宮的歐

巴馬政府官員也清楚表明俄羅斯有干預選舉，但川普在公開場合卻對此事含糊其詞。雖然他在某次專訪中勉強承認駭客攻擊的幕後主使是俄羅斯，但他在其他地方依然否認勝選跟俄羅斯有關。他提到俄羅斯和普丁時總是口氣溫和，甚至有點熱情。臉書在華盛頓的說客已經向門洛帕克傳達了清楚的訊息：川普政府並不喜歡俄羅斯有影響大選的說法，且將此視為對總統本人的攻擊。也有人擔憂，若臉書真的移除平台上的不實消息，不知道公司會被如何看待。另一方面，**保守勢力愈來愈相信臉書在打壓他們的意見**，這樣的指稱沒有根據，也在川普政府內部激起了對立；**但研究一再顯示，臉書上的保守意見其實逐年增長。**

會議結束時，祖克柏和桑德伯格皆同意讓史戴摩斯和其他人投入更多心力，追根究柢俄羅斯干涉選舉之事。他們組織了新團隊調查俄羅斯是否利用臉書干預選舉，成員包含史戴摩斯、他手下的一些資安專家、工程師，以及廣告部門的員工，並由娜歐蜜·格雷特（臉書最早的成員之一）領導。團隊開始每天在門洛帕克的辦公室見面開會，並在臉書的安全頁面上討論進度，自稱在執行「P 計畫」（P 取自 propaganda，有宣傳、監督之意）*。安全頁面上的橫幅圖像來自 1950 年代的電影，改編自喬治·歐威爾（George Orwell）經典的反烏托邦小說《一九八四》，講述未來世界裡多數人都活在政府的監視之下。

「P 計畫」的諷刺意味濃厚，因為團隊的目的就是要找出透過臉書散布的宣傳活動，而臉書正是監視的那雙眼睛。「老大哥在看著你」成了團隊的口號，放在團隊的臉書頁面上，是臉書資安人員之間

---

* 譯注：Propaganda 一詞最早出現在 1662 年，當時基督新教興起，於是羅馬教廷設立了宗教宣傳部（Congregatio de propaganda fide，或稱福音部），負責監督基督新教在各地的傳教活動及引導迷途羔羊。

的玩笑話。

2017 年 1 月下旬，「P 計畫」團隊的工作即將告一段落，他們沒有找到更多有關俄羅斯活動的資訊，但發現臉書上的不實消息網站形成了巨大的網絡。有些網站是馬其頓青少年所經營的，有些則是當了爸爸的美國人在車庫經營的。他們分享各種文章，內容混合了黨派性極強的報告和完全虛構的情節。有些文章說希拉蕊在競選期間已過世，被一位長得跟她很像的人取代；有些則說「深層政府」暗中支持希拉蕊陣營。他們的動機是為了賺錢，每一筆點閱都能換轉換成廣告收入。

2017 年 2 月 7 日，史戴摩斯擬了一份報告給臉書的政策團隊，說明 P 計畫的研究結果。他在報告結尾提出建議：「我們需要精心做好事先規劃，清楚了解並實施假想的跨部門解法。」在史戴摩斯眼裡，為未來可能的攻擊做準備是很重要的，但臉書管理層看到的重點卻是公司似乎可以鬆一口氣了，因為沒發現俄羅斯有重大的入侵情事。「那種感覺是，好像我們可以把這件事結束掉了，至少桑德伯格是這麼說的。」一位 P 計畫的成員回憶道，「好像史戴摩斯提出警告是在小題大作。」

臉書是一門生意，不該主動處理平台上的政治衝突

史戴摩斯跟資安同仁在一個跨部門團隊底下繼續追查俄羅斯的干擾，並擴大搜查範圍，尋找用不實資訊影響其他國家的活動。資安團隊早已發現各國政府都積極使用臉書來宣傳政治理念，於是史戴摩斯在跨部門團隊的報告中放了一些國家的國旗，作為政府運用不實消息

影響國內或鄰近國家輿論及選舉的例子，例如土耳其和印尼。

臉書需要採取進攻姿態，不能只是單純監看和分析網路上的操作，公司得加緊備戰，但這需要在文化和結構上做根本的改變。**俄羅斯的侵略沒被逮住，是因為臉書各部門之間缺乏溝通**，也因為沒有人花時間像普丁那樣思考。

史戴摩斯向他的主管們報告了團隊的發現，也跟舒瑞格和卡普蘭分享資訊，他知道要獲得桑德伯格的支持，這兩位主管是關鍵；如果他們認同某個計畫或想法，基本上桑德伯格也會贊同。但有位知道討論內容的政策團隊成員說，舒瑞格和卡普蘭還沒準備好要在公司進行改革。「他們認為史戴摩斯是個會危言聳聽的人，他沒有發現任何來自俄羅斯的重大干涉，有關錯誤資訊的想法好像也都是假設。他們知道，如果跟雪柔提這件事，公司又宣布大改組的話，會引發外界更多的關注和檢視。」

舒瑞格和卡普蘭仍舊認為史戴摩斯蒐集的資料不足以判斷俄羅斯的涉入範圍。既然沒人可以斷定俄羅斯在臉書上的所為，確實在選前成功影響美國選民，那為什麼要向美國民眾發出警告呢？他們在跟同事討論時說，若大家開始關心資安團隊的發現，可能會引來國會立法人士不必要的關注。臉書身為跨國的私人公司，並不想參與區域間的政治衝突，也不想被捲入爭議不斷的選舉之中。最重要的是，臉書是一門**生意**。

俄羅斯干涉美國大選的證據，被高級主管刪掉

臉書創立之時，辦公室是一個充滿榮耀的空間，「公司勝過國

家」（Company over country）是祖克柏不斷向員工複誦的口號。這是祖克柏本人的思維。祖克柏最早的演講撰稿人露絲就寫道，祖克柏覺得他的公司比任何國家更可能改變歷史❷。臉書擁有 17 億用戶，現在的確已經比任何一個國家都還要大。在這樣的世界觀之下，不計代價保護公司確實有理。只要是對臉書好的決策，能讓公司飛快成長、抓住用戶、統御市場，都是再清楚不過的選擇。

揭發俄羅斯干預美國大選對臉書一點好處也沒有，但能履行讓大眾知悉的公民義務，也可能保護其他民主政權不受類似干預。臉書的資安團隊已經知道法國可能會受到何種影響，因為他們在 2016 年 12 月時就看到一個名為「里奧‧傑佛遜」（Leo Jefferson）的帳號開始試探跟法國總統大選有密切關係的人。團隊追蹤了那個帳號，發現俄羅斯駭客正在嘗試將美國大選的經驗複製到法國身上。

團隊很快就聯繫巴黎的情報官員，並在幾天內向法國發出警告，但俄羅斯駭客還是在 2017 年 5 月 5 日釋出了兩萬封馬克宏陣營的電子郵件，當時距離投票日只有兩天。臉書的警告讓情報官員得以迅速聲明遭駭的電子郵件是俄羅斯所為，新聞報導也指出民眾不應相信電子郵件的內容，後來馬克宏贏得大選。這是臉書資安團隊和威脅情報小組的沉默勝利，團隊成員多數都具有公職背景，可是在美國卻跟公司的意見愈來愈不同調。

2017 年 4 月，史戴摩斯和他的團隊希望能發表一份給大眾的白皮書，深度探討臉書所面臨的資安疑慮，包括在選舉期間發現的俄羅斯干擾。在第一版的白皮書中，有一整篇專門討論由國家支持的俄羅斯駭客活動，詳細描述駭客如何用「魚叉式網路釣魚攻擊」（spear phishing）的方式刺探臉書用戶，即透過看似無害的訊息傳送惡意檔案或連結，並搜集對方的情報。報告還以 2016 年的總統大選作為實

例，說明俄羅斯怎麼利用平台散播駭到的檔案。**臉書法務長史崔奇同意將白皮書拿給舒瑞格和其他高級主管看，但他得到的反應是：刪掉報告中俄羅斯的部分。**管理階層告訴史戴摩斯，臉書不能冒險公布結論，認定俄羅斯干涉了 2016 年的選舉。他們認為，讓臉書第一個跳出來證實美國情報單位的情資，並不是明智的政治決定。「他們不想做這麼危險的事。」一位參與討論的人說。

於是，史戴摩斯跟兩位威脅情報小組的員工一起修改有關俄羅斯的部分。他們刪去細節，用更概括的方式描述，也拿掉提及美國總統大選的部分。史崔奇、舒瑞格和人在華盛頓的卡普蘭都審閱了新的稿件。他們再度傳來回應，要求刪掉所有提到俄羅斯的地方。史戴摩斯和他的團隊被告知，臉書不是政府或情報單位，不該介入國際關係。

桑德伯格沒有參與任何一次會議，一位資安團隊成員根據觀察表示：「桑德伯格沒有直接參與，但每個資安團隊的成員都知道她在決策圈裡，舒瑞格只是幫她轉達訊息而已。」祖克柏知道有一份白皮書，但沒有表示意見也沒有審閱草稿，他 2017 年的新願望就是要走遍全美五十大州。他精心放上貼文，在照片裡跨坐在牽引機上擺好姿勢，也坐在工廠地板上跟美國平民聚在一起，讓大家知道他關心這個國家，祖克柏因此經常不在辦公室。史戴摩斯的團隊很清楚，祖克柏和桑德伯格都不重視資安團隊的工作。

2017 年 4 月 27 日，就在祖克柏到密西根州迪爾伯恩市（Dearborn）造訪福特汽車工廠了解如何組裝車輛時，臉書的白皮書發表了。裡面完全沒有「俄羅斯」這個字，唯一遺留的痕跡是一個注解，裡面有美國情報單位的報告連結，報告裡有拿俄羅斯干預 2016 大選當作例子。

刪減報告讓許多資安團隊成員大感意外與憤怒，至少一位成員對

史戴摩斯不滿，他跟同事說史戴摩斯展示調查結果的態度不夠強硬，被臉書的政策和法務小組欺壓。「我本來以為史戴摩斯可以推倒高牆，讓大家知道俄羅斯做了什麼，」那位成員說，「那樣做會非常戲劇性，大概也不會達成什麼目的。我們開始感覺自己是幫忙臉書掩蓋真相的其中一隻手。」

史戴摩斯似乎也同意這樣的說法，他開始跟團隊裡交情較好的人聊起離職的事。一位同事回憶他所說的話：「我不確定是否能再做下去了。」

美國情報組織和臉書互相猜忌，不願共享調查資料

2017 年 5 月下旬，參議員馬克・華納（Mark Warner）坐在桑德伯格的辦公室，裡面都是海報，讚揚著《挺身而進》裡的格言。那年稍早，華納開始擔任參議院情報委員會（Senate Intelligence Committee）的副主席，這是國會裡最具影響力的委員會之一。這個職位讓他握有監督情報的權力，而上任之後，他更相信臉書和俄羅斯干預選舉有關。史戴摩斯和華盛頓的政策團隊跟他開過幾次會，每次會面華納總感覺臉書在隱瞞事情。

現在，華納來到門洛帕克，直接找桑德伯格談。他們沒有坐在桑德伯格開會時喜歡坐的沙發上，而是以正式的態度坐在會議桌前。華納帶了助理們前來，桑德伯格也找來她的人馬和史戴摩斯。華納顯然有備而來，對桑德伯格和史戴摩斯的提問都非常銳利，他想知道臉書到底找到哪些俄羅斯干擾大選的證據。

同月稍早，《時代雜誌》（TIME）發布了一篇報導，表示俄羅斯

在 2016 年美國總統大選前向臉書購買廣告投放給選民，美國情報官員已掌握證據，史戴摩斯跟資安團隊成員讀到這則消息時都深感挫折。幾個月來，他們都在尋找俄羅斯人的廣告，但因為廣告的業務量實在龐大，這就像是大海撈針。如果美國情報單位有線索，為什麼沒有跟臉書分享呢？史戴摩斯到華盛頓開會時都感覺國會議員有所保留，隻字未提情報單位的證據。

門洛帕克的會議陷入了僵局：華納認為史戴摩斯沒有完整回答臉書對俄羅斯的了解，史戴摩斯也認為華納不肯透露情報單位手上的資訊。但他們兩個都錯了。

他們在會議桌前面對面，桑德伯格插話了。「這件事已經在收尾了。」她說，迎上了參議員的目光。她露出要對方放心的微笑，承諾臉書若有新發現就會前去拜訪。她說公司很有把握，已經掌握了絕大部分的俄羅斯活動。

史戴摩斯大吃一驚，雖然他的確已經把「P 計畫」的發現都告訴華納，但他的團隊懷疑還有更多事情沒被揭露，也正在持續探究俄羅斯人的活動。連他們開會的同時，史戴摩斯的團隊都還在搜尋俄羅斯人的廣告。

史戴摩斯幫老闆稍作補充，說臉書已經有很多發現，但不確定其他俄羅斯團體是否還在活動。史戴摩斯轉向華納，再次尋求協助：「能不能幫助我們，跟我們分享你知道的事情呢？」華納拒絕，但說會保持聯絡。

會議結束後，史戴摩斯更加擔憂了。很顯然，桑德伯格並沒有掌握到他團隊最新的工作進度，更糟的是，她還告訴坐在旁邊的華納臉書認為已經調查完了，華納可是華盛頓最有影響力的人士之一。他立刻寄電子郵件給威脅情報小組，強調開發系統追查俄羅斯的廣告非常

重要。如果美國情報官員不願提供資訊，那臉書只好親自大海撈針。

臉書資安分析師利用「後設資料」，
追蹤俄羅斯網軍足跡

　　在華盛頓，威脅情報小組以他們唯一知道的方法繼續搜尋，即嘗試錯誤。臉書資安分析師維頓、莫蘭和其他人辛苦地過濾臉書無邊無際的廣告案，檢視 2016 年 11 月大選前一年內的每一則廣告，匯整出帶有政治訊息的廣告清單。他們也搜尋有提到候選人和其副手姓名的廣告，得到了成千上萬筆的結果。

　　他們得先判斷哪些廣告是從俄羅斯購買的，於是團隊搜尋將語言設定為俄羅斯語的帳號，先鎖定他們買下的廣告，另外再搜尋定位在俄羅斯的帳號所購買的廣告，以及用盧布付款的所有廣告。

　　團隊也利用平台上的權限，取得帳號的後設資料（metadata）*。舉例來說，若買廣告的人不小心忘記關閉去過的位置資訊，又具有俄羅斯的 IP 位置，臉書是看得到的。臉書也能知道用戶購買廣告所使用的手機或電腦，在許多案例中，廣告似乎是用裝有俄羅斯 SIM 卡的手機購買，即使他們有利用技術隱藏所在位置。也有其他案例是使用二手手機，就算當時手機裡的 SIM 卡沒有位置資料，臉書也知道到這隻手機曾使用過俄羅斯 SIM 卡。

　　莫蘭找到了第一組嫌疑廣告，似乎是從聖彼得堡（Saint Petersburg）購買的。他把工作帶回家，一直搜索到深夜；他專注力驚人，分析資

---

* 　譯注：又稱詮釋資料，是關於資料的資料。

料時可以好幾天不說話，同事們都對此習以為常。就是因為有如此的專注力，他開始注意到這些跟聖彼得堡有關聯的帳號。他會記得這些帳號是因為《紐約時報》2015 年一篇的文章，揭露了一個名為「網路研究機構」（Internet Research Agency，IRA）的俄羅斯組織。撰寫該文的記者陳力宇（Adrian Chen）曾到過聖彼得堡，並記錄俄羅斯的作為，他們讓駐聖彼得堡的網軍到網路上塑造親俄羅斯的論述。莫蘭再度掃視文章，確認了聖彼得堡就是「網路研究機構」的總部。

他慢慢開始依直覺繼續追查，到了 2017 年 6 月中，他認為已有足夠的例子可辨認出俄羅斯網軍的特定模式。他設法查到了第一群以聖彼得堡為據點的臉書帳號，他們彼此協調合作，向美國人投放廣告。莫蘭花了一整天的時間確認再確認，重新執行所有搜尋以確認正確性。搜尋完畢時，他人在家裡，剛哄完孩子入睡。

他的第一通電話就是打給史戴摩斯。「我想我們找到了，應該就是俄羅斯人。」他說。史戴摩斯要他將證據至少再檢查兩次，也建議加強幾個尚未完備的部分，看是否能得到更多有關那些帳號的線索。但很顯然，莫蘭找到海裡的針了。

史戴摩斯掛上電話，打給妻子說他們得取消假期了。

建立「網軍活動圖」，
臉書終於找到俄羅斯干預選舉的證據

有了莫蘭的發現，臉書的法務和資安團隊很快就用新的分類系統，整理出一份搜尋操作指引。臉書的工程師以前就做過類似的事，當時公司在追查性犯罪加害者、極端暴力分子或他們想踢出平台的

人，所以工程團隊對於建分類器都很熟練，只是需要有確切的搜尋參數。

他們也需要大幅擴展搜索範圍。直至此刻，資安小組調查的都是明顯具政治性的小量廣告，但現在他們需要爬梳每一則在平台上出現過的廣告。臉書的多數資料都鎖在全國各地的資料中心，有時要花上幾週才能確定特定硬碟的存放位置。很多時候資料會被錯置，工廠的員工就必須花大把時間在又大又深的倉庫裡找資安團隊需要的伺服器。

一旦找到資料，他們就要開始從廣告往回找跟俄羅斯組織「網路研究機構」的關聯，便可獲得肯定的答案。莫蘭跟廣告分析師里歐妮（Isabella Leone）一起合作，他已將最初找到的廣告跟聖彼得堡連結起來，但還需要確定廣告和「網路研究機構」之間的關聯。新進分析師貝洛哥洛瓦（Olga Belogolova）和資深的資安分析師尤班克（April Eubank）開始仔細審視資料，兩位女性都對俄羅斯的策略有所研究，也很擅長深度探究數據。當他們高喊「成功了」，時間已經來到 2017 年 8 月的第一週。正在進行資料查詢的尤班克興奮地叫同事到她的辦公桌前，她的螢幕上有一張圖表，有許多細線連結了購買廣告的帳號和「網路研究機構」所使用的帳號。每一條線都代表關聯，而這些線條非常之多。

在六週的時間裡，資安小組建立了「網路研究機構」在臉書平台上的活動圖。俄羅斯人買了超過 3,300 個廣告，顯示「網路研究機構」在臉書花了大約十萬美金。有些廣告主要是在宣傳那 120 個由「網路研究機構」所經營的頁面，他們也生產了超過 8 萬個互動內容，總共觸及 1 億 2,600 萬個美國人，十分驚人。

只要有能分化美國人，讓他們彼此針鋒相對的「縫隙議題」出

現，就會看到「網路研究機構」的蹤跡，包括槍枝管制、移民、女權、種族議題。「網路研究機構」經營帳號，對每個議題都採取激烈立場。他們有許多頁面都支持美國各地的川普陣營和保守團體，也有支持民主黨總統提名人桑德斯的頁面。「追查俄羅斯的影響是條漫漫長路，但我們在 2017 年夏天的發現，讓人非常震驚。」一位資安團隊成員回憶道，「我們預期會有所發現，但沒想到這麼大條。」

雖然幾年來已有臉書員工懷疑「網路研究機構」在美國散播不實資訊，卻沒人想到要去追查他們經營的專業團體，資安團隊並不相信「網路研究機構」有這樣的膽量或能力來針對美國。當初臉書向參議員華納和其他立法人士信誓旦旦地說，臉書已經完全掌握俄羅斯對 2016 年美國大選的干預行為，是因為他們已調查完俄羅斯軍事情報單位的活動，但他們卻因為這棵樹遺漏了整片森林。他們在追查散播希拉蕊陣營電子郵件的駭客時，忽略了「網路研究機構」這組戰力極高的網軍。

大選結束後 9 個月，臉書才移除網軍頁面

發現「網路研究機構」的廣告讓史戴摩斯的團隊更加努力。他們窩在門洛帕克園區的偏遠地帶，莫蘭和為數不多的威脅情報小組則是在華盛頓辦公室特設的空間裡。他們都被要求不得跟同事討論調查結果，還要在對外公布消息之前準備一份有關「網路研究機構」的綜合報告給高階主管。

也因此，當臉書發言人在不知情的狀況下誤導媒體時，團隊不得不保持沉默。7 月 20 日，威脅情報小組已經找到了一些俄羅斯廣

告，但與「網路研究機構」的關聯還不明朗，一位華盛頓的臉書發言人告訴 CNN 的主播，說公司「沒發現俄羅斯買臉書廣告跟大選有關的證據」。那位發言人的辦公室距離威脅情報小組不到 30 公尺，但他並不知道小組的調查結果。

威脅情報小組找到俄羅斯廣告之後，臉書成立了稱為「作戰計畫」（Project Campaign）的特別團隊，他們在 8 月 15 日發布了內部報告，列出數百個跟「網路研究機構」有關聯的臉書和 Instagram 帳號。報告中也有一些尚未深入研究的初步發現：「網路研究機構」曾舉辦實體的活動，例如抗議活動和其他聚會，也跟美國人共同經營了幾個頁面。「網路研究機構」甚至發送訊息和電子郵件給臉書員工詢問公司政策，並在遇到技術困難時請求重新啟動頁面和帳號。

「作戰計畫」的團隊報告建議臉書立刻修改公司政策，讓資安團隊能移除任何被發現有「協同性造假行為」的帳號，其定義為「對內容來源進行誤導」、「對外站連結之目的地進行誤導」，和「誤導用戶，試圖讓他們分享、按讚或點閱」的帳號。

內部呈報體系有問題，高級主管隱瞞雪柔資安問題

夏天即將進入尾聲，國會也結束了 8 月的休會期，準備要以更嚴厲的方式調查俄羅斯對選舉的干預。祖克柏和桑德伯格已在每週會議上聽取了資安小組的簡報，高階主管知道他們得公開此事，但希望照他們的想法來做。

他們決定要在 9 月 7 日的季董事會上公布所有公司知道的事。董事會成員並不知道資安團隊在那個夏天的努力，也不知道「網路研究

機構」被查出來的事。為了避免消息走漏，也為了控制媒體，臉書會在 9 月 6 日向國會和大眾說明。他們認為這關不好過，但至少臉書可以試著掌控敘事角度，並說服大眾公司終於掌握了俄羅斯對 2016 年美國大選的干涉情事。

史戴摩斯和他的團隊被要求為董事會準備資安簡報，也要為公司寫一篇部落格貼文。將史戴摩斯的名字放在部落格上有雙重目的：調查俄羅斯的活動是由他的團隊負責，最了解詳情的也是他們，而他的名聲有如預警金絲雀，應該可以讓資安界信服。

史戴摩斯和幾位團隊成員合作，撰寫了貼文的草稿，但舒瑞格和臉書的法務團隊將精華部分都刪掉了。他們告訴史戴摩斯要盡量保持學術性，用詞要小心，確保臉書不會讓自己暴露在更多不必要的法律責任之中。「他們要史戴摩斯盡可能選用最保守的數字，用這些數字來報告。」一位參與對話的人士回憶道，「史戴摩斯寫的所有東西，跟調查有關的內容和資安團隊找到的帳號，都沒有出現在部落格上。」白皮書的事情彷彿再度上演，臉書又一次地保留知道的事情。

史戴摩斯希望，他至少能在董事會面前報告團隊完整的發現。他不斷詢問舒瑞格，是否要事先幫董事準備簡報或閱讀資料，但他收到的指示是將報告限制在能當面呈現的文件就好。

9 月 6 日早上，史戴摩斯被帶到隔音室，面對一組特別的審查委員會，共有三位委員，都是臉書的董事會成員，職責是管理與監督資安和隱私權等的議題。三位分別為馬克・安德森、柯林頓總統的前幕僚長厄斯金・鮑爾斯，以及腫瘤學家蘇珊・德斯蒙赫爾曼（Susan Desmond-Hellmann），她是比爾與梅琳達・蓋茲基金會（Bill and Melinda Gates Foundation）的執行長。他們跟史戴摩斯一起坐在會議桌的首位，舒瑞格和史崔奇也一同出席。在接下來的一小時裡，史戴摩斯將他印好的

投影片發給三位董事，介紹資安團隊的調查成果。

　　董事們很少發言，只有在希望史戴摩斯放慢速度或解釋得更詳細時才開口。史戴摩斯講完後，鮑爾斯首先回應。「我們怎麼現在才知道這些？」他的不悅因為些許的南方口音而軟化了一點，但依然明顯地表現出憤怒。這位沉著的北卡羅萊納菁英很少在臉書會議室裡怒罵，另外兩位董事的反應也是盛怒。安德森從技術面拷問史戴摩斯有關俄羅斯的戰術，德斯蒙赫爾曼則是想了解更多，例如資安團隊是如何發現那些帳號，以及接下來打算怎麼做。

　　史戴摩斯老實地回答，俄羅斯在平台上可能還有更多他們尚未發現的動作，而且幾乎可以肯定，俄羅斯現在依然在嘗試影響美國選民。

　　審查委員會建議史戴摩斯向所有的臉書董事報告這些內容，也要將俄羅斯對選舉的干涉列為董事會隔天開會首要討論的議題。董事會進行得並不順利，「**肯定有人在會議室裡大吼，有人問『你怎麼能讓這種事發生？』還有『為什麼現在才告訴我們？』**」一位掌握會議消息的人士說。祖克柏依然保持冷靜，並向董事介紹一些他希望實施的技術解法，包括資安部門擴大招募；桑德伯格則顯得較不平靜。「那天最後，桑德伯格找了史戴摩斯的團隊，也找了政策團隊，她感覺犯了大錯。」

　　史戴摩斯推估了俄羅斯廣告的巨額花費，以及平台上許多活躍中的俄羅斯帳號，讓桑德伯格特別不高興，這些都沒有出現在她看過的報告和簡報裡，她以為臉書已經把能找的證據都找得差不多了。發生那些事的確很不幸，但她希望這場會議能讓董事們覺得臉書已經完全掌握俄羅斯的干擾情事了。當董事會成員告訴她，史戴摩斯前一天報告了不一樣的東西，臉書平台上可能還有沒被發現的俄羅斯廣告和帳

戶時，她立刻僵住。

隔天，「水族箱」會議室舉行了一場匆促的會議，桑德伯格將她的挫敗感一股腦發洩在資安長身上。「你讓我們背黑鍋！」她當著一堆人的面大吼史戴摩斯，一些用電話連線的人也聽到了。桑德伯格持續爆發了幾分鐘，責罵史戴摩斯這麼久才找到俄羅斯的活動，還有更多沒發現的活動，這種結論根本缺乏根據。史戴摩斯沒有回話也沒有辯解，在位子上縮成一團。其他人也沒有說話，直到祖克柏不自在地說了一句：「我們往下討論。」

比起董事會，臉書還有更大的問題要處理。史戴摩斯跟審查委員會報告後，公司發布了部落格貼文，說明對此事的調查結果。文章標題十分無害──「臉書的資訊作戰：進度更新」。這是公司第一次公開承認俄羅斯網軍「網路研究機構」在平台上活動，並指出他們不止影響美國大選，從 2015 年到 2017 年還花費約十萬美金購買廣告。史戴摩斯寫道，這些約 3,000 筆的廣告違反了臉書政策，跟其有關的帳號已被移除。但這篇貼文刪掉了以下內容：這些廣告已經觸及了無數的美國人。

國會議員施壓，臉書才交出研究網軍手段的內部報告

史戴摩斯知道他的文章將讓大眾知道俄羅斯干擾選舉的全貌，因此當文中的數據被長期研究俄羅斯網路活動的學者和獨立研究人員批得體無完膚時，他並不覺得意外。

在舊金山一間眺望海灣的公寓裡，史丹佛大學網路觀察中心不實訊息研究人員芮妮・迪雷斯塔，在看了臉書的部落格貼文後，馬上傳

訊息給其他研究人員和業餘偵探，這些人都是她在過去兩年中認識的。

在美國，研究不實訊息的人寥寥無幾，迪雷斯塔就跟其他人一樣，是偶然進入這一行。2014 年，她在為大兒子研究幼稚園時，發現有些北加州的幼稚園對疫苗施打的規定很不嚴謹。迪雷斯塔想知道為什麼有這麼多父母拒絕接受實證過的醫學建議，因此加入了臉書的反疫苗社團。

迪雷斯塔在 20 幾歲時就研究過市場動態，她十分鍾情於含有大量資料的圖表，她憑著這份熱情去研究金融市場上的模式，後來也以同樣的方法研究反疫苗社團在網路上傳播的資訊。活躍的反疫苗人士利用臉書招募大量人士加入他們的運動，一旦加入標榜「健康自然療法」或「整體醫學」（holistic medicine）的社團，用戶就會進入一連串未知的旅程，隨便點選一兩下，反疫苗社團就會送出邀請。用戶加入後，**臉書便會推薦一堆類似的反疫苗社團給用戶。**

這些社團很活躍，每天都會張貼幾則誇張的故事，聲稱疫苗會為孩童帶來負面影響。臉書的演算法也一如往常地將觀看與互動視為受歡迎的指標，這些故事便擠入用戶動態消息的前幾名。迪雷斯塔開始製作圖表，說明這些社團如何分享資訊，以及他們怎麼互相協作，發布消息和活動，以求在平台上發揮最大的影響力。她也開始發表研究結果，並很快就發現自己被反疫苗人士攻擊。

迪雷斯塔的研究讓她成為了專業人士，她十分了解資訊在社群媒體上如何傳播。2015 年，迪雷斯塔跟一個由歐巴馬主導的白宮團隊進行了一番討論，他們在研究伊斯蘭國（ISIS）如何利用臉書和其他社群媒體擴張恐怖分子網絡，並在網路上散播理念。白宮判斷伊斯蘭國利用了跟反疫苗人士一樣的策略；迪雷斯塔則認為，臉書為激進團

體打造了一個完美的工具，讓他們壯大組織，增加網路上的影響力。

繼 9 月 6 日臉書發布有關俄羅斯廣告的貼文之後，國會議員很快就找上迪雷斯塔，希望她幫忙評估臉書的發現。她告訴國會議員，她和其他研究人員必須取得哪些資料，才能知道臉書掌握情況到什麼程度，她想親自看看臉書的廣告，並分析俄羅斯使用的臉書頁面。沒多久，議員就對臉書提出了同樣的要求。9 月 6 日後，國會議員和職員在跟臉書說客通電話時，要求臉書交出資料。但臉書的律師拒絕提供這些內容，政府官員便向媒體抱怨臉書隱瞞證據。

臉書高層發現他們必須回應國會的要求，不然就會因為俄羅斯廣告的事不斷登上新聞。「臉書的華盛頓辦公室說，不管怎樣這都是雙輸的局面。如果公司不交出廣告，國會就會很不高興，讓臉書吃不完兜著走；如果臉書交出廣告，就可能會開啟危險的先例，也可能會激怒川普。」一位華盛頓辦公室的成員回憶道。

但就在迪雷斯塔和其他研究人員自己找到了許多俄羅斯廣告之後，桑德伯格和祖克柏認為，該找個方法跟國會合作了。

臉書刻意美化數據，想要雙邊討好兩大黨派

俄羅斯干涉選舉的貼文公布後不久，兩位臉書說客來到了國會大廈。他們走進美國眾議院情報委員會（House Permanent Select Committee on Intelligence）的地下室圖書館，那是一間沒有窗戶的木板房，擺滿了一櫃櫃有關國家情報與執法的書。民主黨與共和黨的委員會調查助理前來迎接這兩位說客，他們帶來了俄羅斯所購買的一些廣告，即將第一次呈現給委員會。

亞當・席夫（Adam Schiff）是委員會中地位最高的民主黨員，他一直要求臉書公開所知的一切，揭露俄羅斯是如何利用臉書的內容在總統選舉期間操弄選民。「十萬美金看似不多，但同時也代表有無數人看見，或按讚、分享了不實訊息，這就可能帶來影響。」那天稍早，席夫讀了部落格貼文後表示。

葛雷格・茂爾是臉書指派去遊說眾議院共和黨員的說客，眾議院民主黨員則是由卡特琳・歐尼爾（Catlin O'Neill）負責。兩位說客將一個牛皮紙袋交給調查助理，告訴他們可以看裡面的廣告，但不能帶走。那裡面是約 12 張以 A4 紙印製的圖像，公司高層認為足以代表他們發現的幾種廣告類型。這些廣告抽樣顯示，以共和黨和民主黨為目標的廣告數量平均，桑德斯、希拉蕊和川普各自都有正負面廣告。

委員會的調查助理感到懷疑，因為他們從自己的調查中發現，俄羅斯似乎比較希望川普當選。茂爾和歐尼爾指向一則廣告，上面是希拉蕊跟一位穿戴頭巾的女性的合照，照片下面寫著「穆斯林支持希拉蕊」，字體刻意模仿阿拉伯字母。民主黨的助理說，臉書高層認為這代表俄羅斯支持希拉蕊，但委員會的調查助理卻有不同的解讀：這廣告明顯是要激起種族間的緊張關係，讓人有激進分子支持希拉蕊的感覺。如果公司拿這個當作支持希拉蕊的廣告例子，是不具說服力的。「我們心想，你在開玩笑嗎？」一位參與會面的助理回憶道，「我懷疑臉書知道自己陷入了政治風暴，所以想要找一個不會激怒兩邊的例子。他們決定只拿出一小部分的廣告，說臉書上正反兩種聲音都有，但很顯然不是。臉書這麼做無法建立信任。」

臉書選擇犧牲民主，捍衛網軍的隱私權？

　　事實上，在決定這麼做之前，公司內部非常激烈的爭論該如何以最少的資訊量，讓生氣的議員們緩和下來。部落格貼文發布之後，臉書的媒體與政策人員一直難以決定該如何回應記者。曾是國會職員的臉書發言人湯姆・雷諾斯（Tom Reynolds）每個小時都會接到記者的詢問，包含《華盛頓郵報》、《紐約時報》、CNN 和其他單位；他之前就預測媒體會對這件事窮追猛打。雷諾斯在 9 月 6 日發送的一封電子郵件中警告同事，媒體正在質問臉書為什麼不能分享俄羅斯購買的頁面或廣告。「當我們準備要面對媒體時，記者更會問『為什麼你不公布廣告內容或觸及人數？』」這封電子郵件向資安、政策和媒體團隊說明，**臉書發言人告訴記者，公司不公布俄羅斯購買的廣告，是因為聯邦法律保障用戶資料**。雖然法律問題是真的，但雷諾斯也認為公布細節會讓臉書在這些話題上面臨更多壓力。

　　臉書律師莫莉・克特勒（Molly Cutler）也再次說明了公司的法律思維，重申臉書應堅守公司原則，這麼做是因為顧慮用戶的隱私。但民主黨說客布萊恩・萊斯（Brian Rice）說國會或大眾不會接受這樣的說法。「我覺得我們不該仰賴公司條款和隱私義務，」他寫道，「不管法律約束臉書什麼，對方都可以用『臉書以西方民主為代價，保障俄羅斯網軍的隱私權』這句話來反擊。」

　　隱私問題有太多面向可以詮釋，有些法規團隊成員說公布俄羅斯製作的內容會違反《電子通訊隱私法》（Electronic Communications Privacy Act），這部法案原是為了防止政府取得私人電子通訊內容而設。根據這些律師的說法，提供俄羅斯製作的廣告和內容會違反用戶隱私，並為以後國會要求臉書交出其他內容開啟先例。但臉書的政策和資安團

隊認為，這樣做雖然遵循了法律的字面意義，卻罔顧了法律的精神。

9月21日，祖克柏在臉書直播中第一次對俄羅斯的廣告公開發表談話。他說他會跟國會合作調查，並把廣告交出去。「我不希望任何人用臉書的工具暗中傷害民主，那不是我們的精神。」

幾天之內，臉書就讓說客將隨身碟交給眾議院委員會的助理，其中含有3,393筆廣告。10月2日，眾議員席夫宣布情報委員會已經拿到廣告，並會公布一些樣本。參議院和眾議院情報委員會都發布新聞稿，表示會請臉書、推特和Google的高階主管出席聽證會。「美國民眾有權知道俄羅斯情報局的手法❸，他們操弄並利用網路平台，激化且擴大社群和政治的緊張關係，這種戰術今日依然為俄羅斯所採用。」席夫說。

隨身碟裡的檔案提供的資訊量極小，都是兩到三頁的PDF檔，第一頁是基本的後設資料，例如帳號、廣告費用、廣告的觀看、分享和按讚數，其他頁則是廣告的畫面，這些檔案並沒有提供地理位置資訊或更詳細的後設資料。臉書的政策部員工和律師已經跟委員會協商過，將某些「網路研究機構」從真實人物偷來或複製的圖像和內容進行後製處理，因為這些人是無辜的旁觀者。眾議院委員會的職員和律師也都同意，因為讓他們曝光會侵犯隱私。

三位委員會助理花了三週的時間仔細檢查這些檔案，發現很多圖像和文字都難以閱讀，因為有大量內容被臉書以黑色遮蔽。助理向臉書要求每個檔案都去掉一些遮蔽，至少要讓委員會能審查。臉書同意後，助理發現許多原本被遮蔽的圖像和文字都是商用圖片或知名網路迷因。「他們的處理非常漫不經心，令人失望。」一位助理說。

雪柔充當擋箭牌，重申臉書不會公開全部的證據

　　正當臉書跟立法人士私下角力時，桑德伯格加速了公關操作。她在 2017 年 10 月 11 日來到華盛頓跟立法人士和記者見面，距離聽證會還有三個星期。她首先接受了麥克·艾倫（Mike Allen）的線上直播訪談；艾倫是活躍的政治記者，創辦了政治人物必讀的數位新聞網站「Axios」。「我們的平台上發生了不該發生的事，」桑德伯格將話題導向 2016 年的總統大選，承認道：「我們知道我們有責任防止平台上發生這種事情。」

　　幾小時後，桑德伯格跟眾議員席夫和麥克·康納威（Mike Conaway）私下會面，後者是德州代表，也是眾議院情報委員會的共和黨要員。桑德伯格表示臉書嚴正看待此事，「她是來當箭靶的，保護其餘的臉書部隊。」一位臉書主管說。但她也清楚地說公司不會公開所有的發現，她告訴席夫，讓大眾知道情況是國會的責任。

　　桑德伯格的華盛頓之旅並沒有減輕立法人士的擔憂。11 月 1 日，眾議院情報委員會終於將之前他們暗指俄羅斯分化美國總統選舉的廣告，展示在聽證會上，議會助理放大廣告影像並貼到聽證室的海報板上，在場的還有臉書、推特和 Google 的法務長。

　　席夫開場發言時直接切入重點，「今天，各位會看見一些廣告範例，我們會詢問社群媒體公司，對俄羅斯利用社群媒體有哪些了解、為什麼這麼久才發現平台被濫用，以及未來他們打算怎麼保護國家不受惡意影響。」席夫和康納威接著將注意力導向聽證室裡的廣告。其中一則廣告來自帳號「愛國心」（Being Patriotic），照片裡有六個警察抬著死去同事的棺木，圖說為「『黑人的命也是命』運動人士再度攻擊警察」。另一則廣告來自帳號「南方聯合」（South United），照片

是一面南方邦聯旗（Confederate flag）*，並有「這是歷史遺產，不是仇恨。南方會再度崛起！」的文字。這則廣告在 2016 年 10 月出現，花費用約 1,300 美金，獲得四萬個讚。聽證會上有些代表人士發現川普陣營與凱莉安・康威（Kellyanne Conway）、麥可・弗林（Michael Flynn）等的行政官員都分享了其中一些廣告。

席夫也概述了俄羅斯「網路研究機構」在平台上的觸及狀況。他說，根據臉書提供的資訊，委員會認為共有 1 億 2,600 萬美國民眾可能接觸了「網路研究機構」頁面所製作的內容，並有 1,140 萬人觀看了網軍投放的廣告。

臉書的法務長柯林・史崔奇被請到證人桌前，他承諾公司會從錯誤中學習，並計畫聘僱更多資安人員，也要利用人工智慧找出假帳號。他也承認「網路研究機構」的觸及範圍很廣：「他們用相對低廉的價格創造了相對龐大的追隨群眾。他們的活動類型之多，極為惡劣，我想是熟悉社群媒體的人所為。這些人不是外行人，我想這也凸顯了我們面臨的威脅，以及我們要解決問題的決心。」

臉書資安長揭發俄羅斯醜聞後，被公司逼走

臉書的資安團隊感覺被捅了一刀。他們發現了俄羅斯的不實訊息活動，這是連美國政府在內都沒人預料到或想過要追查的，但他們不但沒有獲得感謝，還被取笑忽略了這樣的活動、這麼晚才公開結果。史戴摩斯特別有被圍攻的感覺，他到推特抱怨媒體對俄羅斯廣告事件

---

* 譯注：南方邦聯旗為為美國南北戰爭時南方政府所使用的旗幟。

的解讀，卻發現自己的話引來懷疑，「預警金絲雀」的名聲已黯然失色。資安界的人都想知道，為什麼史戴摩斯的團隊找到了證據，他卻這麼久都隻字未提。

這是因為他把精力都放在公司身上，他想確保臉書不會重蹈覆轍。2017 年秋天，史戴摩斯提出了數份提案，要求重新架構臉書的資安團隊。9 月 6 日部落格貼文發布後，公司裡馬上掀起的話題之一，就是擴張資安的人力。9 月 11 日，臉書發言人湯姆·雷諾斯在電子郵件中表示，讓記者知道臉書在擴編並升級資安團隊會「讓臉書有正面的東西可以說」。然而，在接下來的一個月裡，史戴摩斯依然摸不清臉書是否真的要聘僱更多資安人員，也不確定公司要如何處理自己在 10 月提出的另一個想法：他想聘用一位獨立調查員來檢視臉書對俄羅斯事件的處理狀況，例如歐巴馬政府的前國防部長艾希頓·卡特（Ash Carter）。

到了 12 月，失去耐心的史戴摩斯寫了一份備忘錄，建議臉書重組資安團隊，讓他們不只是自成一團，而是要派駐到公司的各個部門。他提出，如果大家可以彼此交流，就可以降低資訊攻擊（如俄羅斯的密謀）再度趁隙而入的機率。但幾個星期過去，他的主管們都沒有任何回應。這不是不尋常的事，因為聖誕假期將至，很多人的心都不在工作上，所以他決定等 2018 年 1 月大家都重返工作崗位時再重啟這個話題。接著，他就在聖誕假期中接到了史崔奇的電話。

臉書決定要採納他的建議，但重組的資安團隊將不會由史戴摩斯領導，所有的資安工作會由臉書長久以來的工程部副總裁佩卓·康納賀提接管，史崔奇沒有說明史戴摩斯的新職位。這項決定似乎不懷好意，因為史戴摩斯曾建議祖克柏取消工程師存取用戶資料的權限，影響最大的就是康納賀提的團隊，康納賀提曾跟同事說他很不爽史戴摩

斯。現在康納賀提即將接管擴編的資安部門，史戴摩斯壯烈犧牲。

史戴摩斯感到又驚又怒，「我被逼走了，我真的很生氣。馬克同意這個安排，挖走我的團隊，也沒有跟我談。」他回憶道。

史戴摩斯 2018 年 1 月回到公司時，他一手建立超過 120 人的資安團隊大部分都被解散，如他所建議的派至公司各處，但他對他們的工作既無影響力也無權了解，留給他的是一個削減成約五人的小組。

唯一值得慶祝的時刻是 2 月 20 日的下午，特別檢察官穆勒（Robert Mueller）宣布他在一項調查中，發現海外俄羅斯國民對美國選舉的干涉，和川普顧問在美國境內的犯罪，讓 13 人和 3 間公司認罪或遭到起訴。

有人在華盛頓辦公室拍了一張照片，裡面是臉書資安分析師莫蘭、維頓、尤班克、貝洛哥洛瓦和另一位威脅情報小組的成員努蘭（William Nuland），一起在電腦前看起訴書並為彼此的努力舉杯慶祝。「我們做的事第一次被公開認可，那是我們貢獻的一段歷史。」一位成員說，「被表揚的感覺很棒，即使只有我們幾個人知道。」

史戴摩斯已經向法務長史崔奇遞出辭呈，但被說服要待完這個夏天。他被告知，臉書並不希望他高調地離開，要他想想剩下的組員。他若繼續靜靜地待著，8 月時再宣布離職，平靜地分道揚鑣，就可以得到豐厚的補償。

在史戴摩斯離開臉書前的那段日子裡，他沒有再跟桑德伯格或祖克柏談論俄羅斯宣傳不實消息的事，也不談他要離開的事。公司沒有幫他辦歡送派對，他只跟最親近的資安團隊成員聚在偏僻的辦公室大樓角落，在他們打造的酒吧前一起喝龍舌蘭酒。酒吧有一個名字，即使在史戴摩斯離開後，大家依然稱它「效命與保衛酒吧」（Bar Serve and Protect）。

$56b

2018

第八章

刪除臉書
8,700 萬用戶個資外流，引發眾怒

　　2018 年 3 月 17 日，《紐約時報》和倫敦《觀察家報》以頭條新聞揭露劍橋分析公司竊取了數千萬名臉書用戶的個人資料、按讚分享紀錄、照片、位置標籤和朋友名單。劍橋分析是一間英國政治顧問公司，由川普支持者羅伯特・默瑟（Robert Mercer）出資成立，並且由川普資深顧問班農所領導。一名已離職的吹哨者向新聞媒體爆料，該公司利用臉書用戶的人格特質、政治傾向等資料來建立更精準的政治廣告投放模式。

　　但令人吃驚的是，劍橋分析公司在未經臉書用戶同意的情況下取得了個資。《紐約時報》報導說：「個資外洩讓劍橋分析公司得以利用廣大美國選民的私人社群媒體活動，來開發新技術，幫助川普打

2016 年的總統選戰❶。」《觀察家報》寫道:「劍橋分析公司以前所未見的方式蒐集及使用個資,令人迫切質疑臉書在美國選民成為鎖定目標的過程中所扮演的角色❷。」

以「串連全世界」為名義,8,700萬名用戶個資外洩

這樁違背用戶信任的事件,為臉書屢次濫用個資的紀錄再添一筆。長久以來,臉書把用戶資料分享給網路上數千款應用程式,因而使得劍橋分析公司有機可乘,暗中竊取了不知情的 8,700 萬名用戶個資❸。這次事件觸動了敏感神經,因為劍橋分析公司最知名的客戶是川普的競選團隊。臉書跟大選中的干預有所關聯引發了公憤,川普當選也造成美國嚴重撕裂,這則報導的出現使得國內這兩股怒火,集中到臉書的隱私醜聞事件上。

三週後,祖克柏坐在參議院哈特辦公大樓一間寬廣、鑲著木板牆的聽證室裡一小張證人席上❹。他身穿海軍藍的修身西裝,打了一條臉書藍的領帶,神情疲憊,面無血色,雙眼凹陷。攝影師爭先恐後地圍在他面前拍攝,他毫不畏懼地直視前方。陪同出席的臉書高層主管卡普蘭、史崔奇和幾名說客,則帶著嚴肅的表情坐在祖克柏的後方。

「臉書是一間充滿理想而樂觀的公司。」祖克柏在開場白裡說。接著他展示出臉書的良善形象,說明這個平台對推展「MeToo」運動有所幫助,而且在學生策畫的「為我們的生命遊行」(March For Our Lives)活動中發揮作用。他也提到臉書用戶在哈維風災過後募得超過兩千萬美元的賑災款項,「絕大部分時間,我們都把重心放在將人們串連在一起所能做的各種好事上。」

這是祖克柏首次到國會作證，他面對著一群懷有敵意的聽眾。數百名旁聽者、說客和隱私權擁護者聚集在聽證室外，沿著大理石廳排出長長人龍；打著「刪除臉書」標語的抗議者聚集在大樓入口；國會大廈的草坪上也豎起許多穿著「整頓假臉書」（fix fakebook）T恤的人形立牌。

聽證室裡，祖克柏面前是 44 位坐在上下兩排黑色高背皮椅上的參議員。祖克柏的桌上除了一支小麥克風、一個與麥克風相連並裝有紅光倒數計時器的盒子，還有一枝黃色鉛筆，以及一本黑色皮革記事本，翻開到他的發言重點「為臉書辯護、令人不安的內容及俄羅斯選舉產業」。

伊利諾州民主黨資深參議員迪克・德賓（Dick Durbin）頂著鼻頭上的黑框眼鏡，看著台下的祖克柏問道：「祖克柏先生，你方便告訴我們你昨晚待的飯店叫什麼名字嗎？」

祖克柏頓時楞住，他瞧了瞧天花板，然後尷尬地笑著說：「呃，不方便。」

「如果你這星期傳了訊息給任何人，你願意告訴我們對方的名字嗎？」德賓繼續問。

祖克柏臉上的笑容開始消退。對方想把問題引導到何處，已經很明顯了。

「參議員，不，我可能不會選擇在這裡公開。」祖克柏用正經的語氣回答。

「我想這就是整件事的重點，」德賓說，「你的隱私權、隱私權限制、還有你會在現今的美國以所謂『串連全世界』的名義分享多少資訊。」

「開放社交關係圖」系統：臉書個資大規模外流的源頭

　　劍橋分析如何侵犯臉書用戶的隱私權，說起來要往回推八年❺。當時祖克柏在舊金山 F8 開發者大會上宣布推出「開放社交關係圖」（Open Graph），這個系統允許外部應用程式開發者取得臉書用戶的資訊，臉書也能藉此換來用戶在平台上更長的停留時間。祖克柏後來邀請許多遊戲、零售和媒體應用程式串連到臉書，F8 開發者大會結束後的第一週，就有五萬個網站安裝「開放社交關係圖」外掛程式。臉書向外部應用程式提供它最寶貴的資產：用戶名稱、電子郵件地址、居住城市、出生日期、親屬關係、政治傾向和工作經歷，而且為了爭奪簽約夥伴，業務人員被告知可將提供臉書用戶資料當作誘因。確保用戶的隱私和安全是事後才有的想法；負責尋找新夥伴加入「開放社交關係圖」系統，並協助夥伴建立自己的系統以便從臉書接收資料的臉書員工當中，每十人會有一人監督合作關係，確定資料的使用符合要求。

　　有員工試圖警告公司這個系統並不安全，至少一位名叫山迪‧帕拉基拉斯（Sandy Parakilas）的平台營運經理曾經這麼做。2012 年，帕拉基拉斯提醒包括考克斯在內的高層主管，這個系統會像臭氣彈一樣爆發用戶隱私與安全方面的問題，使公司惹上麻煩❻。他也透過 Power-Point 簡報向他們說明「開放社交關係圖」如何導致用戶資料成為資料仲介者和外國行動組織的囊中物。帕拉基拉斯警告，**這個系統極有可能帶動臉書用戶資料的黑市交易**。但是當他建議臉書進行調查時，高層主管們卻嗤之以鼻，有位主管說：「你不會想看到你將發現的事。」希望破滅的帕拉基拉斯在幾個月後離開了臉書。

　　2014 年，祖克柏改變策略，他預告關閉「開放社交關係圖」的

程式介面「圖形 API 1.0 版」，因為它引發個資外流疑慮❼。不過在臉書對外部開發者關上方便之門之前，一位名叫亞歷山大·柯根（Aleksandr Kogan）的劍橋大學研究員已經研發一款性格測驗應用程式「這是你的數位生活」（thisisyourdigitallife）並串連到「開放社交關係圖」。將近 30 萬名臉書用戶參與了這個測驗，柯根也獲取了他們及其朋友的資料，擁有一個囊括將近 9,000 萬名臉書用戶的數據集❽。後來，他違背臉書對開發者制定的規範，將那些資料交給了第三方，也就是劍橋分析公司。

臉書早就知道「劍橋分析」利用個資操弄選戰，卻沒有積極追查資料流向

　　這樁醜聞立刻引起一片譁然。報導刊出數小時後，明尼蘇達州民主黨參議員艾美·克羅布查（Amy Klobuchar）要求祖克柏到國會作證❾，「＃刪除臉書」（#DeleteFacebook）的主題標籤開始在推特上湧現。2018 年 3 月 19 日，路易斯安那州共和黨參議員約翰·甘迺迪（John Kennedy）加入克羅布查的行列❿，聯名致函參議院司法委員會主席要求舉行聽證會，由祖克柏出席作證。名人紛紛響應「＃刪除臉書」主題標籤，歌手雪兒（Cher）就在隔天宣布刪除了臉書帳號⓫，這是她從事慈善工作的工具，但她在推文裡說：「有些事比金錢更『重要』。」甚至桑德伯格和祖克柏的朋友們也發電子郵件告訴他們已經刪除了臉書帳號。有數千名臉書用戶在推特貼出了收到臉書帳號停用確認信的螢幕截圖。

　　3 月 20 日星期二，臉書法律副部長保羅·葛瑞沃（Paul Grewal）召

開一場緊急會議❶。他告知全體員工，公司已經展開關於劍橋分析事件的內部調查。不過祖克柏和桑德伯格並未出席會議，這個危險訊號引發了員工更多的疑慮。

同一天，聯邦貿易委員會的成員告訴記者，委員會正在著手調查臉書是否違反 2011 年的隱私保護協議裁決❸。這項裁決的意義重大，它是針對臉書屢次欺騙用戶並濫用個資所達成的全面性和解協議，經過幾個月的談判，這項協議解決了八項控訴臉書違法的案件❹，最早的一件是 2009 年 12 月臉書半強迫用戶更改隱私設定。為了達成和解，臉書同意接受 20 年的隱私審查，並且會告知用戶有關隱私政策的任何更動。由民主黨主導的聯邦貿易委員會稱之為「歷史性」裁決，為隱私權的執法設立了一個新標準。「臉書的創新不必以用戶隱私作為代價，」時任聯邦貿易委員會主席的雷伯維茲在官方聲明中說，「聯邦貿易委員會的行動將確保臉書不會那麼做。」

但七年後，臉書很顯然違反了這項裁決。

另一方面，英國當局也對臉書展開調查❺，並且查封了劍橋分析公司的伺服器。英國先前已開始調查劍橋分析在 2016 年英國脫歐公投中所扮演的角色，而劍橋分析竊取臉書資料的報導，更加深了英國人民對於這場爭議性投票成為政治操弄目標的疑慮。

自從劍橋分析醜聞爆發之後，臉書的股價下跌了 10%，市值縮水 500 億美元。然而危機爆發時，祖克柏和桑德伯格並沒有露面或發表任何公開聲明，這引來新聞媒體的質疑，Vox、CNN 和《衛報》都下了相同的新聞標題：「馬克・祖克柏去哪了？」答案並不令人意外，祖克柏和一群直屬部下和公關專家駐紮在暱稱「水族箱」的會議室裡，即使回家也只是為了換衣服和睡幾小時而已。會議室裡缺乏新鮮空氣，灰色 L 形沙發和所有椅子全被占滿，金黃色木桌和地板上還

散落著紙咖啡杯、汽水罐和糖果包裝紙。

　　桑德伯格的會議室在走道的另一端，同樣是一片凌亂。那裡聚集了一群負責政策與溝通聯繫且睡眠不足的部屬，以及擔任她私人智囊的外部顧問，包括前美國財政部資深官員大衛・德雷爾（David Dreyer）和他的事業夥伴艾瑞克・倫敦（Eric London），他們兩人任職於華府一間公共事務顧問公司，為桑德伯格提供私人及專業諮詢服務。桑德伯格用免持擴音電話打給這些顧問，把他們找進會議室。

　　祖克柏認為第一要務是追上現況。他命令屬下暫停與外界溝通，直到他掌握整個狀況為止。然後他指示桑德伯格以及法務和資安團隊，徹底搜查臉書員工、柯根與劍橋分析公司之間的電子郵件、備忘錄和訊息，弄清楚公司為何找不出資料的流向。但那些知悉劍橋分析業務的員工不是已經離職，就是與他們的商業夥伴失去聯繫。3 月 19日，由臉書委託的一家倫敦數位鑑識公司試圖進入劍橋分析公司的伺服器❶，但英國的資訊委員辦公室（Information Commissioner's Office）要求該公司的人員離開；因為他們已經查封伺服器了。

　　臉書先前知道的一些事，其實已經顯現明確的罪證。2015 年 12月，臉書從《衛報》的一篇報導中得知，美國共和黨總統參選人泰德・克魯茲（Ted Cruz）的競選團隊僱用劍橋分析公司，藉以利用臉書用戶資料來鎖定目標選民❶。雖然臉書的一位合作夥伴經理在新聞曝光後，要求劍橋分析刪除那些資料，卻沒有人做後續的確認工作。

　　祖克柏關注的是技術性的細節，例如劍橋分析如何取得用戶資料，以及用戶資料如何從臉書流入柯根手中、然後再洩漏給劍橋分析。雖然**個資外洩問題來自祖克柏主導的產品端，而且「開放社交關係圖」是他打造的**，但私底下他卻對桑德伯格發火。在星期五的例行會議裡，他指責桑德伯格應該更積極地阻止這個報導，或者至少操縱

興論的走向。在他看來，這是她第二次沒能適時替臉書的醜聞操作媒體輿論；他也注意到，她在國會並沒有扭轉俄羅斯干預大選事件帶來的負面影響。桑德伯格暗中向公司裡的朋友透露這場談話，並表示她擔心自己會被祖克柏開除。他們向她保證，祖克柏只是在發洩情緒而已。有些員工認為，期望桑德伯格能夠或應該為危機負責是一種不切實際的想法。「劍橋分析事件的起因，出自馬克掌管的產品團隊所做的決定。雪柔一直是個顧問，她會對某件事的好壞提供意見，但決定權在馬克手上。」一位離職員工說。

雪柔認為臉書的問題不嚴重，群眾只是想找個出氣筒

其實在劍橋分析醜聞爆發前，桑德伯格就震驚地發現臉書正逐漸失去人心。2018 年 1 月，她按例前往瑞士達沃斯參加世界經濟論壇，川普在那裡發表演講，但她沒有出現在鎂光燈前。她沒有在任何座談會上發言，卻不斷有人提起臉書。在一場名為「我們信任科技嗎？」的座談會上，客戶關係管理平台 Salesforce 的執行長馬克·貝尼奧夫（Marc Benioff）指出，選舉干預和隱私侵犯事件證明了政府監管科技公司的必要性[18]。當天下午，他在鏡頭前告訴 CNBC 記者安德魯·羅斯·索爾金（Andrew Ross Sorkin），臉書就跟菸草一樣危險，「香菸會讓人上癮，你知道它對你有害，」貝尼奧夫說，「它跟臉書有很多相似之處。」

兩天後，索羅斯在他主辦的年度晚宴上發表演講，他對宣傳及造謠活動透過社群媒體影響美國選舉的情況深表關切[19]。身為匈牙利出生的猶太難民及納粹大屠殺倖存者，索羅斯把部分責任歸咎於臉書的

商業模式，他聲稱這種模式為了商業目的劫持了人們的注意力，「誘導人們放棄自主性」，而且臉書和谷歌這些網路壟斷企業「無意防止企業行為社會帶來的惡果」。

　　這些批評感覺像是一場圍剿，沒有人公開讚揚臉書的貢獻。桑德伯格向部屬抱怨，2017 年華府女性大遊行（2017 Women's March）的號召者用臉書為活動進行工作協調、全美 200 萬人在臉書的協助下完成投票登記、用戶透過臉書好友找到器官捐贈者，這些證明臉書對社會有極大貢獻的例子都被少數醜聞給抹煞了。

　　桑德伯格喜歡提起如今廣為人知的一件事——埃及的行動主義人士威爾・戈寧（Wael Ghonim）利用臉書發起反抗穆巴拉克獨裁政權的示威活動，點燃了遍及全埃及的革命之火。穆巴拉克辭職下台之後，戈寧在接受 CNN 主播沃夫・布里策（Wolf Blitzer）的訪問時說：「我想跟馬克・祖克柏見個面，向他道謝。」[20] 這些令人振奮的故事不僅證明臉書的使命，也證明桑德伯格充滿雄心壯志，想要經營一家不僅僅以利潤為導向的公司。但桑德伯格從來沒有提到自由言論也包含有害的言論，例如某些陰謀論者聲稱桑迪胡克小學槍擊案是場騙局，或者疫苗會導致自閉症等等，彷彿她用自己建立的世界觀來排除負面或批判性的意見。當臉書將總部搬到門洛帕克，桑德伯格甚至把自己的會議室取名為「只有好消息」（Only Good News）室。

　　桑德伯格為外界對公司領導者所做的攻擊做出辯解。[21] 那些不滿聲音讓她想起她的書《挺身而進》在社會上引發的強烈反應。記者諾拉・歐唐納（Norah O'Donnell）在新聞節目《六十分鐘》（60 Minutes）的《挺身而進》專題訪談引言中提到，桑德伯格從邁阿密的公立學校畢業後一路升到哈佛大學、柯林頓政府、谷歌領導階層，然後成為臉書的第二號人物，也是全球最有權勢的高層主管之一，但這並不是她最

近登上頭條新聞的原因，歐唐納補充說。

「在一本觸動人們敏感神經的新書《挺身而進》中，桑德伯格對現今位居高層的女性如此之少的現象提出了一個理由，」歐唐納說道，「她說，問題可能出在女性自己。」

《挺身而進》源於桑德伯格 2011 年在巴納德學院（Barnard College）發表的畢業演講，那段呼籲女性在職場上勇往直前的影片在網路上爆紅，使她成為新的女權偶像。但是歐唐納明白地指出，外界對這本書和作者的不滿正在升高。有些人認為桑德伯格有失公允地將問題歸咎於女性，而不是把矛頭指向文化和組織當中的性別偏見。她放過了男人，而且要求女人按照男人的規矩取得成就。最要命的或許是桑德伯格與大多數職業婦女的現實生活脫節，她們不像桑德伯格那樣有伴侶可以在家裡分攤家務，或者有充裕的經濟能力可以僱用保母、家教和清潔工。

「你的意思是女性缺乏企圖心？」歐唐納問道。

桑德伯格隨即反駁說，她想讓女性知道她們有很多選擇，不應該斷絕自己在職場上發展的機會。根據資料顯示，女性通常不會主動要求加薪、升遷或在開會時帶頭討論，因此桑德伯格認為她的責任是分享個人的研究和生活經驗。她寫這本書的用意是要啟發女性，幫助她們更聰明地駕馭自己的事業。「我所傳達的訊息並不是責怪女性，」她說，「很多事情我們無法控制。但我要說的是，很多事情是我們可以控制的，可以為自己做的，積極爭取機會、舉手發言。」

有人提醒過她，她會因為這本書而遭到批評。一個朋友跟她說，她給人的印象就是社會菁英──大多數女性無法與一個身為白人、高學歷且家財萬貫的女性所經歷的人生產生共鳴。那些反對者打得她措手不及。《紐約時報》專欄作家莫琳・道（Maureen Dowd）形容桑德伯

格是個「踩著 Prada 踝靴用 PowerPoint 簡報重燃女性革命火花的領袖」。這位臉書營運長的呼籲或許出於好意,莫琳可以認同這點,但《挺身而進》卻建立在一種與現實脫節的自負心態之上,「社會運動是由下而上發起的,不是由上而下。桑德伯格借鑑社會運動的詞彙和浪漫情懷,並不是為了推廣某個崇高的目標,而是為了推銷她自己。」[2]

在桑德伯格看來,這些評論家都沒有抓到重點。「這一生中,經常有人告訴我或我也感覺到,我應該避免太成功、太聰明,太這樣那樣。」她告訴歐唐納,「這是跟我切身相關的事。我希望每個小女孩都能聽到有人告訴她,你有領導能力,而不是你愛指使人。」

她感覺那些反對意見針對個人而來,是不公平的侮辱。她認為她的好意不容置疑,現在卻遭到攻擊。

同樣地,桑德伯格覺得人們對臉書的抨擊毫無道理而言。劍橋分析醜聞發生之後,她告訴資深員工,臉書成了代罪羔羊,成了商業競爭對手方便瞄準的目標。媒體是出於嫉妒才會那樣描述臉書;報社將出版業的衰落歸咎於臉書,媒體則以負面報導懲罰這個平台。對於這些反彈,其他高層主管甚至有個更簡單的解釋:如果劍橋分析公司與川普無關,就不會引發爭議了。「因為川普當選,所以大家把氣出在我們身上。」一位資深高層主管強調。

然而總要有人公開表明立場。醜聞爆發五天後,祖克柏同意讓CNN 記者蘿莉·西格爾(Laurie Segall)進入「水族箱」會議室進行專訪。他首先以令人熟悉的說詞表達歉意,「這嚴重違背了用戶對我們的信任,我很抱歉發生了這種事。」他帶著不知所措的表情說。他向CNN 記者保證,臉書將開始對所有可能取得並保留敏感資料的應用程式進行審查。

但是當西格爾問到，臉書在 2015 年為何沒有確認劍橋分析是否刪除資料時，祖克柏難掩不悅地回答：「我不知道你的想法，」他索性不掩飾自己的急躁，「但我總相信如果人們在法律上保證會做某件事，他們就會做到。」

「像素」（Pixel）：臉書追蹤用戶站外行為的工具

祖克柏已經與華府威爾默黑爾律師事務所（WilmerHale）的訴訟律師團隊進行演練，為出席聽證會做好準備。在模擬聽證會上，他們拋出許多關於隱私權和選舉干預事件的問題拷問他，並要他說出每位國會議員的名字和背景。他們也提醒他當心那些意圖使他脫稿回答的突襲性問題。

祖克柏面臨的風險相當高——這場聽證會承諾將揭開臉書靠精準廣告投放賺大錢的內幕，並迫使祖克柏為他很少公開談論的業務內容做辯護。眾所周知，祖克柏在公開場合露面時經常會緊張，而且在接受犀利的訪問時容易出汗、講話結巴。他的幕僚很少挑戰他，所以他們不確定他會如何回應聽證會委員的棘手問題、作秀表現和搶話行為——這都是國會聽證會的特徵。

臉書的說客們曾經極力阻止祖克柏出席作證。桑德伯格是公司任命與國會溝通的代表，也是一位沉穩可靠的演講者，她不會偏離公司想要傳達的訊息。川普在當選不久之後曾經邀請科技界巨頭會談，桑德伯格就代表臉書與亞馬遜、蘋果、谷歌和微軟的執行長一同參加了這場在川普大廈舉行的聚會（與桑德伯格同行的卡普蘭多待了一天，他要與川普交接團隊面談，爭取行政管理與預算辦公室主任一職，不過最後他在人選還

沒決定之前就退出了）。但是國會議員拒絕由其他人代替祖克柏出席。就在民主黨參議員迪克‧德賓和佛羅里達州共和黨參議員馬可‧魯比奧（Marco Rubio）威脅要傳喚祖克柏時❷，祖克柏的幕僚答應了這場為期兩天、面對將近 100 位國會議員的馬拉松式聽證會，不過他們要求國會助理給個方便，幫祖克柏把冷氣開強一點。

　　臉書的一些說客和溝通部門人員，聚在華府辦公室的會議室裡觀看聽證會直播，高層主管們則聚集在門洛帕克總部的玻璃會議室裡收看電視轉播，並且與華府的同事們視訊連線。當國會議員們抨擊祖克柏多年來屢次侵犯隱私權且他的公開道歉徒具形式時，員工們都蹙起眉頭。許多問題也將矛頭指向臉書的商業模式。公關部門人員傳送訊息給聽證室裡的記者，評估祖克柏的表現給他們的印象，多數人都認為他看來沉著冷靜，並沒有因為發言被打斷或因不當行為被指責而受到影響。他顯然有備而來，能夠應付各式各樣的問題。

　　在大部分時間裡，祖克柏都按照腳本走，但他在不少問題上採取閃躲戰術，承諾後續將由他的團隊提供答案。他也一再搬出標準說法來辯解，強調臉書有給予用戶控制個資使用方式的權力，且公司並未以個資換取利潤。「我們沒有把個資賣給廣告商。我們允許的是廣告商告訴我們想要觸及哪些客群，然後由我們進行廣告投放。」

　　同樣在觀看聽證會的還有隱私權擁護者傑夫‧切斯特，他氣憤地站在馬里蘭州塔科馬帕克市自家住宅的小辦公室裡。他周圍的地板上散落著成堆的臉書宣傳冊，還有以廣告商為對象呈現臉書不同面貌的 PowerPoint 文件，這些都是切斯特收集的資料，來自臉書向全球性公司及品牌如可口可樂和寶潔（P&G）吹噓廣告工具成效的廣告大會。臉書的高階主管們會現身在舉行廣告大會（如紐約廣告週）的飯店宴會廳裡，誇耀他們無可比擬的數據存量以及追蹤用戶站外動態的能力。

他們聲稱臉書擁有的數據比其他公司還多，可以幫助廣告商影響 22 億臉書用戶的想法。但在社會大眾面前，臉書很少以同樣的方式談論這方面的業務。

此刻，切斯特正看著參議院商務委員會主席羅傑·威克（Roger Wicker）詢問臉書是否會追蹤用戶在其他網站的瀏覽行為。臉書有個收集用戶站外數據的工具，叫做「像素」（Pixel），這個工具在廣告及科技業界相當知名，但祖克柏卻避開這個問題，「參議員，我想確保我的答案正確無誤，所以最好讓我的團隊後續再給您回覆。」他說。

切斯特按捺不住心中的怒火，因為向廣告商推銷這種產品的正是臉書自己。他在推特上發布了一個網址，連結到臉書針對「像素」及其他追蹤用戶站外動態工具所製作的行銷文宣。在接下來的三小時裡，每當祖克柏用模糊或誤導性的方式回答問題，切斯特就在推特上發布足以證明臉書進行資料探勘並追蹤用戶瀏覽行為的連結網址，他認為祖克柏在刻意誤導那些一無所知的委員們。多年來，他一直向記者抱怨國會兩大黨如何縱容臉書，使它迅速變成一個「數位科學怪人」。現在他們讓祖克柏坐上了證人席，卻把事情搞砸了。

離職員工稱：臉書將營收成長排第一，資安第二

臉書在本質上是一間廣告公司。到了 2018 年，臉書已與谷歌成為數位廣告市場的雙頭壟斷者，兩家公司在 2017 年的廣告收入總計為 1,350 億美元，同年，臉書的廣告收入超越了美國所有報社廣告收入的總和。臉書平台的強大追蹤工具可以追蹤用戶在網站外的動態，根據非營利性新聞網站 ProPublica 的調查，臉書已經收集了超過 5 萬

種不同類別的用戶數據[24]。廣告商可以按照宗教偏好、政治傾向、信用評分和收入來設定目標客群[25]，例如他們知道家戶淨資產介於75～100萬美元的臉書用戶可能有470萬人。彈出式廣告發明者及麻塞諸塞大學阿默斯特分校公共政策、傳播與資訊學副教授伊森·祖克曼（Ethan Zuckerman）解釋說：「他們發動了一場爭奪數據的武器戰。不管怎麼說，臉書都是相當重要的公民生活平台，但**臉書並沒有針對公民生活進行最佳化，臉書是針對狂攬數據和賺取利潤進行了最佳化。**」

多年來，切斯特和其他消費權益倡議者一直提醒監管機構，臉書不斷在挑戰新的界線，以犧牲用戶權益為代價，在缺乏監管的環境下蓬勃發展。他們說，為全球四分之一的人口建立一個社群網站，甚至比在蒙大拿鄉下取得政府核可的電台執照或推出一款全新的嬰兒玩具還要簡單。過去20年來，國會提出了多項保護網路隱私的法案，但因為面臨科技公司施加巨大遊說壓力以及難解的僵局，最後全都無疾而終。

在2018年4月10日星期二那場聽證會上，祖克柏採取了比以往更合作的語氣。當他被問到臉書長期以來反對監管一事時，他表示願意接受美國「適當的監管」，並證實臉書將會遵循同年在歐盟生效的資料保護規範，以保護全球的臉書用戶。「人們對網路公司和科技公司的期望與日俱增，」祖克柏說，「我想真正的問題是『何謂適當的規範？』而不是『應不應該有所規範？』」

雖然祖克柏嘴巴上說臉書恪守保護資料安全與隱私的承諾，但公司內部的普遍共識是把營收成長擺在第一位，資料安全與保護措施是後來才會想到的事。**臉書工程師的工作目標是提高用戶互動率，而且年度績效評估和獎金，都取決於他們的產品是否吸引更多的用戶，或**

者讓用戶在網站上停留更長的時間。一位前員工回憶說：「公司平常就是這樣激勵大家的。」2018 年 3 月 20 日，曾針對「開放社交關係圖」提出警告的營運經理山迪‧帕拉基拉斯在《華盛頓郵報》一篇專欄中指出，他在任職於臉書的 16 個月裡從來沒看過「公司對開發者的資料儲存紀錄進行任何審查」[23]。他認為審查鬆散的理由很簡單：「臉書不想讓大眾意識到資安上的巨大弱點。」

臉書建立華府第九大遊說集團，不斷介入隱私權立法

事實上，儘管祖克柏向國會保證臉書願意接受適當的監管，臉書卻針對美國的隱私監管展開全面作戰。卡普蘭找了 50 名說客組成一個強大的國會遊說團體[24]，準備花 1,260 萬美元進行遊說工作，這使得臉書在華府擁有第九大的企業遊說辦公室，遊說開支也高於石油龍頭雪佛龍（Chevron）和埃克森美孚（ExxonMobil）以及製藥大廠輝瑞和羅氏（Roche）。卡普蘭還利用資金雄厚的政治行動委員會（PAC）把臉書轉化為一股強大的政治力，贊助政治活動，並且向共和黨與民主黨同等地捐輸獻金。卡普蘭曾經向他的幕僚強調與各聯盟保持平衡關係的重要性。事實上，那兩天對祖克柏證詞提出質疑的國會議員們，有一半以上都在競選期間接受了臉書政治行動委員會的資助。

等聽證會結束幾週之後，卡普蘭將與 IBM、谷歌和其他科技巨頭的首席說客們在其貿易遊說團體「資訊科技產業協會」（Information Technology Industry Council）的華府辦公室私下會面。加州正在推動一項相較於歐盟《一般資料保護規範》（General Data Protection Regulation）有過之而無不及的隱私保護法案，這項具有里程碑意義的法案，將使臉

書更難以收集個資，而網路使用者將有權得知哪些個資會被收集。卡普蘭打算建議科技公司說服國會，制定一套比加州法案限制程度少的聯邦法規，因為聯邦法具有凌駕州法的優先權。他正在帶領整個產業爭取最寬鬆的隱私保護規範。

部分國會議員完全不懂科技，無法善盡監督責任

84 歲的猶他州共和黨參議員歐林・海契（Orrin Hatch）說，2018年 4 月 10 日這場聽證會是「自微軟聽證會以來，我所看到科技界相關聽證會中，最嚴格的公眾監督」。大約一小時左右的質詢後，幾家新聞媒體都在即時稿中形容國會議員們強硬無情，祖克柏則飽受圍攻。

但接下來，質詢狀況出現了意想不到的轉折。

「你如何維持一個用戶不必付費就能享有服務的商業模式？」海契問道，他似乎不了解臉書最基本的運作細節。

祖克柏停頓了一下，解釋說：「參議員，我們靠廣告。」然後露出微笑。在場的聽眾暗自竊笑，在華府與門洛帕克觀看聽證會的高層主管們更是哄堂大笑。

這場聽證會由參議院商務委員會與司法委員會聯合舉辦，兩個委員會的正副主席平均高齡 75 歲，所有成員的平均年齡也沒有年輕多少，他們都不是社群媒體世代，有些國會議員顯然不了解臉書及臉書公司＊旗下其他應用程式 Instagram 和 WhatsApp 的基本功能。

＊ 編注：2021 年 10 月 28 日，臉書公司宣布，母公司更名為「Meta」。

祖克柏的表情變得輕鬆了些，這場聽證會沒有一個問題迫使他脫稿回答。進行兩小時左右後，參議員問他是否需要休息時，他沒有接受提議，反而微笑地回答：「你們可以再問幾個問題。」

在華府和門洛帕克的同事們為之振奮，「他狀況挺好的！」

甚至就連年紀較輕的參議員也犯了令人尷尬的錯誤。45 歲的夏威夷州參議員布萊恩·夏茲（Brian Schatz）問祖克柏說：「如果我用WhatsApp 發電子郵件，你的廣告商會知道嗎？」祖克柏向他解釋，這款應用程式傳送的是訊息，不是電子郵件，而且所有訊息都經過加密處理。聽證會進行了四小時後，有參議員問到臉書是否會監聽用戶的語音通話，為廣告收集數據，還有參議員栽在服務條款使用方式和數據儲存方式的相關術語上。

正當一些國會議員暴露出他們在科技上的知識鴻溝時，輿論焦點也從臉書的不當商業模式，轉移到美國這些反科技的民選政治人物。「國會議員們似乎搞不清楚臉書在做什麼——以及如何整頓它。[28]」美國媒體 Vox 的一篇報導標題寫道。這次的聽證會為吉米·金摩（Jimmy Kimmel）和史蒂芬·寇柏特（Stephen Colbert）的深夜脫口秀提供了素材，他們播放了參議員們提出一些糟糕問題的影片畫面[29]。還有法規人士發布推文說，國會和監管單位需要設立新部門來加強科技方面的專業知識。突如其來的好運降臨在祖克柏頭上，人們把矛頭轉向了國會。

聽證會的第二天結束後，祖克柏搭上前往舊金山的班機返回矽谷，位於華府的員工們則前往喬治城的一家酒吧慶祝。臉書股價創下近兩年來單日最大漲幅，收盤價上漲了 4.5%。祖克柏在歷經十小時的作證和 600 個問題後[30]，個人資產增加了 30 億美元[31]。

$56b

2018

第九章

分享前先想想
我們鼓勵你跨越道德紅線

　　2018 年 4 月這場聽證會的討論範圍已經超越了劍橋分析醜聞，國會議員各自提出科技成癮危害、欺騙性服務條款和選舉造謠的相關問題。他們要求臉書提供資料，以了解這間公司如何保護用戶以及是否遵循全球的隱私規範，他們也提到在臉書上大量散布的假新聞如何對東南亞國家緬甸造成最觸目驚心的傷害。

　　種族滅絕就即時呈現在臉書上。2017 年 8 月 26 日，緬甸軍方第九十九輕步兵師的步兵賽西提翁（Sai Sitt Thway Aung）向他的 5,000 名臉書追隨者發布一則貼文：「對面臨穆斯林狗崽子威脅的人來說，一

秒鐘、一分鐘、一小時感覺都像是一輩子。」* 他不是唯一在大屠殺中更新個人臉書頁面的士兵；人權組織發現有數十則貼文都在散布類似的反羅興亞人言論，有時甚至附上他們沿著若開邦（Rakhine State）茂密叢林前進的照片。非政府組織截取了螢幕畫面，盡可能地記錄正在發生的人權危機。緬甸官方駁斥了有關暴力鎮壓的指控，並且利用假訊息來描述當地發生的狀況。士兵們的臉書貼文是僅有的一小部分真實訊息，它們至少說明了緬甸軍方在何處發動攻擊。

臉書引燃了緬甸數十年來醞釀中的種族緊張關係，直到行動主義人士指出這個國家正逐漸因此窒息之後，臉書才採取補救措施。2018年3月，聯合國的緬甸獨立事實調查團告訴記者，社群媒體在這場種族滅絕行動中扮演了「決定性的角色」❶。調查團主席馬祖基‧達魯斯曼（Marzuki Darusman）表示，臉書「在實質上助長了敵意、紛爭和衝突」。他說：「仇恨言論當然是臉書的一部分。在緬甸，社群媒體就是臉書，臉書就是社群媒體。」。

根據人權官員的估計，緬甸軍方的種族滅絕行動已導致 24,000 多名羅興亞人遭到殺害。在接下來的一年裡，有 70 萬羅興亞穆斯林越過邊境逃往孟加拉，在骯髒的難民營中躲避緬甸軍隊的攻擊。

祖克柏在 4 月的聽證會上向美國國會議員保證：「緬甸發生的事情是一場可怕的悲劇，我們需要做得更多。」臉書將會增聘「數十名」緬甸語審查員，也會與公民社會團體更緊密合作，關閉那些散布假訊息並鼓吹暴力的地方領導人的臉書帳號。（當時，臉書只有五名緬甸語審查員，負責審查 1,800 萬名緬甸臉書用戶的貼文內容，而且沒有一位母語審查員居住在緬甸。）

---

* 譯注：根據路透社報導，當時他迫不及待要出發到前線，鎮壓他口中的 Muslim dogs。

五個月後，桑德伯格到參議院情報委員會作證，她說緬甸的情勢「令人震驚」❷，而且光是她出席聽證會的前一週，臉書就關閉了緬甸的 58 個專頁和帳號，其中有很多都偽裝成新聞機構，「我們正在採取積極措施，我們知道我們需要做得更多。」

事實上，多年來外界一再提醒臉書需要做得更多。

在緬甸，臉書就是網路，網路就是臉書

2013 年 3 月，流傳在緬甸仰光市的謠言讓麥特‧席斯勒（Matt Schissler）感到愈來愈擔憂。這個從事援助工作的美國人從當地佛教徒朋友（緬甸人大多數是佛教徒）手機裡的模糊照片中，看到據說遭穆斯林殺害的佛教僧侶屍體，還有人跟他分享羅興亞人這個長久以來飽受憎惡的穆斯林少數族群密謀作亂的陰謀論。

「人們想要告訴我穆斯林的種種惡行。每次對話中都會不時出現恐伊斯蘭情緒。」席斯勒回憶說。他身高將近 190 公分、棕色頭髮、藍眼睛，看起來明顯就是個美國人。「因為美國發生了九一一事件，所以我的佛教徒朋友認為我憎恨穆斯林，他們認為我能理解為什麼他們憎恨穆斯林。」

居住在席斯勒住處附近跟他熟識的仰光當地人突然拿起手機給他看新聞報導，這些報導有的出自英國廣播公司（BBC）等知名媒體，有的來自不明消息來源和可疑證據，它們聲稱伊斯蘭國聖戰分子正在前往緬甸。有位記者朋友打電話提醒席斯勒，穆斯林疑似密謀要攻擊這個國家，他說他看到一段顯示穆斯林正在策劃攻擊行動的影片。席斯勒看得出那段影片明顯經過剪接，而且用充滿威脅字眼的緬甸話配

音。席斯勒說：「他應該比別人更清楚狀況，但卻對這些東西信以為真。」

假照片和假影片的四處散播，就發生在緬甸開始發展手機市場的時期。儘管世界各地的人都已上網並使用手機，緬甸老百姓卻因軍事獨裁統治無法享受到這些科技。到了 2013 年初，隨著新政府開放外國電信業者進入緬甸，手機價格大幅下降❸，市場充斥了廉價的二手智慧手機，而且這些手機都內建上網功能和臉書應用程式。

臉書應用程式（公司內部稱之為「藍」[Blue]）在當時可說是緬甸人民進入網路世界的管道。這是他們最先使用、往往也是唯一使用的應用程式，而且因為相當普及，緬甸人民幾乎把臉書當成網路的同義詞。在大城市裡，成排林立於擁擠街道旁的手機店家都會協助顧客建立臉書帳號。

在一個被軍政府掌控報紙和廣播媒體的國家，臉書感覺就像一座展現個人想法的堡壘。緬甸人很快就適應了網路科技，他們會分享家庭照、蛋咖哩食譜、各種評論、迷因、民間故事等等。至於那些還無法上網的人，他們可以從每月出版的雜誌《臉書》（*Facebook*）裡讀到從社群網站彙集而來的貼文。

軍事人物和宗教宣傳者也是臉書應用程式的愛用者。因堅持反穆斯林立場而有「佛教賓拉登」之稱的緬甸僧侶阿欣威拉杜（Ashin Wirathu）很快就發現了臉書的力量❹。他在 2000 年代初期曾經因為煽動一場反穆斯林暴動而被捕，但有了臉書之後，他的構想與做法變得更專業化。阿欣威拉杜在曼德勒灣（Mandalay Bay）有一間辦公室，他的學生們在那裡以他的名義經營數個臉書專頁，鼓吹用暴力對付羅興亞人。他們發布竄改過的屍體照片和影片，宣稱有緬甸佛教徒遭到羅興亞武裝分子殺害，而且散播羅興亞人打算攻擊曼德勒市和仰光市平

民佛教徒的謠言。雖然這些攻擊事件都沒有發生，但謠言已經到處流傳，激起社會大眾的恐慌和憤怒。其他僧侶和軍隊將領也分享類似的貼文並被緬甸民眾廣為轉發，那些不人道的照片和影片把羅興亞人比作寄生蟲、昆蟲、鼠類，有些看似具科學基礎的影片還宣稱羅興亞人的基因跟其他人的基因不同。

這些攻擊言論都不是新興出現的想法；多年來，由政府資助的廣播電台和報紙就經常針對這個穆斯林少數族群提出類似的尖刻言論，但是臉書卻使平民百姓成為新的仇恨傳聲筒，互相傳遞聲稱來自親朋好友的聳動言論。正因為那些仇恨言論不是來自政府媒體，也就是眾所周知的政府宣傳武器，所以更容易得到接受和認同。

席斯勒發了一封電子郵件給他在非政府組織圈子裡工作時認識的捐助者和外交官。他認為審視臉書在緬甸普及化的軌跡，以了解這跟緬甸人民資訊獲取量的變化是否吻合，是很重要的事。他在信中寫道，他擔憂臉書的同溫層效應對緬甸帶來的影響，並認為這是個值得研究的議題。

然而，沒有人回應他的提議。

「下一個十億」計畫：
臉書擴張全球版圖，但不考慮新市場的特殊文化

2013 年 8 月，祖克柏在他將要邁入 30 歲以及臉書成立快滿十年之際，用自己的 iPhone 發布了一篇文章，勾勒他下一個十年的願景。他在這篇以〈上網是否為基本人權？〉（Is Connectivity a Human Right?）為題的文章中宣布，臉書，這個已擁有 11 億 5,000 萬用戶的

全球最大聯繫網路，接下來將以連結另外 50 億人口為目標❺。

　　這個大膽的計畫和自我抱負，將使祖克柏躋身科技遠見者之列，就像他的導師們——2007 年以 iPhone 徹底改變行動運算的賈伯斯，以及在推動個人電腦革命之後為全球慈善界帶來改變的比爾·蓋茲。親近祖克柏的人士表示，他對自己首度推動的重大慈善行動招致負面報導感到沮喪，2010 年，他捐贈一億美元給紐澤西州紐渥克市的公立學校系統作為教育改革之用。批評者指出，這項行動並未明顯改善陷入困境的紐渥克市教育系統。祖克柏已經開始思考自己的後世功業，而且向周遭的人透露，他希望像蓋茲一樣，讓世人記得他是個創新者和慈善家。2013 年，他在全球科技新創大會 TechCrunch Disrupt 接受訪問時，曾經公開承認蓋茲是他的偶像。

　　祖克柏在文章中寫道，網路有助於縮小全球經濟不平等的差距，它可以帶動經濟發展並提高國內生產毛額（GDP）。在具備網路連線條件的 27 億人口當中，絕大部分都來自西方已開發國家，在新興市場，往往只有男性戶長可以上網，「藉由讓每個人都能上網，我們不僅將改善數十億人的生活，也將改善我們自己的生活，因為我們將受益於這數十億人貢獻給世界的想法和生產力。」

　　這不算是祖克柏原創的構想。前聯合國表達自由權特別報告員大衛·凱伊（David Kaye）指出：「政治家和行動人士正在世界舞台上討論這個想法，讓全世界的人都能上網就是主流論述的一部分。」多年來，聯合國、人權觀察組織（Human Rights Watch）和國際特赦組織都在呼籲網路公司應該將注意力轉向發展中國家，但在懇求之餘，他們也提醒前進新興市場的企業要謹慎面對當地的政治和媒體環境。過快、過量地供應網路服務可能會引發危機，「所有人都同意網路是獲取資訊的必要條件，因此網路普及化是一個重要目標。」凱伊回憶說，

「但令人擔憂的是，科技公司是否會妥善地評估即將進入的國家和市場，私人企業是否有動機做出負責任的行為？」

2013 年 8 月，祖克柏啟動了 Internet.org 計畫，透過與六家全球電信業者合作來實現「人人能上網」的目標。Internet.org 與手機業者達成商業協定，為發展中國家提供簡化版的網路服務，業者會在手機裡預先安裝經過壓縮的臉書應用程式，方便人們在緩慢且不理想的網路環境下使用。祖克柏也成立了一個實驗室，針對缺乏行動通訊基礎設施的偏遠地區執行電信專案，包括利用自主無人機從高空向地面傳送網路訊號的「Aquila」專案，以及利用鳥型無人機提高智慧型手機數據傳輸速度的「Catalina」專案。但這兩個專案都沒有通過測試。

谷歌也在自己的實驗室執行寬頻專案，包括利用熱氣球向農村地區傳送網路訊號。一場全球性的網路新客戶爭奪戰正在進行中：微軟、LinkedIn 和雅虎都投入了大筆資金拓展全球市場，微博、微信等中國網路平台也正積極嘗試將觸角伸向拉丁美洲和非洲。祖克柏特別重視在中國企業的地盤上與他們正面競爭，他開始親自遊說中國監管機構及主管，並於 2015 年兩度與習近平主席會面❻。畢竟誰最先占領全球未開發市場，誰就居於未來獲得營收成長的最佳位置。

「在臉書工作的每個人都很清楚，『讓人人都能上網』是最讓馬克感到興奮的事情，它引起了熱烈討論。」一位參與這項倡議的臉書員工說。在每週召開的高層主管會議上，祖克柏都會詢問開發中的新產品將會為「下一個十億（用戶）」專案帶來什麼幫助，以及工程師在設計產品時是否考慮到發展中國家的需要。「馬克給的訊息很清楚，他希望我們盡快達成目標。」

祖克柏沒有考慮到如此快速地擴張版圖會有什麼後果，尤其在那些沒有民主制度的國家。**當臉書向新的國家推出服務時，沒有人負責**

觀察那些國家內部複雜的政治和文化情勢，沒有人考慮到臉書在緬甸這樣的國家可能會遭到濫用，或者要求僱用足夠的內容審查員來檢視全球臉書用戶發文時會用到的數百種語言。這個專案缺乏一位監督者，而這個職位屬於政策與安全人員的一部分，因此照理說應該由桑德伯格負責。考量到桑德伯格在世界銀行的工作經驗，她應該很適合扮演這個角色，但她卻表現得更像是臉書的宣傳者和公眾代言人。「我不記得公司裡有人直接詢問馬克或雪柔是否做好了防範措施，或者提出一些跟臉書如何融入非美國文化有關的顧慮或警告。」一位曾深入參與「下一個十億」專案的前臉書員工說。

臉書認為，緬甸社群裡流傳的仇恨言論，只是無傷大雅的網路霸凌

就這樣，臉書進入了那些市場，聘請了幾個審查員協助審查內容，並假設世界其他地區人民使用臉書的方式都跟美國和歐洲差不多。門洛帕克總部的高層主管們看不見其他語言世界發生的狀況。

祖克柏則對初期結果感到振奮。2014 年 Internet.org 計畫啟動之後，他宣揚尚比亞和印度的女性如何利用網路養活自己和家人，他也對臉書踏進菲律賓、斯里蘭卡和緬甸等新市場感到興奮，而且無懼於早期的批評。他在接受《時代》雜誌採訪時承認：「每當有新科技或新事物出現，帶來某種本質上的改變，總會有人為此哀嘆，希望回到從前的日子。但我要說的是，我認為對人們來說，能與他人保持聯繫很顯然是有益的。❼」

臉書成功開發新市場的興奮感淹沒了明顯的警訊。2014 年 3 月 3

日，席斯勒受邀參加臉書的一場視訊會議，討論網路危險言論的問題。他先前聯絡過一位名叫蘇珊·貝尼希（Susan Benesch）的哈佛大學教授，她曾經發表有關仇恨言論的論文，並且正在向臉書的政策團隊表達她的擔憂，她邀請席斯勒從緬甸透過電話加入會議並提出他的觀點。

席斯勒用電話撥入視訊會議之後，見到了 6 名臉書員工、幾位學者和獨立研究員。臉書工程部總監阿圖羅·貝哈爾（Arturo Bejar）也在電話上。在會議接近尾聲時，席斯勒確切描述了臉書如何助長危險的伊斯蘭恐懼症，他詳細指出人們在貼文中所使用的不人道及聳動言論，還有到處散播的假照片和假訊息。

臉書的代表們似乎沒有意識到事情的嚴重性，僅將緬甸社群裡的有害內容視同於網路霸凌。他們說臉書希望阻止用戶在網站上霸凌他人，並認為他們可以把阻止高三學生恐嚇新生的那套工具，用來阻止緬甸佛教僧侶散播有關羅興亞穆斯林的陰謀論。一位參與視訊會議的學者說：「臉書就是這樣思考這些問題的，他們想**找出一個框架，然後把它套用在所有問題上，無論是校園霸凌還是緬甸的種族屠殺言論。**」他回憶說，臉書沒有一個人向席斯勒詢問更多有關緬甸局勢的資訊。

席斯勒在緬甸待了將近 7 年，最初在泰緬邊境地區，後來留在緬甸境內。他精通緬甸語，而且研究過當地的歷史文化。他和其他專家在緬甸看到的情況，遠比一些零星的評論或臉書貼文所描述的更危險。一場針對羅興亞人的造謠行動正在虛耗緬甸，而且就發生在臉書上。

發生暴動，臉書冷漠以對；
但政府一關閉臉書，臉書馬上出面行動

　　視訊會議結束後的一個月，幾位臉書員工建立了一個非正式的工作群組，作為緬甸行動人士與臉書總部之間的聯繫管道。他們告訴行動人士可以利用這個群組直接與公司溝通並提醒任何問題，臉書的政策、法律和溝通各團隊成員們會根據討論的主題，機動性地進出工作群組。

　　才過了四個月，在 7 月的第一週，緬甸行動人士就有了考驗這個溝通管道的機會。那時臉書上有謠言指出，曼德勒市一名年輕的佛教徒女子遭到穆斯林男子強姦，結果短短幾天，當地就爆發暴動，造成兩人死亡，14 人受傷❽。

　　在發生暴動前幾天，非政府組織的工作人員曾經試著在臉書群組裡向臉書提出警告，但他們沒有得到任何回應。現在有人在暴動中喪生了，他們還是沒有得到回應。

　　暴動發生第三天，緬甸政府決定關閉境內的臉書，於是一瞬間全國都處於無法使用臉書的狀態。席斯勒輾轉透過別人聯繫上臉書，詢問他們是否得知此事，結果他幾乎立刻就收到回覆。「當我們通知臉書有關暴動的消息時，他們什麼都沒說，但是一講到網路被封鎖，人們無法上臉書，他們馬上就回應了。」小組裡另外一位行動人士回憶說，「這說明了臉書處理事情的優先順序。」

　　暴動發生前一週，席斯勒曾經在臉書群組裡提到，有一位替慈善機構工作、沒有臉書帳號的老人家在網站上遭到惡意中傷。有人拍到他運送米和其他食物到流離失所的羅興亞人紮營處，而且把照片張貼到臉書上，結果許多網民指責他「幫助敵人」，並揚言要發動暴力攻

擊。

席斯勒透過臉書的自動化系統提報了這張照片，卻被告知它不具有任何仇恨或恐嚇的意圖。雖然他解釋說，問題不是出在照片，而是出在貼文及其下方的留言，但他沒有得到任何答覆。後來他要求臉書的員工採取行動，但過了幾週，他被告知說他們愛莫能助，除非照片中的本人向臉書提報這張照片。然而這是不可能的事，因為那位老先生沒有臉書帳號。

臉書怎麼可能造成種族滅絕？這太誇大了吧

席斯勒察覺到，荒誕的官僚主義影響了臉書對緬甸局勢的反應，而且這不會是最後一次。在暴動及網站關閉事件過後幾個月，他終於發現臉書在回應投訴甚至查看貼文留言方面都如此緩慢的原因。當時臉書公關團隊的一位成員在群組裡尋求意見，因為有記者詢問他們，臉書如何對緬甸這樣有 100 多種語言的國家進行內容審查。群組裡有許多人問過相同的問題，但從來沒有人回答到底臉書有多少內容審查員，或者那些審查員會說多少種語言。

無論席斯勒和其他人的想法是什麼，當某個臉書員工在群組裡提到「社群營運團隊有一個組員會講緬甸語」並且說出團隊經理的名字時，大家都大吃一驚。

那位經理後來加入了討論，而且也證實：「都柏林辦公室有一個外包人員在支援緬甸社群的內容審查工作。」

這樣一切就說得通了。**臉書只有一名審查員負責監控從緬甸社群大量產出的內容**，而且這個人只懂緬甸語。那些針對騷擾和仇恨言論

一再提出的投訴意見都沒有得到回應，因為公司幾乎不重視。緬甸社群分享的訊息量相當龐大，但臉書沒有跟著增加審查員的人數。

「緬甸的語言或許有 100 種，甚至還有更多方言，但臉書認為只要審查緬甸語就夠了。」一位在臉書群組中看到對話內容的緬甸行動人士說，「這就好像他們在說，我們有一個人會講德語，就可以監控全歐洲了。」

2014 年 7 月暴動過後，臉書的溝通團隊發表公開聲明，承諾會更努力保障緬甸用戶的安全。臉書員工在工作群組裡請席斯勒和其他行動人士協助他們將社群守則翻成緬甸語，後來緬甸的非政府組織 Phandeeyar 也與臉書合力進行翻譯。臉書也參與了一個公共服務活動，鼓勵用戶把含有正向訊息的數位貼圖加到貼文中，制止有害言論的傳播。這些貼圖以年輕女孩、年輕男孩和老太太三種卡通人物為主角，傳達「分享前先想想」、「別成為暴力源頭」等訊息。臉書表示，這些貼圖能幫助審查員找出有害的貼文，並且更快地加以刪除。

但席斯勒和其他人卻發現這些貼圖引發了意外的後果。臉書的演算法將它們視為對貼文表達贊同，因此它們不但沒有減少目睹仇恨言論的人數，反而造成了反效果，使那些有害貼文更廣為傳播。

席斯勒對臉書疏於回應的現象感到愈來愈沮喪，於是減少參與群組討論，不過他也做出最後的努力，讓臉書了解狀況。2015 年 3 月他去了加州一趟，除了私人行程之外，也特地拜訪了臉書總部。在一間大約聚集了十幾名臉書員工的小會議室裡，還有其他人透過視訊方式出席，席斯勒分享了一份 PowerPoint 簡報，說明發生在緬甸的事情有多麼嚴重——臉書上的仇恨言論正在真實世界引發暴力衝突，導致人民遭到殺害。

後來，他跟一小群有興趣繼續討論的員工們開會。當會議快結束

時，有一位臉書員工向他提出一個問題。她皺著眉頭，請席斯勒預測緬甸未來數月或數年的情勢，並問他說，那些暴力事件是否被人們誇大了？她聽過「種族滅絕」這個詞，但真的有可能在緬甸發生嗎？

「當然有可能。」他回答。如果緬甸目前的情勢繼續發展下去，而且反穆斯林的仇恨言論有增無減，那麼種族滅絕就可能發生。沒有人接續這個問題討論下去。席斯勒離開後，有兩個臉書員工在會議室外的走廊上徘徊，「他不是認真的吧，」其中一人高聲地說，「那不可能會發生。」

臉書刻意操控70萬用戶看到的動態消息

假訊息的禍根當然出在科技。臉書的設計用意就是推波助瀾任何能挑動情緒的言論，即使仇恨言論也不例外。它的演算法偏愛可以煽動情緒的內容，不管用戶是因為好奇、驚恐還是受到吸引而點擊某個連結，這些都不重要，系統只要發現某則貼文有許多人瀏覽，就會把該貼文推廣到更多用戶的頁面上。緬甸的情形就是一個血淋淋的例子，這說明了當網路科技進入一個大多數民眾靠某個社群網站接收新聞的國家時，會產生什麼結果。

臉書很清楚自家平台能操弄人們的情緒。2014 年 6 月初，外界經由新聞報導得知，臉書公司曾經暗中進行一項實驗，這項實驗不僅顯現臉書操弄用戶心理的能力，也暴露了臉書會願意在用戶不知情的情況下測試這個能力的界限。

臉書的資料科學家們在發表於美國《國家科學院學報》（*Proceedings of the National Academy of Sciences*）的一篇研究報告中寫道：「人的情緒

狀態可以透過情緒感染轉遞給他人，導致人們在不知不覺中經歷相同的情緒。」根據描述，臉書在 2012 年的其中一週刻意操控了將近 70 萬臉書用戶登入平台時看到的動態消息。

在實驗過程中，部分臉書用戶會看到有正面字眼的訊息，部分用戶會看到有負面字眼的訊息。正面訊息可能是一隻熊貓寶寶在動物園裡出生，負面訊息可能是一篇抨擊移民政策的社論。最後的結果令人矚目。接收較多負面訊息會導致用戶在自己的貼文中呈現負面心態，而接收較多正面訊息會提高用戶傳遞正面內容的可能性。

也就是說，臉書證實了情緒感染不需透過「人與人之間的直接互動」（因為不知情的受試者只看到動態消息）。這是個引人注目的研究結果。

一旦科技記者發現這篇報告，它登上主流媒體的頭條版面只是時間問題而已。「**臉書把你當成白老鼠**」[9]，CNN 以犀利的口吻下了這個標題。這項情緒實驗證實了外界批評臉書會影響人們心理並引發憤怒情緒的說法，臉書像奧茲國的魔法師一樣在幕後進行操控。當新聞報導和消費者團體向臉書施壓，要求他們提出解釋時，桑德伯格卻發表了一份聲明，為拙劣的公關策略道歉：「這是企業為了測試不同產品所進行的研究，如此而已。我們對溝通不良感到抱歉，我們絕對沒有要讓用戶感到不愉快。」

但某些在新聞曝光後才得知這項實驗的臉書工程師們，坦承它揭露了動態消息影響人們情緒的邪惡面。多年來，臉書平台使用日益精密的演算法來辨識最能吸引各個用戶的內容，然後把它排在動態消息的頂端。動態消息的運作模式就像一個精密的調節器，它能靈敏地辨識用戶花最多時間查看的照片或文章，只要確定了用戶較有可能瀏覽的內容類型，它就會盡量提供更多類似的內容。

工程師反映演算法有問題，
公司卻為了留住用戶而不解決

　　工程師們看到了問題，而且屢次試著向主管們提出警告。他們在 Workplace 平台的群組裡發布一連串的貼文，抱怨點擊誘餌型的內容經常排在動態消息的頂端，並且詢問是否需要重新評估演算法。有個工程師貼出了一些被瘋傳的不實報導或不雅文章，包括宣稱歐巴馬總統有私生子、一群全球菁英人士正在暗中貯藏能永保青春的神奇血清等等，「這真的是人們在動態消息中應該最先看到的內容嗎？」他問道。

　　時序進入秋天，幾名員工當面要求考克斯向祖克柏傳達他們的憂慮並說明演算法有很大的缺陷。「考克斯說，他跟我們有同感，他也看到了問題。」一位工程師回憶說，「我們把動態消息提供的內容比作垃圾食物。我們已經知道它們就像高糖的垃圾食物，對任何人來說都有害健康，而我們繼續推廣這些動態消息，同樣也有害健康。」

　　然而，考克斯卻陷入兩難。臉書用戶停留在平台上的時間比過去還要久，也就是說這套機制是有用的。高糖垃圾食物會使人上癮，每個人都知道。考克斯傾向從長遠角度來看動態消息的優點。

　　數週後，那位工程師向考克斯詢問後續情況。考克斯向他保證，公司很重視這個問題，而且動態消息的修改工作正在進行中。

　　修改工作花了超過半年時間才完成，而且實質的效果不大。2015年 6 月，臉書宣布針對動態消息做了改善，將「停留時間」納入演算法的重要指標⑩。他們設想用戶在觀看點擊誘餌型的內容時很快就會失去興趣，所以如果優先考慮用戶對內容感興趣的時間長短，就能讓更正當的新聞報導排列到更高的位置。他們也開始針對充斥垃圾內

容、以吸引用戶點擊為唯一目標的「點擊誘餌農場」降低排序。

然而，用戶還是點擊垃圾內容，而且花不少時間瀏覽，點擊誘餌網站也調整了新聞標題和做法，避免被降低排序，於是聳動的貼文繼續出現在動態消息的頂端。

這樣的演算法設計已無法免除傷害，如同前臉書隱私顧問迪帕彥・葛許（Dipayan Ghosh）所說的：「我們的社會劃出了道德紅線，但是當你有台機器優先考慮互動程度時，它永遠會鼓勵人們跨越紅線。」

臉書握有緬甸軍方的屠殺證據，
卻以保護軍方隱私為由，不願公開

2018 年 9 月下旬，東南亞人權組織「鞏固人權」（Fortify Rights）執行長馬修・史密斯（Matthew Smith）與其他人權團體展開一項提案工作，要向海牙的國際刑事法院（International Criminal Court）充分證明緬甸士兵違反國際法規，對羅興亞人進行種族滅絕。他們需要證據，而他們相信有利的資料在臉書的手中。**臉書平台儲存了每個用戶的詳細資訊，即使貼文已經刪除，用戶寫過的所有內容、上傳過的每個影像還是會留下紀錄。**臉書的行動應用程式也能取得位置資訊，由於大多數緬甸士兵的手機裡都有臉書，因此臉書公司應該會有士兵攻擊羅興亞村莊時所在位置的紀錄。

臉書公司不久前刪除了數千個由緬甸軍方祕密經營的帳號和專頁，它們充斥仇恨言論、假訊息和種族主義眼文。那些貼文附有轟炸照片以及宣稱在羅興亞人攻擊行動中喪生的無辜者屍體照片，但事實

上那大多是電影劇照或者盜用自伊拉克或阿富汗的報紙庫存圖片。10月16日《紐約時報》的頭版報導刊出之後，臉書就刪除了那些貼文❶。

如果史密斯和其他人權工作者能取得那些刪除的貼文，他們就可以成立一樁更有力的案件，證明緬甸軍方如何對羅興亞人進行種族滅絕並操弄輿論，以支持其軍事攻擊。史密斯聯絡了臉書的政策與法律團隊成員，請求他們合力為人權組織提供起訴的證據。史密斯說：「臉書掌握了許多能用於刑事起訴的資料，它們可以把士兵與大屠殺發生地點連結起來。我告訴他們，國際刑事法院的檢察官可以用那些資料，讓種族迫害者受到法律制裁。」

臉書的律師們拒絕了這個請求，他們說交出那些資料可能會違反隱私政策，導致公司陷入法律的技術性細節中。士兵們可以聲稱他們只是奉令行事，然後控告臉書揭露隱私資訊。他們告訴史密斯，除非聯合國建立一個調查人權犯罪行為的機制，否則臉書無法配合。當史密斯指出聯合國已經成立一個「緬甸獨立調查機制」（Independent Investigative Mechanism for Myanmar）❷時，臉書的代表驚訝地看著他，請他詳加解釋。「我大吃一驚。我們跟臉書開會討論緬甸的國際司法問題，結果他們卻不知道聯合國所建立的基本架構。」史密斯說。

律師們還表示，臉書公司沒有一套內部流程可以找出史密斯要求的有害內容。這個說法是誤導。多年來，臉書公司一直協助美國執法部門成立兒童騷擾案件。「臉書一再有機會做正確的事，但他們沒有這麼做，沒有為緬甸這麼做。」史密斯說，「這是個選擇，而他們選擇不伸出援手。」

$56b

2018

第十章

戰時執行長
在工作上，沒有人比馬克更冷酷無情

2018 年 7 月早上，M 團隊 * 在稱為「乒乓小子」的會議室舉行聚會，這個幽默的名字源自臉書舊總部辦公室裡一間緊鄰乒乓球桌的會議室。M 團隊成員中 40 位高層主管和經理們，個個在會中努力表現出樂觀的模樣。18 個月來，他們經歷一個又一個壞消息，不得不在親朋好友和憤怒的員工面前為公司辯護。這些成員大多與選舉造謠事件和劍橋分析醜聞沒有太大關係，其中幾位甚至私下對祖克柏和桑德伯格感到失望。

---

* 編注：M團隊（M-Team）是馬克團隊（Mark Team）的縮寫，由馬克‧祖克柏信賴的臉書主管組成。

M 團隊每年舉行兩到三次聚會，增進成員的凝聚感。首先登場的是微醺晚宴，由祖克柏喜愛的其中一間帕羅奧圖餐廳提供餐飲服務。到了白天的開會時段，高層主管們會發表振奮人心的報告，展示出收益及用戶驟增的成長曲線圖，介紹與人工智慧、虛擬與擴增實境以及區塊鏈貨幣等產品有關的大膽計畫。他們也會討論臉書面臨的重大難題，以及如何擊退競爭對手。

劍橋分析事件爆發後，祖克柏行事愈來愈獨裁

多年來，這 40 位左右的高層主管已經彼此熟悉，也共同經歷了臉書轉向行動裝置的陣痛期、灰頭土臉的掛牌上市表現，以及為了達成第一個十億與第二個十億用戶數所面臨的市場競爭。他們時常在討論業務時岔離主題，分享自己結婚、離婚、生小孩或家人意外過世的消息。祖克柏會在為期兩天的會議結束前，發表一段鼓舞士氣的談話，然後讓他們回去領導各自的部門，包括工程部門、業務部門、產品部門、廣告部門、政策部門和溝通部門。

一如往常地，祖克柏以臨朝聽政的姿態坐在馬蹄形會議桌的正中央。博斯以令人振奮的簡報介紹了視訊通話裝置「Portal」，也就是臉書企圖與亞馬遜「Echo」、谷歌「Home Hub」等家用智慧裝置一較高下的產品。另一位高層主管則說明 VR 頭戴式裝置「Oculus」的最新版本。祖克柏的臉上露出光采。在 M 團隊會議裡，產品發表向來是他最喜愛的部分，這表示他沒有滿足於現狀，而是繼續帶領他的公司不斷創新。

接著發言的是桑德伯格。她告訴團隊成員，公司正回到正軌，祖

克柏在國會聽證會上表現得很成功，他們已經走出過去一年的醜聞陰霾。她也提醒大家謹記公司在前一年正式發表的使命宣言：「賦予人們打造社群的力量，攜手拉近世界距離。」❶

「我們正重新整裝上路。」她下了結語。

但令人振奮的時刻隨即消逝。幾位高層主管在報告中表達了對員工的擔憂，根據內部調查顯示，員工對公司在選舉干預和劍橋分析醜聞中扮演的角色感到沮喪，而且離職率攀升，招聘人員也苦於找不到新的工程師。剛從大學畢業的社會新鮮人說，進臉書工作的這個想法已經無法吸引他們，儘管這裡曾是矽谷最熱門的工作地點。在矽谷激烈的工程師人才爭奪戰中，員工滿意感會是優先考量的要素。

祖克柏用他那副令人緊張出了名的眼神注視著幹部，聽取他們的簡報。進行一對一交談時，他可以定睛凝視許久，製造出令人難受的死沉氣氛。對於祖克柏的這個古怪舉動，在公司待了多年的高層主管們寬宏大量地說，那表示他的頭腦正在像電腦一樣消化並處理資訊。

輪到祖克柏發言時，他停頓了好一會兒，然後話鋒一轉，開始談起自己的領導哲學。他說，臉書已經「進化」了。如今臉書已成為一家不斷擴張的大企業，擁有超過三萬五千名員工，推出十多種產品，在 35 個國家設有 70 個辦公室，還有 15 個耗資數十億美元建於世界各地的數據中心。在此之前，臉書面臨了競爭上的阻礙，所幸在過去 20 年科技樂觀主義的推助之下，獲得了明顯的成長並贏得商譽。但那段樂觀的時期已經結束，消費者、立法者和公眾利益倡導者突然開始批評臉書，指責它是人們沉溺於智慧型手機以及公眾話語敗壞的罪魁禍首。這家企業成了不負責任、不惜任何代價追求收益成長的典型代表，不僅面臨全球監管機構的多次調查，股東、用戶和消費者行動主義人士也正在向法院提告。「直到今天，我都是個太平時期的執行

長。」祖克柏宣告，「這即將改變。」

影響祖克柏的是《你的行為，決定你是誰》（*What You Do Is Who You Are*，繁體中文版由天下文化出版）這本書，作者本・霍羅維茲（Ben Horowitz）是早期投資臉書的安霍創投（Andreessen Horowitz）的共同合夥人（祖克柏的朋友，臉書董事會成員馬克・安德森是另一位合夥人）。霍羅維茲在書中主張，**科技公司需要兩種執行長來面對不同的發展階段，那就是太平時期的執行長與作戰時期的執行長。**在太平時期，公司可以專注於擴大並加強自己的優勢，而在攸關生死的作戰時期，公司必須蟄伏以待，準備為生存而戰。前谷歌執行長施密特在競爭者不多的太平時期帶領公司發展成全球搜尋引擎巨擘，但後來佩吉接任執行長，因為谷歌看見了社群媒體和行動科技領域的新威脅。「太平時期執行長致力於減少矛盾，戰時執行長則會凸顯矛盾＊。」霍羅維茲寫道，「太平時期執行長尋求全體的認同，戰時執行長不耽溺於建立共識，也不容許分歧。」❷

這個概念普遍受到科技領袖們採納，但這不是新的想法。霍羅維茲曾在公開演講和訪談中承認他受到《10 倍速時代》（*Only the Paranoid Survive*，繁體中文版由大塊文化出版）一書的啟發❸。撰寫此書的是帶領英特爾從記憶體製造商轉型為處理器製造商的前執行長安迪・葛洛夫（Andy Grove）。作風嚴酷的葛洛夫在矽谷以打擊競爭對手而聞名，他的經營哲學之一就是：永遠不要放鬆，因為新的對手隨時會出現。（霍羅維茲在他的部落格文章裡引用了電影《教父》的其中一段台詞，透露他也從中汲取了一些靈感。在那一幕裡，軍師湯姆・海根對著柯里昂家族第二代教父

＊ 譯注：霍羅維茲在一篇專訪中說，這句話源自卡爾・馬克思「We need to sharpen the contradictions」（這裡的 contraditions 指勞動力與資本之間的矛盾）。霍羅維茲借用這個概念，認為凸顯公司內部的矛盾之後才能解決它。

問道：「麥克，我為何出局了？」麥克·柯里昂回答：「你不適合當亂局中的軍師。」祖克柏以《教父》黑幫老大的話作為靈感來源，一些臉書員工覺得頗為貼切。「雖然馬克會想像自己在效法英特爾前執行長安迪，但事實上他是在效法好萊塢最惡名昭彰的黑幫老大，這應該沒有人會感到意外。」一位 M 團隊成員表示，「在工作上，你找不到比馬克更冷酷無情的人。」)

祖克柏繼續說，他從那天開始會當個戰時執行長，更直接地掌管公司各個層面。他再也不能只專注於產品開發，更多的決定將會落在他身上。

放棄共和作風，走向一人專政的帝制

M 團隊的成員們未發一語。桑德伯格和一小群事先知道祖克柏那天準備說什麼的高層主管們點頭表示贊同，其他人只能小心翼翼地不讓表情顯露出來，因為他們正在揣測這番話對自己的部門與個人發展所代表的意義。嚴格說來，祖克柏是臉書共同創辦人，而且從一開始就持有多數表決權股份，所以公司始終在他的掌控之中，但他已經將許多業務充分授權給部屬，負責 WhatsApp、Instagram 等事業體的高層主管有相當獨立的運作空間，設計核心產品的工程部門主管們也培養了自己的忠誠團隊，「祖克柏僱用並拔擢了對自我懷抱著遠大夢想的高層主管們，而且多年來他們一直對工作很滿意，因為他們知道自己擁有相對的自主性。」一位與會的 M 團隊成員表示，「但現在他似乎是在說，這一切即將改變了。」

祖克柏對第一位羅馬皇帝凱撒·奧古斯都（Caesar Augustus）的崇拜之情人盡皆知，他曾在菲利普斯埃克塞特學院和哈佛大學上過與奧

古斯都相關的課程。直到當時，祖克柏的經營作風都近似於羅馬共和國的治理方式，即臉書雖然有一位明確的領導者，但權力需要得到類似古羅馬元老院這種重大政策審議機關的支持。但他現在打算做的事，則像是帶領羅馬從共和國體制走向帝制；他正在建立一人專政的帝國。

不出所料，博斯是最早發言支持祖克柏的其中一人。他說，由祖克柏主導所有的決策過程是公司向前邁進的最佳途徑。

祖克柏做出這項聲明之前，才剛完成重大的人事改組❹。兩個月前，他重新調整一級主管的職務，全面更新了領導階層。產品總監考克斯負責控管公司所有的應用程式，包括臉書應用程式、WhatsApp、Messenger 和 Instagram。技術長麥克・施洛普佛（Mike Schroepfer）負責所有的新興產品，例如虛擬實境和區塊鏈。成長部門主管哈維爾・奧利文（Javier Olivan）負責核心產品的安全性、廣告及服務。桑德伯格繼續擔任營運長一職，但不清楚她實際上是否仍為祖克柏的二把手，改組公告並未提到她。現在，祖克柏已經進一步宣示自己的地位，他似乎想像自己居於萬人之上。

不滿的員工在那一年接連離職。WhatsApp 的共同創辦人揚・庫姆（Jan Koum）在 2018 年 4 月宣布請辭❺；他後來解釋說，祖克柏違背了讓 WhatsApp 獨立於臉書應用程式以及保護用戶隱私的承諾❻。Instagram 共同創辦人凱文・斯特羅姆（Kevin Systrom）也在 9 月離開臉書，理由同樣也是祖克柏背棄了承諾❼。而史戴摩斯在 8 月已經正式辭去職務，但事實上他幾個月之前就已經遞出辭呈。

34 歲的祖克柏在創立臉書大約 14 年後，更加明確地宣示了他在 2004 年標示在臉書網頁底部的那排文字：「馬克・祖克柏出品」。

「從第一天起，臉書就是他的公司，」一位與會的高層主管說，

但「他很樂意讓別人做他不感興趣的事。現在這一切都改變了。」

臉書買下間諜軟體Onavo，監看競爭者的用戶數據

祖克柏或許改變了他對充分授權的想法，但冷酷無情的人格特質卻始終沒變，尤其在面臨競爭時。儘管他已經在 2012 年收購 Instagram，他還是煩惱有許多新的應用程式會吸引用戶遠離臉書，使他的公司在爭奪行動軟體霸主的競賽中落後。後來，臉書成長部門副總裁奧利文向祖克柏提起以色列的行動分析新創公司奧納沃（Onavo）。這間公司設計了一系列以消費者為導向的應用程式，包括為手機使用者開發的虛擬專用網路，但奧利文更感興趣的是奧納沃的技術，它能讓行動軟體發布商不僅得知自家應用程式的效能，還得知別家應用程式的效能。**奧納沃的分析技術可以追蹤使用者的活動，例如使用者造訪其他行動應用程式的次數、使用時間以及那些應用程式裡最受歡迎的功能。**奧利文在一封電子郵件中寫道：「（奧納沃能協助臉書）發現收購目標真的很酷。❽」祖克柏很感興趣，於是奧利文從初夏開始就前往特拉維夫與奧納沃的創辦人會面，詳細了解他們的服務內容以及到底能提供多少競爭層面的分析資料。祖克柏收到奧利文的報告之後，認為這些資料不僅對臉書來說很有幫助，對競爭者也有潛在價值。

2013 年 10 月 13 日，奧納沃宣布臉書同意收購，這也讓臉書取得了能深入分析人們如何使用網路的獨家技術和資料。奧納沃創辦人蓋伊·羅森（Guy Rosen）、羅伊·泰格（Roi Tiger）以及在以色列的 30 多名員工將會加入臉書團隊。

這筆約 1 億 1,500 萬美元的收購案公布數天之後，羅森、泰格和

奧納沃其他高層主管與臉書的同事們會面，討論交易細節並慶祝成交。他們被問到很多據說由祖克柏提出的問題，例如：他們有辦法研究印度和歐洲分別使用哪些應用程式嗎？他們可以每週公布哪些新應用程式的爆紅速度最快嗎？他們能否告訴祖克柏哪些應用程式比臉書更受人青睞（尤其是通訊類應用程式）？奧納沃的高層主管們向臉書團隊保證，這些全都可能辦得到。「奧納沃是馬克的新寵兒，他相當興奮，」奧納沃團隊的一名成員回憶道，「他每天都會親自看資料。」

祖克柏特別關注通訊應用程式 WhatsApp 的分析數據，這款應用程式估計每日發送 122 億則訊息，超越了 Facebook Messenger 的 117 億則，高居全球第一。奧納沃的數據還顯示，使用者花較多時間在 WhatsApp 上，而且它在各年齡層受歡迎的程度也勝過 Messenger。祖克柏擔心 WhatsApp 這家在 2009 年由兩名前雅虎工程師創立並以承諾保障用戶隱私權名聞全球的即時通訊軟體公司，可以輕易地採用一些功能，讓自家軟體變得更像一個社群網路平台。他看見 WhatsApp 的威脅：它可以獨立挑戰臉書和 Messenger 通訊服務，也可能被谷歌等競爭對手收購，在社群網路領域與臉書匹敵。四個月後，臉書宣布以 190 億美元收購 WhatsApp。

祖克柏不改善產品問題，反而要雪柔扭轉輿論

2018 年，祖克柏繼續把重點放在產品上，至於受損的公司聲譽和日益複雜的國會調查，那都只是認知問題而已，運用一些技巧就能處理。在暴露臉書不當管理用戶個資的劍橋分析醜聞爆發六個月後，祖克柏依然否認臉書在收集用戶資料方面存在著更大的問題；俄羅斯

駭客利用兩極化語言和影像分裂美國並干預 2016 年大選的事件已經過了兩年，祖克柏也還是頑固地不肯劃清仇恨言論的界線。很顯然，祖克柏不會改變臉書的平台或核心產品，相反地，他要桑德伯格扭轉人們的想法。

9 月 4 日，桑德伯格來到臉書的華府辦公室，然後直接走進一間會議室。員工用自黏式壁貼遮住了會議室的玻璃牆，緊閉的門外還有一名警衛守著。卡普蘭、他的說客們以及威爾默黑爾律師事務所的訴訟律師團隊在會議室裡迎接桑德伯格。

卡普蘭和華府員工已經搬進占地 4,760 坪的新辦公室。這間辦公室也容納了業務及安全部門員工，位在時髦熱鬧的潘恩區（Penn Quarter），距離國會大廈很近。它有著與門洛帕克總部相同的開放式格局、水泥拋光地板、大型現代藝術裝置，以及露出管線和電線的開放式天花板。

桑德伯格來到華府辦公室時，通常會對員工發表談話。她的華府行是一件大事：她會設一個作戰室，用來準備和國會議員開會的事項以及讓員工為每位官員寫感謝卡。但這次她取消了員工會議，以便為參議院情報委員會的聽證會做好準備。情報委員會正在監督一項有關俄羅斯在臉書及其他社群媒體平台上進行造謠活動的調查工作。

桑德伯格的風險再高不過了。在祖克柏指責她沒有處理好劍橋分析事件和 2016 年大選干預醜聞所引發的反彈之後，桑德伯格對國會下的工夫一直沒有她預期的那樣有效。這場聽證會不僅是一個說服國會議員的機會，也是一個說服記者的機會，她將對臉書涉及選舉干預的指控提出辯護。

自從祖克柏宣示要當戰時執行長之後，桑德伯格就積極地在幕後進行運作。如果祖克柏對資深記者所做的正式公開採訪展開全面性的

公關反擊，她就會透過幕後管道說服國會的有力人士相信祖克柏。在聽證會籌備期間，桑德伯格堅持只跟推特和谷歌的執行長們一同作證，她想把責任推給整個科技業，儘管最飽受攻擊的網路巨頭是臉書公司。推特執行長傑克‧多西（Jack Dorsey）*接受了出席邀請，但谷歌執行長桑德爾‧皮查伊（Sundar Pichai）拒絕作證。這成功地轉移了新聞焦點。聽證會開始之前，記者們紛紛報導谷歌執行長缺席的消息，並以照片呈現證人席上那張空盪盪的椅子和印有「GOOGLE」字樣的座位牌。憤怒的國會議員在向記者進行背景簡報時，指責皮查伊的缺席決定相當傲慢，並感謝桑德伯格和多西專程飛到華府。

臉書應對國會質詢的策略：給予完美但空洞的回覆

2018 年 9 月 5 日聽證會當天，第一個入場的是多西，他的鬍子蓬鬆雜亂，襯衫的領口也沒扣起來。緊跟在後的是桑德伯格，她穿著保守的黑色套裝。多西只有幾位助理陪同出席，桑德伯格則帶了雙倍的幕僚人員。桑德伯格在聽證會開始後，打開她的塑膠活頁夾，拿出一張列有國會議員名單的白紙，放在桌子上。那張紙上寫著三個全部大寫的英文字：SLOW（慢下來）、PAUSE（停頓）、DETERMINED（堅定）。

聽證會結束時，桑德伯格自忖已經順利過關。跟桑德伯格熟練流暢的表現相比，多西的應對就顯得不夠有條理，而且會脫稿回答。但當天下午的新聞報導都對多西的坦率給予肯定，桑德伯格精心排練過

---

* 編注：2021 年 11 月 29 日，傑克‧多西宣布辭去推特執行長。

的表現則引來負評。

會中有段對話凸顯了他們兩人的迥異風格。當阿肯色州共和黨參議員湯姆・柯頓（Tom Cotton）問道：「你們公司會考慮採取那些獨厚外國敵對勢力的行動嗎？」桑德伯格含糊其辭地說：「我完全不清楚這方面的具體細節，但按照您的問法，我認為不會。」

多西只回答了兩個字：「不會。」

多年來曾與桑德伯格接觸的政府官員們，已經很熟悉她那套排練過頭的溝通風格。令人印象特別深刻的是，2010 年 10 月她與聯邦貿易委員會主席雷伯維茲會面，試圖制止委員會針對用戶個人檔案設定和「開放社交關係圖」系統進行隱私調查的那場會議。

會議一開始，桑德伯格就以輕鬆自信的態度，聲稱臉書比其他網路公司賦予用戶更多的資料控制權，而臉書最大的遺憾就是沒有清楚傳達隱私政策的運作方式。聯邦貿易委員會的委員們立刻對她提出質疑。雷伯維茲以個人經驗指出，他看到正在念中學的女兒對臉書的隱私設定感到困擾，因為它能輕易地讓陌生人找到像她這樣的用戶。「這是我在家親眼看到的狀況。」他說。

「太好了。」桑德伯格回答，然後她說臉書能增強年輕人的「自主權」。她似乎只聽她想聽的部分。

雷伯維茲反駁說：「這是個嚴重的問題，我們很認真看待這項調查工作。」

桑德伯格隨後轉移話題，提到人們對臉書侵犯隱私權的批評是錯誤的。她沒有回答關於資料隱私的問題，而是空泛地談起臉書對經濟的貢獻。

監督這項調查工作的消費者保護局局長大衛・佛拉戴克（David Vladeck）說：「她好像認為自己在參加一場競選活動，而不是聯邦調

查會議。我們很驚訝像雪柔・桑德伯格這麼幹練的人，可以（對議員的質疑）如此充耳不聞。」

一位前臉書員工的解釋則更為犀利：「傲慢是她的弱點、她的盲點。她認為沒有人能不被她吸引或說服。」

八年後，她還是一樣不了解狀況。一位參議員在情報委員會的聽證會後嘲諷，桑德伯格給了完美而空洞的答案，那正是國會預料臉書會做的事。「那是一場很好的表演，但我們都看得出來，那就是一場表演而已。」

在臉書，你不會因愚蠢而被開除，你會因不忠而被開除

不只桑德伯格，另一名臉書高層主管也在 2018 年同月一場眾所矚目的聽證會上現身。桑德伯格的聽證會結束三週後，最高法院大法官提名人布雷特・卡瓦諾（Brett Kavanaugh）的確認聽證會（confirmation hearing）成為全美關注的焦點。卡瓦諾的高中同學克莉絲汀・布萊西・福特（Christine Blasey Ford）和其他幾名女性對卡瓦諾提出了性侵犯和性騷擾的指控，但只有福特一人出面作證。在 MeToo 運動方興未艾之際，卡瓦諾的確認聽證會就像在對政壇與職場女性遭受的系統性性騷擾和性侵犯進行一次全民公決。

據估計，全美有兩千萬人觀看這場在 9 月 27 日上午召開的聽證會。當卡瓦諾在證人席上陳述開場白時，他和坐在左後方的妻子艾希莉・艾斯特斯・卡瓦諾（Ashley Estes Kavanaugh）都被框進攝影鏡頭中，而艾希莉後方坐了一名男子，那個人是臉書全球公共政策副總裁喬爾・卡普蘭❾。

卡普蘭是卡瓦諾的好友，甚至可說是最親近的朋友，他們兩家人來往相當密切。這兩個 40 多歲的男人都在小布希時期踏進華府政壇、都加入了聯邦黨人協會（Federalist Society），曾為小布希競選活動或政府團隊效力，也都是關係緊密的華府常春藤盟校保守派的一分子。卡普蘭認為，他在聽證會上現身只是為了對陷入最艱困時刻的好友表達支持。他的妻子蘿拉・考克斯・卡普蘭（Laura Cox Kaplan）就坐在艾希莉・卡瓦諾旁邊。

記者們一眼就認出卡普蘭，並且打電話到臉書確認。臉書的公關人員完全在狀況外，他們不曉得卡普蘭去了聽證會，一開始還告訴記者卡普蘭那天請假。當記者在推特上提到卡普蘭利用私人時間參加聽證會時，一些臉書員工查看公司的工作行事曆，發現卡普蘭當天沒有安排休假。他們在 Workplace 群組抱怨說，卡普蘭似乎是以職務身分出現在聽證會上。後來主管告訴他們，這中間出了點差錯，卡普蘭確實有請假，只是系統沒有更新而已，但員工們的怒火依然難以平息。一位員工指出，一個負責公共政策的高層主管居然不知道自己會出現在聽證會的鏡頭前，令人難以置信。「他是刻意坐在那個位子的，因為他知道記者們會認出卡瓦諾身後的每個公眾人物。他曉得這會引發臉書員工的不滿，但他明白自己不會因此被開除。這是在反抗臉書的文化，也是在侮辱與他共事的員工們。」這名員工在 Workplace 留言板上寫道。「對，喬爾，我們看到你了。」他補充說。

員工們向主管抱怨，也直接向桑德伯格和祖克柏投訴。卡普蘭原本就因其保守派的政治傾向，尤其是在言論與川普相關政策上的指示，讓一些員工感到不滿，這次他決定出席卡瓦諾聽證會，更使得 MeToo 風暴以及臉書內部和國內的政治積怨全部碰撞在一起。

卡普蘭決定向員工們說明他的決定。「我要為此道歉，」他在一

份內部聲明中寫道,「我承認這個時刻令人非常難受,無論對內還是對外。」他後悔沒有事先讓大家知道自己的決定,但他不後悔出席聽證會。接著他解釋自己對老友的忠誠。

桑德伯格在一則 Workplace 貼文中寫道,她跟卡普蘭談過了,而且已經告訴卡普蘭,基於他在公司的角色,出席這場聽證會是錯誤之舉。「我們認為每個人都有權利在私人時間做自己想做的事,但這次的情況絕沒有那麼簡單。」

當祖克柏在那週全員大會的問答時間被問到卡普蘭出席聽證會的事情時,他說公共政策副總裁並沒有違反任何規定。不過他也提到,他個人可能不會選擇這麼做。

祖克柏和桑德伯格似乎都沒有針對卡普蘭的行為做出任何懲罰或責罵。(「在臉書,你不會因為愚蠢而被開除,你會因為不忠而被開除。」一位臉書員工表示。)這提醒了許多人,臉書認為保護企業的利益要比顧及員工的想法還來得重要。卡普蘭在臉書王室裡扮演要角,而且扮演得很好,所以公司會不惜一切代價保護他。

保守派的聲音一直在臉書占有一席之地。祖克柏和桑德伯格也曾經為彼得・提爾這位臉書早期投資者、董事會資深成員和川普科技政策顧問辯解過。當時提爾偽善的言論自由立場激怒了許多人,引發外界要求撤除其董事會席位的聲浪。

有些女性員工對桑德伯格感到特別失望,她經常以「挺身而進」這句口頭禪鼓勵女性追求職場成就,但臉書員工的性別多元化比例只有些微提升⑩;臉書的女性領導者比例從 2014 年的 23% 緩慢增加到 2018 年的 30%,而且黑人員工的比例只占 4%。卡普蘭象徵了一種特權文化,而這種文化已經隨著 MeToo 運動的興起在全國各地受到審判。許多員工認為,祖克柏和桑德伯格支持卡普蘭代表了他們也是這

種特權文化的共犯。

就在全員大會過了幾天後，卡普蘭在馬里蘭州切維蔡斯（Chevy Chase）的自家千萬豪宅舉辦了一場聚會，慶祝卡瓦諾通過參議院的確認，成為大法官。

為什麼臉書不刪除仇恨言論？
祖克柏：發布仇恨言論的人，可能不是故意的

2018 年 7 月，祖克柏與科技新聞網站《Recode》的編輯卡拉・史威雪進行了多年來首次的深度專訪。為了這場專訪，祖克柏的溝通團隊特別把「水族箱」會議室的空調系統調到極冷模式。史威雪是一名資深記者，她主持了一個訪遍矽谷大咖人物的熱門 Podcast 節目。憑著機智的反應和犀利的提問，史威雪吸引了廣大的聽眾群，也讓許多人聞風喪膽，包括祖克柏在內。

八年前，史威雪曾在「D: All Things Digital」科技大會的舞台上訪問過祖克柏。那時臉書正因為更改隱私設定而受到密切關注，而就在史威雪盤問他這件事所引發的爭議時，當時還是個 26 歲小伙子的祖克柏整個人僵住，滿頭汗水從額頭和臉頰滴下來，頭髮貼著太陽穴[11]。由於祖克柏緊張不安的神情過於明顯，史威雪還停了一下，建議他脫掉連帽運動衫。這是個令人難堪的場面，但後來祖克柏的公關團隊堅持說，那是因為強大的舞台燈光讓祖克柏感覺自己的連帽運動衫太厚了，所以他才會熱到流汗。

在中間這幾年，祖克柏曾經在開發者大會上發言，偶爾發表演講，但他通常都讓桑德伯格接受媒體採訪。如今，他的溝通團隊告訴

他，大眾需要直接聽到他的聲音，臉書也需要讓所有人知道公司在改變。祖克柏已經對一級主管們下達了作戰令，現在他需要向世界表明，他正在掌控大局，並且帶領臉書回歸穩定的運作狀態。

新任的公關主管瑞秋·威史東（Rachel Whetstone）堅持祖克柏應該上史威雪的 Podcast 節目。溝通團隊的資深成員們幫忙祖克柏做準備，以應付史威雪可能提出的問題，包括俄羅斯干預大選、劍橋分析事件和隱私政策，以及最近仇恨言論和假新聞所引發的爭議。

過去幾個月來，許多人和公益團體都在抨擊臉書和其他社群媒體網站為極右派脫口秀主持人艾力克斯·瓊斯（Alex Jones）及其陰謀論網站《資訊戰》（InfoWars）提供平台使用空間⓬。瓊斯針對自由派政治人物提出明顯不實且離譜的說法和煽動性的指控，在臉書、推特和YouTube 上吸引了數百萬名追隨者。他最具傷害性的陰謀論，就是聲稱 2012 年一名槍手在康乃狄克州新鎮桑迪胡克小學槍殺 20 名一年級學童和 6 名成人的事件是一場騙局。瓊斯的追隨者相信他的說法，甚至對受害者家屬發出死亡威脅，迫使一對在槍擊案中失去孩子的父母不得不搬離自己的家。

瓊斯在臉書上累積了超過百萬名追隨者，而他的聳動言論正是為臉書演算法所準備的；即使人們不同意瓊斯的觀點，但他們憤怒地在瓊斯的貼文底下留言或厭惡地轉發瓊斯的貼文時，同樣也在幫助那些內容排到「動態消息」較上方的醒目位置。儘管瓊斯的貼文違反了臉書禁止散布仇恨言論和有害內容的規定，引發外界強烈要求臉書封鎖瓊斯和《資訊戰》的聲浪，但臉書一直拒絕刪除他的帳號。

不出所料，在專訪進行不到一半時，史威雪就要求祖克柏「提出充分的理由」，說明他為什麼依然允許瓊斯的內容留在臉書上⓭。

祖克柏堅守自己的論點。他認為，臉書的責任是在言論自由與社

群安全之間取得平衡，而他不認為那些訊息應該被刪除。祖克柏說：「**任何人都會搞錯事情，如果我們因為有人出了一些錯而刪除他們的帳號，就會使得臉書這個平台變得難以讓人們發聲**，你也很難告訴人們說你在意這點。」臉書的解決方案是讓用戶標記假新聞，然後平台會減少那些內容被瀏覽的機會。但是，他補充說，許多可能被視為假新聞的內容是有待商榷的。

「好，但『桑迪胡克小學槍擊案根本沒發生過』不是一個有待商榷的說法，」史威雪堅定地說，「這與事實不符，你難道不能刪除它嗎？」

祖克柏對這個反擊已經有所準備。他說，他也認為否認桑迪胡克小學發生過槍擊案的人錯了，而且那些支持相同觀點的貼文是假訊息。「讓我舉個更切身的例子。我是猶太人，有一群人否認納粹大屠殺曾經發生過，」他說，並表示這種言論相當令人反感，「但說到底，我不認為我們的平台應該刪除那些內容，我想有些事就是會被各種各樣的人搞錯，我不認為他們是故意的。」

史威雪提出不同的看法，並問他怎麼知道那些大屠殺否認論者不是刻意誤導人們扭曲真實發生的事件，但祖克柏並未退縮。「他以為自己很聰明，能夠提出這個觀點。他看不見自己薄弱的思辨能力和空洞的論證。」史威雪後來回憶道，「我知道他將會受到嚴厲的批評。」

祖克柏在專訪末尾的結語說，臉書「有責任繼續為人們提供分享經驗的工具，讓人們以新的方式串連在一起。總歸來說，這是臉書在這地球上唯一要做的事。」這支 Podcast 發布之後不到幾小時，祖克柏的說詞就掀起軒然大波。

只用一套固定準則，來應對變化萬千的言論糾紛

「馬克・祖克柏為大屠殺否認論者辯護」一個左派部落格文章標題寫道。美國國家公共廣播電台也為其報導下了「祖克柏捍衛大屠殺否認論者的權利」這個標題。美國、歐洲和以色列的猶太團體都表達嚴厲的譴責，並提醒祖克柏，反猶太主義一直對全世界的猶太人造成威脅。「反誹謗聯盟」（Anti-Defamation League）執行長喬納森・格林布拉特（Jonathan Greenblatt）在一份聲明中說，否認大屠殺事件是「反猶太主義者肆意、蓄意且長期慣用的欺騙伎倆」，因此「臉書在倫理道德上有義務禁止它們散播」。

幾個小時後，祖克柏發了一封電子郵件給史威雪，試著澄清他的談話，他說自己無意為大屠殺否認論者的意圖辯護❶。然而，他並不是在無意中觸及這個話題的，他原本就想好要用大屠殺事件否認論者的例子，來證明臉書會為了支持言論自由而維護爭議性言論。自從2016年大選結束以及假新聞愈發猖獗以來，他一直設法想出一套具有一致性的言論政策，力圖成為祖克柏首席公關助手的威史東也鼓勵他用堅定的態度，釐清他對言論自由的立場，所以這已經是祖克柏多年來透過與提爾、安德森這些自由主義者討論所琢磨出來的核心信條。這些矽谷大人物們樂於為**絕對主義**的立場辯護，他們認為這種立場具有嚴謹的知識基礎，卻忽略了自己的論點存在著漏洞，也就是瓊斯或大屠殺否認論者所處的灰色地帶。當威史東建議祖克柏舉出一個就算自己不認同但能容忍的極端惡質言論為例時，他就在遵循提爾等人已使用多年的相同論點。對祖克柏而言，這套說詞可以展現他的承諾，那就是讓臉書成為一個意見自由市場，即使是令人反感的言論也能在平台上占有一席之地。

2017 年，威史東加入臉書，在公關團隊裡擔任高層主管，當時 200 多名公關人員還在努力應付危機溝通工作。威史東在處理衝突方面並非生手，她擔任過前英國首相大衛・卡麥隆（David Cameron）的首席策略師，也曾是前谷歌執行長施密特和前 Uber 執行長崔維斯・卡拉尼克（Travis Kalanick）的部屬，負責領導溝通部門。記者們很怕接到她的電話，因為她會用盡各種公關策略來勸阻他們不要報導負面新聞。

威史東一進臉書，就請求祖克柏和桑德伯格改變公關文化。她告訴祖克柏，如果他真的想當個戰時領導人，就需要有一套溝通策略來配合。她堅持他應該採取攻勢。

祖克柏很贊同這個想法。從個人角度來看，他認為大屠殺否認論者使人反感，但這是個能派上用場的完美例子。允許大屠殺否認論者在臉書上建立社群，正表明了他可以把個人感受和看法擺在一旁，依據邏輯來支持一套具有一致性的規則。他相信人們能理解，他必須透過這種困難的方式才能維護臉書言論政策的完整性。公關團隊裡有幾位成員懇請祖克柏重新考慮這個策略，他們認為不需要用如此極端的例子來說明臉書的言論自由立場，這樣只會把事情搞砸。但祖克柏無視他們的勸告。

祖克柏看待言論，就像看待程式碼、數學和語言一樣。在他的想法裡，掌握事實情況是可靠而有效率的做法，他希望建立明確的規則，以便有朝一日跨國及跨語言運作的人工智慧系統得以遵循並維護。把人和不可靠的意見排除在決策中心之外則是關鍵所在：人會犯錯，而根據個別情況做決定並不是祖克柏想要承擔的責任。

2018 年 4 月時，祖克柏還提出了一個構想，要把最棘手的爭議性言論案件交由一個外部小組來審核⑩。這個小組就像是獨立於臉書

之外的「最高法院」，可以針對人們不滿臉書審查結果而提起的申訴
做出最終決定。

祖克柏不理解，演算法無法處理言論的複雜性

祖克柏的世界觀大致符合臉書大部分的內容規則。暴力、色情和恐怖主義是臉書規定禁止發布的內容，在這些情況下，人工智慧系統會自動偵測並刪除 90% 以上的內容。**但對於仇恨言論的偵測，臉書的系統證實是不可靠的。**仇恨言論不容易定義，它會不斷變化，而且依文化而異。新的名詞、想法和口號每天都會出現，只有創造那些語言的極右派偏激人士才能了解其中的細微差別。

「在馬克的理想世界裡，有一套放諸四海皆準的中立演算法，會決定哪些內容可以或不可以出現在臉書上。」一位曾經花時間跟祖克柏爭辯言論自由優點的資深高層主管回憶說，「他理所當然地認為『一套中立的演算法』是可能辦到的，且大眾會允許並接受這種做法。」

那場糟糕的 Podcast 專訪清楚顯示祖克柏低估了言論的複雜性，但他卻只是更堅守自己的立場：臉書不可能成為言論的仲裁者。

「他無法明白，言論不是非黑即白的問題。」曾為此與祖克柏辯論的高層主管說，「他沒有興趣去了解其中的細微差別，或者有些言論人們憑感覺就知道是錯的這個事實。」

臉書聘用中情局官員，協助維護選舉安全

　　為了展現打擊選舉干預勢力的決心，臉書在門洛帕克總部成立了一個作戰室，作為資訊安全、工程、政策和溝通團隊的指揮中心。臉書的公關團隊還邀請特定的一群記者到作戰室參觀，以便在選舉到來之前開始散布消息。一些員工覺得很尷尬，他們認為這是一場過於樂觀而且為了滿足大眾觀感所安排的活動。

　　為了避免有人不清楚這個房間的用途，房間門上貼了一張紙，紙上印著斗大的「作戰室」（War Room）字樣。在作戰室裡，有一面牆展示著一幅美國國旗，另一面牆掛著數字鐘，顯示太平洋時間、美東時間、格林威治標準時間和巴西首都巴西利亞的時間。作戰室的成員特別關注巴西時間，因為巴西的大選日即將到來，而臉書正在測試用於該國的新工具。房間的背牆上有幾個超大螢幕，上面的資訊來自臉書為了追蹤網站內容在全球散布的狀況所建立的中央儀表板。第四面牆則掛著幾個電視螢幕，播放 CNN、MSNBC、福斯新聞及其他有線電視網的畫面。

　　祖克柏在接受媒體採訪時，把打擊選舉干預勢力的行動形容為一場對抗國內外危險分子的「軍備競賽」⓮。臉書已經僱用了一萬名新員工來支援資訊安全及內容審查的工作，安全團隊也投入了更多資源來辨識外國的干預活動。2018 年夏天，臉書宣布移除了一些企圖影響美國期中選舉的俄羅斯帳號，以及在中東和歐洲部分地區從事造謠活動的數百個伊朗和俄羅斯帳號⓯。

　　「看到公司動員起來實現這個計畫，讓我對我們目前的情況感到很樂觀。」臉書選舉與公民參與團隊負責人薩米德・查克拉巴提（Samidh Chakrabarti）對記者說，「這可能是我們從桌面裝置轉向行動

裝置以來，公司所做的最大一次重新定位。」

　　祖克柏和桑德伯格曾經向國會議員承諾，維護選舉期間的資訊安全是他們的首要任務。在臉書新聘的一萬名員工裡，包括了一些在情報界和資訊安全領域赫赫有名的人物，例如他們找上了44歲的中情局資深官員雅艾爾‧埃森斯塔特（Yaël Eisenstat），請她帶領選舉廉正團隊打擊選舉干預勢力。埃森斯塔特對臉書的工作邀請感到意外；她不認為自己會適合一家在選舉安全方面紀錄不佳的私人科技公司。她在世界各地替美國政府工作將近20年，打擊全球恐怖主義。她擔任過美國前副總統拜登的外交官和國家安全顧問，也在埃克森美孚公司做過企業社會責任方面的工作。

　　就在埃森斯塔特接到臉書工作邀請的同一天，祖克柏到國會為劍橋分析案作證。她在觀看聽證會的過程中，聽到祖克柏承諾會把美國期中選舉期間的資訊安全擺第一，並且將全力確保選舉的廉正性。這一席話激起了她的興趣。從事公職那麼多年，她認為自己有責任把她的專業技能帶進這個社群網站，保衛美國的民主，而且臉書給了她一個領導職位。根據她的聘僱合約，她的職稱是「全球選舉廉正行動負責人」，她可以視需要盡量增聘人手，沒有預算上的限制。

　　埃森斯塔特在一則向朋友和同事報喜的訊息裡寫道：「這個職位完完全全說明了我是誰。我把大半的人生和職業生涯用在捍衛民主上，現在我可以藉由協助維護全球選舉的廉正性，在世界的舞台上繼續奮鬥。我無法想像有其他更好的角色，能夠把我的公共服務思維與全球最大社群媒體平台的規模和影響力結合在一起。」

入職第二天，一切都跟當初談好的不一樣

　　然而，埃森斯塔特從 2018 年 6 月 10 日第一天踏進臉書總部開始，就明顯感覺格格不入。展示在大樓四周的勵志海報和昂貴藝術品令人生厭，她覺得自己籠罩在一層宣傳迷霧之中。免費伙食、接駁車、3C 福利品這些額外待遇，也讓她覺得過了頭。

　　第二天，公司裡的人告訴她，她的職稱有誤。她不是任何一個團隊的「負責人」，而是一個權責模糊不清的「主管」。臉書的高層主管不但沒有告訴公司她的新職位，甚至沒有跟她談過就拔除它。「我很困惑，是他們給了我這個職位，是他們告訴我，他們多麼需要我，能有個像我這樣的人在公司裡提供意見是多麼重要。」她回憶說，「這毫無道理可言。」

　　當她詢問工作團隊的細節以及她要掌管的部分時，她只聽到有關公司理念的長篇大論。有個主管跟她說，職稱並不重要，大家都是機動性地進出各個團隊。那位主管也暗示，公司會把她派到最需要她的地方。

　　埃森斯塔特很快就發覺有兩個並行機制在公司裡運作。她被分配到桑德伯格的政策與廣告團隊，但是由工程師和資深員工組成的選舉廉正團隊卻由祖克柏那邊的人負責。代表選舉廉正團隊對記者發言的查克拉巴提是祖克柏的屬下，所以他的團隊會向祖克柏和其他高層主管報告他們為即將到來的期中選舉做了哪些準備。

　　幾個月來，埃森斯塔特雖然聽到選舉廉正團隊開會的消息，卻被告知不必參加。有位主管派她造訪即將舉行大選的國家，但當她回到公司時，沒有人要求她做簡報。後來，她透過一次與臉書網路安全政策主管納撒尼爾・格萊歇爾（Nathaniel Gleicher）碰面的機會，認識到臉

書選舉安全工作的範圍。「雖然那次的碰面很短暫，但我很高興見到他，而且也明白原來臉書的選舉安全工作還有我能幫上忙的地方。他甚至跟我說：『天啊，我們兩個應該要多合作才對。』」埃森斯塔特說。「這燃起了我的希望，讓我感覺公司裡還是有人試著在做我所熱衷的事。」

但埃森斯塔特沒能再跟格萊歇爾會面。由於無法參與選舉團隊的私下討論，她轉而在企業廉正部門所使用的 Tribe 留言板上分享一連串貼文。在其中一則貼文中，她問到臉書對政治廣告的審查標準是否與一般貼文的審查標準相同。如果臉書要努力於杜絕假訊息在平台網頁和群組上散播，難道不該確保政治人物無法購買刻意散播謠言或錯誤觀點的廣告嗎？她在與同事們對話時提到，由於臉書已經開發出一套系統，能夠將政治廣告精準投放到特定的一群受眾面前，因此這類廣告有可能成為虛假或誤導性資訊的傳播媒介。舉例來說，如果某個候選人想要抹黑對手過去在環保方面的紀錄，就可能會針對關注資源回收議題的受眾投放廣告。

埃森斯塔特的訊息在公司內部引發了討論。數十位員工紛紛留言，討論臉書開發了哪些工具以及哪些工具可以應用到廣告上。一位資深工程師告訴埃森斯塔特，他想要盡快開發一項工具，讓臉書可以針對政治廣告進行事實查核，並且篩選錯誤資訊以及其他可能違反平台規則的內容。「這個貼文鼓舞了許多工程師。我們一直期待有個與選舉相關的工作能讓我們做出貢獻。」一位工程師回想埃森斯塔特的訊息說，「我們很樂意花自己的時間，幫忙實現她的想法。」

員工開發出政治廣告審查工具，卻遭到臉書解僱

　　然而，就在一陣討論過後，這個話題戛然而止。沒有人告訴埃森斯塔特發生了什麼事，或者哪個高層主管扼殺了這個提議，但她接收到一個清楚的訊息：工程師們不再回覆她的電子郵件，也不再對她的想法感興趣。

　　埃森斯塔特踩到了地雷。自從川普在 2016 年總統大選期間首度顛覆美國政治以來，他就不斷地為臉書和其他社群媒體公司創造挑戰。川普在網路上公然發布含有不實資訊的聲明和照片，分享了普遍不被採信而且在執法機關看來具有危險性的陰謀論，而且還替一些與仇恨團體有關的政治人物背書。

　　祖克柏決定給予身為民選官員的川普特殊豁免權，但要如何處理川普競選團隊付費購買的廣告則是一大問題。川普是臉書政治廣告的頭號客戶，然而他的競選廣告經常帶有不實資訊，或是鼓吹一些原本不准在臉書上散播的想法。這看起來就像是臉書收了川普的數百萬美金，然後利用精準鎖定目標受眾的工具來宣傳他那套危險的意識形態。

　　埃森斯塔特認為臉書犯了一個很大的錯誤，那就是沒有對政治廣告進行事實查核。而在 2018 年秋天，她看到的是她的直屬主管始終不讓她參與任何與即將到來的期中選舉有關的工作。

　　她決定把心力擺在一個讓美國選舉變得更安全的專案上。她認為這是個不用想也知道要做的事，同時也是臉書聘請她來執行的那種計畫。這次，她沒有在臉書員工留言板上發文，而是跟自己的團隊合力想出一個確保美國選舉更具民主精神的產品，並且為它設計原型、提出研究報告和數據。

埃森斯塔特知道，美國選舉法非常清楚地指出：誤導或剝奪人民的投票權，是違法的行為。她在從事公職期間曾經認識一些人，他們的工作就是阻止某些團體利用散播假訊息的方式來誤導選民，例如公布錯誤的投票時間或日期，或者欺騙人們說可以透過電話或電子郵件投票。

埃森斯塔特花了數週時間和她的三位同事私下開會，其中包括一位工程師和一位政策專家。他們設計出一套系統，可以用來尋找並檢查臉書上任何可能試圖剝奪投票權的政治廣告。這套系統用到許多臉書現有的工具，但重新調整它們的模式，以便尋找經常用來誤導或阻止選民投票的關鍵字詞類型。當原型設計完成時，埃森斯塔特興奮地向她的主管們發了一封電子郵件，「我在信中特別強調這是跨團隊合作的成果，而且靠的全是員工自己的力量。我認為這是一個能保護臉書和社會大眾的雙贏方案。」她說。結果並非如此，主管們認為這個原型沒有用處，而且設想不周，「他們馬上就在電子郵件裡退回了我們的計畫。」

其中一位主管出言指責埃森斯塔特背著他們暗中行事，並命令她終止專案。他們甚至警告她，不得向任何人提起這個構想。「我一再被告知不准越級報告。我自認很尊重這點，因為我過去任職的政府機關有一套嚴格的指揮系統。」她說，「我根本沒打算越級報告。」

埃森斯塔特請求人力資源部把她調到其他部門，但過了好幾週都沒有消息，最後臉書還突然將她解僱，理由是他們找不到其他適合她的職位。她認為臉書依然把公司的需求放在國家的需求之上。

埃森斯塔特最終只在臉書總部待了六個月，「我不是為了進臉書才接下這份工作。」她說，「我接下這份工作的原因是，我以為這是我為維護民主精神所能做的最重要的事。我錯了。」

下屬僱用公關公司抹黑索羅斯，桑德伯格卻一無所知

幾週來，臉書溝通團隊一直密切注意《紐約時報》記者正在追查的一篇報導。2018 年 11 月 14 日，這篇報導終於刊登出來，它描述了臉書在過去兩年如何用拖延、否認和轉移焦點的方式迴避俄羅斯干預大選的事實[18]。這篇報導率先揭露了臉書何時發現俄羅斯在 2016 年大選期間企圖影響美國選民，也提到臉書曾經聘僱「定義者公共事務」（Definers Public Affairs）這間反對派研究公司來攻擊批評者，包括金融大亨索羅斯。

就在報導刊出數小時後，祖克柏、桑德伯格與溝通和政策團隊的成員們在「水族箱」會議室開會。儘管兩人已經接獲通知，這篇報導會在那天登出來，他們還是顯得倉皇失措。桑德伯格嚴厲地斥責團隊成員，直到 2018 年秋天為止，臉書已經僱用了 200 多名員工來處理媒體關係，難道沒有人能夠對這篇報導做些什麼嗎？她問團隊成員，記者是如何取得那些消息的。當她得知公司極少與《紐約時報》接觸時，她問說如果先前沒有邀請記者來採訪她和祖克柏，是不是更好。

會後，跟索羅斯有共同朋友的桑德伯格告訴她的幕僚，她要發出最強烈的否認聲明作為回應，尤其那些與「定義者公共事務」公司抹黑行動相關的內容讓她很擔憂。「定義者公共事務」是一家由共和黨政治人物主導的典型反對派研究公司，在華府，像這樣專門挖掘對手黑歷史的公司隨處可見。這間公司把調查資料分送給記者，揭發索羅斯與反臉書聯盟「從臉書解放」（Freedom from Facebook）之間的金錢關係。臉書企圖說服外界，這個聯盟的作為並不是以大眾利益為出發點，而是在服務一個以信奉自由主義聞名的金融家。臉書把索羅斯當成攻擊目標，看起來像是採取了長期抹黑索羅斯的邊緣保守派人士所

慣用的反猶太陰謀論套路。「定義者」公司的一位合夥人堅稱，他們無意詆毀索羅斯的背景。然而，這份調查資料曝光的時機實在很湊巧，就在數週前，有人把一個爆炸裝置送到索羅斯在紐約州威斯徹斯特郡的住家。

桑德伯格在一份與幕僚斟酌過的聲明中說：「我不知道公司僱用他們，也不知道他們在做些什麼，但我應該要知道的。」但到了第二天，有人提醒她，一些「定義者」公司代表臉書進行調查工作的電子郵件有副本給桑德伯格，而且《紐約時報》記者剛剛取得其中幾封信的內容，準備再寫一篇後續報導。

臉書政策與傳播部長舒瑞格接到了要求他為這場公關災難負責的訊息。他在考慮一晚後，告訴桑德伯格說他會把責任扛下來。他在數個月前就已宣布離開原本的職位，將會擔任祖克柏和桑德伯格的顧問。他寫了一篇網誌，然後讓桑德伯格過目。在文章中，他扛起了僱用「定義者」公司的責任：「我知道而且批准了『定義者』公司和類似公關公司的聘僱決定。我應該要知道擴大他們委任範圍的決定是怎麼來的。」

桑德伯格旋即為這篇文章留言。臉書把她的回應附在文章末尾，變成一段奇特的結語。她感謝舒瑞格分享他的看法，並承認她可能收到過一些有關「定義者」公司的文件，這件事的最終責任在她身上，她寫道。

桑德伯格這則措辭謹慎的留言惹惱了公司裡的許多人，因為那感覺像是帶有辯解意味而且誠意不足的道歉。要求她辭職的聲音開始傳了出來。

在那個月的一場全員大會裡，有個員工問祖克柏是否考慮為此事開除任何一級主管。祖克柏猶豫了一下，然後回答說他沒有這個想

法。他朝著坐在觀眾席上的桑德伯格淺淺一笑,並且補充說,他依然相信他的領導團隊會帶著公司度過難關。

$71b

2019

第十一章

志願者聯盟

攪成一團的炒蛋怎麼恢復原狀？

　　祖克柏火冒三丈。當司機開著黑色賓士 V-Class 多功能休旅車，載他穿梭在巴黎的街道上時，他正憤怒地瀏覽手機裡的一篇文章。午後陣雨已經停了，塞納河畔的人行道上開始出現人潮。

　　他即將與法國總統馬克宏見面，討論暴力和仇恨言論在臉書平台上激增的問題。為了捍衛臉書並試圖影響幾個國家正在研擬的法案，祖克柏展開了一場全球外交行動，法國是最後一個行程，他在過去五週已經分別跟愛爾蘭、德國和紐西蘭的政府高層官員進行過會談。

　　這一年來，祖克柏老了不少。他的臉頰在極短髮型的襯托下顯得更為瘦削，紅眼眶的周圍也冒出細紋。拜會馬克宏，是他在公司內外動盪且備受折磨的一年稍做喘息之前，要克服的最後一道障礙。接下

來他將與普莉希拉在羅浮宮過母親節，然後前往希臘，慶祝兩人結婚七週年。

但 2019 年 5 月 9 日《紐約時報》的一篇專欄文章❶擾亂了他的計畫。祖克柏的哈佛室友及臉書共同創辦人克里斯・休斯（Chris Hughes）以長達五千字的文章，對 15 年前他們在宿舍裡共同創立的公司提出嚴厲批評。休斯在文中提到，當初他們懷抱理想創立了臉書，如今它卻往更黑暗的方向發展。這個社群網站公司囊括了全球 80% 的社群網路收入，以無限量的胃口吸納個人數據，已成為一個危險的壟斷企業。「**該是拆分臉書的時候了。**」他說。

勢力太龐大！政府主張要拆分臉書帝國

休斯聲稱祖克柏是問題核心所在，因為他握有重大決策權，而且持有公司的多數表決權股份。祖克柏就是臉書，臉書就是祖克柏，只要公司繼續由他掌管，唯一能解決眾多問題的辦法就是政府直接介入，拆分旗下業務。

「令我憤怒的是，馬克把重心放在公司的成長上，導致他為了點擊量而犧牲了資訊安全和文明規範。我很遺憾自己和早期的臉書團隊沒能進一步思考動態消息演算法會如何改變我們的文化、操弄選舉、讓民族主義領導者擁有更多力量。」休斯在文章中直言，「政府必須要求馬克負起責任。」

祖克柏盯著手機瀏覽這篇文章，臉上露出凝重的表情。沉默了幾分鐘後，他嚴肅地抬起頭來，眼睛眨都不眨。他告訴助理，他感覺背後被人捅了一刀。

接著,他開始進入指揮官模式。祖克柏想知道:究竟負責掌握負面輿情的公關人員是怎麼漏掉這篇文章的?休斯在為他的評論做研究時,請教過什麼人?他的目的是什麼?

不到一小時,臉書的公關團隊就展開攻勢。他們告訴記者,休斯離開臉書有十年之久,早已不知公司的運作狀況。他們懷疑他的動機,並批評《紐約時報》沒有給祖克柏機會為自己和臉書辯護就刊出這篇文章。「克里斯想從政。」一名臉書公關人員告訴《紐約時報》記者。

但休斯並非單獨行動,已經有愈來愈多臉書早期的高層主管出面發聲,包括臉書首任總裁西恩・帕克(Sean Parker)。帕克曾經公開勸誡這個社群網站公司,並加入一個在華府以拆分臉書為訴求的運動。政治領袖、學者和消費者行動人士紛紛呼籲政府把臉書旗下成長最快的服務 WhatsApp 和 Instagram 剝離出來。兩個月前,民主黨總統候選人伊莉莎白・華倫(Elizabeth Warren)誓言,如果她當選,她將會拆分臉書和其他科技巨頭。桑德斯和拜登也隨之跟進,在競選活動中承諾會嚴加審查臉書、谷歌和亞馬遜。就連競選時比其他候選人更懂得運用臉書的川普總統也警告說,網路公司的勢力過於龐大。

一如預期地,這場與馬克宏對談的會議並不輕鬆,但從長遠的角度來看還是很有收穫,畢竟與這位法國領導人建立關係可以提高臉書在歐洲的聲譽。不過,祖克柏對休斯的背叛仍然感到氣憤難平。兩天後,當法國電視二台的記者詢問他對這篇文章的反應時,他首度公開發表意見。那是一個灰濛濛的下午,雨水滴滴答答地落在電視台的窗戶上。接受訪問的祖克柏朝地板望去,皺起了眉頭。「當我讀到他的文章時,我的反應是,他建議我們做的事對於解決問題沒有幫助。」❷他說,他稍微拉高了聲調。他拒絕提到休斯的名字。

他沒有談到休斯提出的任何論點，例如侵犯用戶隱私、假訊息對民主造成的威脅，以及自己過於強大的控制權。相反地，他對任何插手主張拆分臉書的行為提出警告：「如果你關心民主和選舉，那麼你會希望有個像臉書這樣的公司可以每年投資數十億美金，開發先進的工具來對抗選舉干預勢力。❸」拆分只會讓事情變得更糟，祖克柏解釋說。

祖克柏鼓勵用戶使用私人社團，
導致違法資訊更難被舉發

　　兩個月前，祖克柏宣布了一個有關臉書營運方向的重大轉變，導致公司內部分成敵對的陣營。他在〈以隱私為中心的社群網路願景〉（A Privacy-Focused Vision for Social Networking）這篇網誌文章中透露，臉書將致力於創造安全的私人對話空間。過去，臉書鼓勵用戶在自己和朋友的頁面上發布貼文，因此持續更新這些內容的動態消息區基本上就發揮了某種虛擬城市廣場的功能。現在，祖克柏希望將用戶轉移到有如私人客廳一樣安全的空間。這項宣示也延續了臉書鼓勵人們加入「社團」（groups）的政策。

　　祖克柏在文章中提到，公司會讓 Messenger、WhatsApp 和 Instagram 三種通訊軟體互通並加密。這個做法號稱可以把訊息整合在單一位置，並且透過加密技術為訊息提供額外的保護。「我相信未來的通訊服務會愈來愈朝向私人加密的型態發展，使人們不必擔心對話的安全性或者訊息和內容永久留存在平台上的問題。」祖克柏寫道，「這是我們想要協助實現的未來。」

一些高層主管對這項宣布感到意外，而且祖克柏擬定計畫時只有諮詢 M 團隊裡的某些人。這個「轉向私密化」的策略在公司內部引發了資訊安全專家和一些高層主管的憂慮，他們覺得把重點放在加密技術和社團上可能會帶來危險後果，**祖克柏其實是在削弱臉書監督自家技術的能力。**

網路安全總監麗塔・法比（Rita Fabi）是最直言不諱的反對者之一。她從 2010 年加入臉書以來就一直協助公司監督有害內容案件，包括虐待兒童和性交易。她帶領安全團隊的一個小組打擊網路獵手，並且處理網站上最令人不安的內容，許多同事都認為這個小組擁有全公司最忠誠而勤奮的員工。法比把公司查獲的網路獵手違法案件整理出來，然後與執法單位密切合作，透過美國國家失蹤及被剝削兒童中心（National Center for Missing and Exploited Children）報告調查進度，也協助提供用於起訴一些網路獵手的證據。臉書安全團隊的辦公室裡還有一面大夥兒暱稱的「戰利品牆」，專門用來張貼公司協助逮捕歸案的嫌犯照片。

法比寫了一份備忘錄，發布到臉書全體員工所使用的 Workplace 群組，同時標注了祖克柏和其他高層主管。臉書平台每天產生的內容數量龐大，**公司相當仰賴用戶檢舉可疑活動，因此由興趣相投者組成的私人社團就更難被舉發。**法比還指出，加密通訊服務會使犯罪分子隱藏在臉書安全團隊的視線之外。網路獵手可以加入一個私人的小型青少年流行偶像粉絲團，然後輕易地藉由加密訊息來引誘社團成員。戀童癖者可以建立一個私密的臉書社團，供其他兒童猥褻者分享誘捕兒童的技巧，他們還能使用密語來躲避臉書安全團隊的監測。

「私密化政策」讓犯罪活動更猖獗，
臉書靈魂人物離職表達不滿

　　臉書產品總監考克斯對私密化策略形成的安全漏洞也感到憂心。在所有 M 團隊成員當中，考克斯與祖克柏的關係特別密切，他們經常在晚上和週末一起從事社交活動。由於深受員工喜愛，他時常以內部傳道者的身分在員工訓練會上歡迎新進員工。他也是臉書草創期的 15 位工程師之一，是公認的優秀編碼人才。

　　但在一次罕見的衝突中，考克斯對祖克柏的計畫提出不同看法。幾個月來，他一直利用私下交談的機會向祖克柏表達反對私密化的立場。他的許多論點都呼應了法比對潛在犯罪活動的擔憂。他指出，私人社團會使假訊息更難受到監督；**臉書正在為陰謀論者、仇恨團體和恐怖分子鋪路，使他們得以利用平台的工具暗中組織並散播訊息。**

　　祖克柏聆聽了考克斯的說明，但他告訴這位老友和知己，他認為私人社團是未來要走的方向，他不會讓步。法比辭職走人，在公司工作了 13 年的元老級員工考克斯也遞出辭呈。

　　2019 年 3 月考克斯離開臉書，這是個晴天霹靂的消息。人們經常形容他是公司的「靈魂人物」，甚至如果哪天祖克柏決定離開臉書，他將會是當然繼任者。員工們最初得知此事時，都以為一定是別家公司延攬他擔任執行長，或者他將進入政府部門擔任要職。

　　「大家無法想像考克斯會去其他地方，除非有個夢幻工作在等著他。」一位與考克斯在多個部門共事多年的工程師說，「當大家發現他離職是因為不同意馬克的領導方向時，實在震驚不已，感覺就像父母要離婚一樣。」

　　考克斯在自己的臉書上宣布了離職消息，還附上一張他搭著祖克

柏肩膀的合照。他在貼文中寫到，新的隱私宣言已經為產品發展方向揭開新頁，公司「將需要樂於貫徹新方向的主管。」

考克斯補充說，他在那週已經做完最後一場員工訓練，並向新進員工重申了他說過不下數百次的一句話：「社群媒體的歷史還有待書寫，它的影響不是中性的，我們的責任是把社群引導到正向的一面。」

50億美元罰單，只是做生意必須付的微小代價

臉書共同創辦人休斯離開臉書之後，仍然和祖克柏保持朋友關係。他們參加了彼此的婚禮，也互相分享人生中的重要時刻。2017年夏天，休斯來到帕羅奧圖拜訪祖克柏、普莉希拉和他們的女兒麥克絲（Max，她當時還是個學步兒）。他們聊到了家庭、臉書以及各自在東西岸的生活。

休斯一直在注意臉書的發展，而且早已感到不安。俄羅斯干預選舉、劍橋分析醜聞、仇恨言論的猖獗，更使他心中的不安轉為憤怒和內疚。2019年4月24日，他在臉書的財務報告中看到聯邦貿易委員會準備針對臉書涉入劍橋分析事件處以最高50億美元的罰款❹。這打破矽谷企業過往的罰款紀錄，也是對臉書無可抵擋的「行為鎖定廣告」經營手法所做的譴責。在此之前，美國政府為資料隱私問題對科技公司祭出的最高額罰金是2012年向谷歌開罰的2,200萬美元。休斯認為聯邦貿易委員會即將發布的和解令是個公平的懲罰。「我的天啊，」他在曼哈頓西村的辦公室裡喃喃地說，「終於發生了。」

休斯打開Yahoo財經網頁，他想知道臉書股價在預估的裁罰金額

曝光之後會暴跌多少。結果，跟他預料的相反，臉書股價大漲。華爾街認為這是個好消息，投資人對聯邦貿易委員會與臉書快要達成和解感到振奮。根據臉書在當天公布的第一季財報，該季的廣告營收成長了 26%，總營收 150 億美元，現金儲備量 450 億美元。破紀錄的罰款金額只占九牛一毛而已，幾乎算不上挫敗。

「我很憤怒，」休斯說，「侵犯隱私權只不過是做生意的代價。」

2016 年，休斯成立一個進步智庫及倡議團體「經濟安全計畫」（Economic Security Project），主張透過聯邦和地方稅務改革，保證美國最貧窮的民眾每月都有收入。他也加入一個有愈來愈多左傾學者和政治家參與的運動，對抗「新鍍金時代」科技巨頭臉書、亞馬遜和谷歌贏者全拿、權力集中的現象。這個運動引起了許多共鳴：民主黨總統參選人華倫和桑德斯都加入前勞工部長羅伯·萊許（Robert Reich）、索羅斯等人的行列，對科技巨頭的壟斷行為表達反對意見。

休斯承認臉書從一開始就存在著隱憂：迫切追求成長的心態、以廣告為主的商業模式、祖克柏權力過於集中。任何一個人都不該擁有如此強大的權力來控制如此強大的組織，即使是他稱之為「好人」的老友也不例外。臉書一再侵犯資料隱私的情形，也凸顯了一個更大的問題：臉書危險的商業行為不會因為聯邦貿易委員會開出破紀錄的天價罰單而停止，2019 年這個擁有 23 億用戶、市值達 5,400 億美元 * 的公司已經大到無法只用法規來約束的地步。

「很顯然，美國當今最大的壟斷企業改變了我的一生。」休斯說，「所以我需要退一步，設法應對臉書已經成為一家壟斷企業的事

---

* 譯注：截至繁體中文版出版時，臉書約有 30 億用戶，市值約 9,000 億美元。

實，把它說出來，解釋為何它會引發所有錯誤和日益加劇的文化及政治憤怒，」他回憶說，「同時了解自己能做些什麼。」

祖克柏把所有應用程式，像炒蛋一樣全部攪在一起

在休斯向報社投書的兩個月前，祖克柏宣布了把 Messenger、Instagram 和 WhatsApp 通訊軟體整合起來的計畫，公司將會串連這些應用程式的後端技術，讓用戶跨平台傳送訊息和發布內容❺。建立這些程式的「互操作性」對用戶來說是一大福音，他說❻。如果某個用戶在 Instagram 上看到一個小商家，就能透過 WhatsApp 來聯繫對方。工程師會把這些應用程式裡的訊息加密，提供用戶更多的安全性。

祖克柏寫道：「人們應該要能使用我們集團任何一款應用程式來聯繫朋友，應該要能輕鬆安全地進行跨平台通訊。」但他實際上是在鞏固公司的版圖。Messenger、Instagram 和 WhatsApp 是美國排名前七大的應用程式❼，全球用戶合計超過 26 億人❽。臉書可以整合這些應用程式裡的資料，收集到更豐富的用戶洞察數據。各個工程團隊也會合作得更緊密，提高應用程式之間的流量，讓用戶在臉書家族應用程式裡停留得更久、更難脫離。這些應用程式就像炒蛋一般全部被攪在一起。

祖克柏背離了當初為了讓收購案通過審查而對政府官員做出的妥協，也推翻了過去答應 Instagram 和 WhatsApp 創辦人保持應用程式獨立性的承諾。2012 年，他向斯特羅姆和麥克・克瑞格（Mike Krieger）保證，他不會干預 Instagram 的外觀、特色或商業運作方式。這兩位創辦人相當重視 Instagram 的設計風格，他們擔心從創立以來在外觀

上幾乎沒有進化的臉書會攪亂 Instagram 的基因。Instagram 被收購之後就落腳在門洛帕克總部一個風格迥異於臉書其他區域的辦公大樓，與祖克柏和桑德伯格保持距離❾。

臉書企業發展部門副總裁阿敏・祖弗努（Amin Zoufonoun）說，他們對 Instagram 創辦人所做的承諾只限於品牌——臉書不會干預這個照片分享程式的外觀或特色。況且從一開始談收購案以來，討論內容就包含了 Instagram 將如何「從臉書的基礎設施中受益。」

「Instagram 使用臉書基礎設施的情況隨著時間日益增加，因此很明顯地，我們需要一個更能統合全公司的策略。」祖弗努說。但其他員工卻描述了一種更令人擔憂的關係。

Instagram 受到年輕人歡迎，而臉書應用程式的用戶平均年齡偏高，這種在使用族群上的對比讓祖克柏感到煩惱，他擔心 Instagram 會衝擊到臉書應用程式❿。收購不到六年，他就開始干預 Instagram 的技術決策，試圖導入一個可以將 Instagram 流量引進臉書的工具，桑德伯格則堅持在應用程式上投放更多廣告。2013 年 11 月，Instagram 開始投放特定知名品牌的廣告⓫。2015 年 6 月，這個照片分享應用程式向所有的廣告主開放。

Instagram 在臉書掌控的 7 年裡取得了巨大的成功，預估價值為 1,000 億美元⓬，用戶數為 10 億。「馬克從一開始就看到 Instagram 的潛力，而且盡可能地幫助它發展，」Instagram 的負責人莫瑟里（Adam Mosseri）表示，「臉書不會做任何阻擾自己成功的事，那不合邏輯。」

積極整合 Messenger、Instagram 和 WhatsApp，祖克柏意圖讓 Meta 集團「太複雜不能拆分」？

但對 Instagram 的創辦人來說，祖克柏和桑德伯格的介入已經變得蠻橫霸道❸。斯特羅姆和克瑞格在 2018 年 9 月辭職，他們說要「計畫休息一陣子，然後再度探索我們的好奇心和創造力。」

這與 WhatsApp 的情況很類似❹。WhatsApp 共同創辦人庫姆和布萊恩‧艾克頓（Brian Acton）當初是以維持 WhatsApp 的營運獨立性為條件，將公司出售給臉書。庫姆擔心政府透過應用程式進行監控，於是祖克柏向他保證會優先考量用戶的隱私權。這兩項條件也是能說服監管機關的賣點。艾克頓聲稱，臉書曾經教他向歐洲監管機關解釋資料合併有其難度。「他們教我解釋說，把兩個不同系統的資料合併或混合在一起是很困難的事。」他說。但是祖克柏和桑德伯格終究還是向艾克頓和庫姆施加壓力，要利用這款通訊軟體來賺錢。艾克頓說，有一次他在跟桑德伯格開會時提出了一個計量定價模式，讓用戶以不到一分錢的費用發送特定數量的訊息，但桑德伯格否決了這個想法，她認為「這擴大不了規模」。

2017 年 9 月，艾克頓辭職，他抗議祖克柏和桑德伯格將目標式廣告帶進 WhatsApp。儘管收購交易讓艾克頓成了億萬富翁，他後來卻承認自己很天真，後悔相信祖克柏。他們是精明的生意人，生意永遠擺第一。「最後，我賣掉了我的公司。」艾克頓在接受《富比士》專訪時說，「我為了更大的利益賣掉了用戶的隱私，我做了選擇和妥協，而我每天都在面對這件事。」

哥倫比亞大學法學教授吳修銘（Tim Wu）和紐約大學法學教授史考特‧亨普希爾（Scott Hemphill）認為，臉書公司的應用程式整合計畫

是一種防止反壟斷行動的伎倆。祖克柏可以主張說，拆分程序對公司來說太過複雜而且會造成傷害——畢竟你無法把攪成一團的炒蛋恢復原狀。臉書有充分的理由去整合旗下應用程式，特別是監管機關不太願意審視過去的收購案，尤其是沒有受到阻止的交易。解除收購交易將是一件棘手而且弊大於利的工作。

但兩位法學教授研究過臉書的收購史，他們認為祖克柏宣布**整合應用程式是一種為了保衛自家帝國而採取的防禦措施**。吳修銘對政府頗為了解，他曾在聯邦貿易委員會、歐巴馬時代的白宮辦公廳和紐約州總檢察長辦公室工作過。他最為人熟知的是創造了「網路中立性」（net neutrality）一詞，也就是要求電信業者不分內容開放高速傳輸服務的一種原則。谷歌和臉書都支持他的反電信業者理論，並加入他推動寬頻服務供應商監管機制的行列。然而，近年來他改變立場，開始批評這些科技夥伴的巨大影響力。

兩位教授認為，臉書收購 Instagram 和 WhatsApp，呈現出社群媒體建立優勢之後，透過不斷收購或消滅競爭來維持其壟斷地位的模式。他們從歷史中看到一個類似的例子，那就是在工業時代透過收購成為壟斷企業並掌控 40 多間公司的標準石油公司（Standard Oil）。這個由約翰・洛克菲勒（John D. Rockefeller）創立的石油公司在 1882 年組成托拉斯集團，然後透過串連合作夥伴和打壓競爭對手來鞏固壟斷地位，最終得以占有或影響供應鏈的各個部分。標準石油公司在鼎盛時期幾乎掌控了美國石油業所有的生產、提煉、運輸和銷售市場。

到了 2019 年，臉書已經收購將近 70 間公司，絕大多數的交易金額不到一億美元，不需接受監管機關的審查。2012 年，當聯邦貿易委員會審查 Instagram 收購案時，臉書主張這間照片分享軟體公司不是他們的直接競爭對手。2014 年，臉書為 WhatsApp 收購案辯解時也

提出類似的理由：這款通訊應用程式與臉書的社群網站核心業務沒有競爭關係。監管機關沒有足夠的證據顯示臉書正在消滅競爭對手，也就沒有阻止這些交易。當時 Instagram 和 WhatsApp 沒有廣告業務，因此聯邦貿易委員會沒有考慮到臉書在囊括這些應用程式的過程中會如何將更多數據引進廣告業務，鞏固自己在社群媒體市場的主導地位。「歷史的教訓就擺在眼前，我們卻在重蹈鍍金時代的覆轍。」吳修銘說，「那個時代告訴我們，**極端的經濟集中會產生嚴重的不平等和物質痛苦，助長人們對民族主義和極端主義領導型態的偏好。**」

兩位法學教授認為臉書也在試圖打壓競爭對手。英國的「數位、文化、媒體暨運動委員會」（Digital, Culture, Media and Sport Committee）曾經調查臉書遭指控違反資料隱私法令的案子，並且公布了一批臉書內部文件。根據臉書內部電郵訊息顯示，臉書在 2013 年封鎖了推特旗下短片分享軟體 Vine 透過「開放社交關係圖」系統尋找臉書好友的權限。產業分析師認為這項決定傷害了在 2016 年停止運作的 Vine。公布這批文件的委員會成員達米安・柯林斯（Damian Collins）宣稱：「這些文件證明了臉書對應用程式採取強勢立場⑯，他們封鎖數據存取權限，導致那些應用程式無法營運下去。」

拆分臉書才能阻止祖克柏壟斷網路市場

根據一位友人的說法，祖克柏在與認識的人和競爭對手談話時，引用了電影《特洛伊：木馬屠城記》裡的一句台詞：「現在你知道你的對手是誰了。」正如在電影裡說出這句台詞的希臘英雄阿基里斯一樣，祖克柏暗示他打算摧毀他的對手。

吳修銘把他和亨普希爾提出的許多觀點放進了他在 2018 年 11 月出版的《巨頭的詛咒》（*The Curse of Bigness: Antitrust in the New Gilded Age*，繁體中文版由天下雜誌出版）一書中。這本書出版不久，休斯就趁著與家人在墨西哥度假的期間仔細閱讀。他返回紐約之後與吳修銘碰面、交換意見，然後兩人開始透過民主黨和商界領袖的人脈與盟友接觸。

2019 年 1 月下旬，吳修銘在猶他州帕克城的日舞影展會後派對上遇到了兒童網路權益倡議團體「常識媒體」（Common Sense Media）創辦人吉姆・史戴爾（Jim Steyer）。他向史戴爾談起自己的反臉書壟斷理論，史戴爾覺得那些理論很激勵人心。

他們決定廣納其他鼓動人士，包括史戴爾在埃克塞特學院的同學羅傑・麥克納米。麥克納米是臉書的早期投資者，當時他寫了一本嚴厲批評臉書的著作《*Zucked*》（無繁體中文版）。他們也請教了常識媒體政策顧問及前副總統拜登幕僚長布魯斯・利德（Bruce Reed），利德曾經為了協助推動《加州消費者隱私法》而力抗臉書。

反臉書的情緒來到最高點。民權組織和消費者隱私倡議人士譴責臉書嚴重侵犯人權和資料隱私，兩黨國會議員經常發表批評性的聲明，川普也指控臉書和推特進行言論審查。吳修銘的團隊則另闢一條反臉書戰線，目標是針對臉書提出明確的反壟斷訴訟。「我把我們這群人稱作『志願者聯盟』。」吳修銘說。他口中的「志願者聯盟」原指小布希政府在入侵伊拉克前組成的一個以美國為首的多國部隊。

吳修銘和亨普希爾把他們的論點整理成一份簡報，然後在 2019 年 2 月展開行動。他們與紐約州、加州、內布拉斯加州等 11 個州的總檢察長辦公室官員舉行一連串會議。休斯也跟吳修銘和亨普希爾一起與美國司法部和聯邦貿易委員會開會，向處理反壟斷案的高層官員提出拆分臉書的訴求。

$71b

2019

第十二章

生存威脅

攻擊中國政府，臉書才能免於被美國政府拆分

　　在休斯發表專欄文章的前一天，桑德伯格會見了眾議院議長南西・裴洛西（Nancy Pelosi）❶。桑德伯格這次拜訪國會，是為了與參眾兩院負責商務委員會和情報委員會的兩黨議員們，進行為期兩天的棘手會談。國會議員盤問桑德伯格有關臉書侵犯用戶隱私的問題，以及在 2020 年總統大選期間防範假新聞的措施，並且要求看到這方面的進展。

　　對桑德伯格來說，這是一段艱困時期。她的工作相當繁重，友人說她對臉書面臨的一連串醜聞感到壓力很大，而且有些內疚。

　　當裴洛西來到訪客接待區時，桑德伯格面帶微笑地問候她。裴洛西冷冷地回應，然後請桑德伯格跟她一起坐在會議區的沙發上。這股

緊繃氣氛跟桑德伯格在 2015 年 7 月到裴洛西辦公室討論女性領導力的情況形成強烈對比。當時，桑德伯格在戈德伯格去世幾個月後重新開始旅行，而且受到國會議員們的歡迎。「我很高興在國會辦公室與雪柔・桑德伯格和她的團隊見面。❷」裴洛西在臉書上發文，並附上她和桑德伯格站在一面鍍金大鏡子和美國國旗前方合影的照片，「雪柔，謝謝你激勵全世界的女性相信自己。我們知道，當女性挺身而進，就能有所成就！」

「#DrunkNancy」酒醉南西的變造假影片

四年後的今天，桑德伯格忽略冷淡的氣氛，向裴洛西說明臉書所做的努力，包括刪除外國假帳號、僱用數千名內容審查員，以及利用人工智慧和其他技術快速追蹤並刪除假訊息。她向裴洛西保證，臉書不會反對接受監管。她也提到祖克柏在 3 月時投書《華盛頓郵報》，呼籲政府在保護用戶資料隱私、披露網路選舉廣告投放資訊、允許用戶把資料從某個平台轉移到其他平台等方面立法加以規範。

兩人談了將近一小時。桑德伯格承認臉書有問題，而公司已經著手處理。裴洛西雖仍不敢掉以輕心，但總算看到一些進展。臉書似乎搞懂狀況了，裴洛西在會後告訴部屬。

兩週後，一段有關裴洛西的影片在網路上瘋傳。

2019 年 5 月 22 日星期三，有人在臉書上貼出一支裴洛西在華府自由派智庫「美國進步中心」（Center for American Progress）大會上發言的影片❸，影片中的裴洛西顯然心情還不錯。當天稍早，川普因不滿裴洛西的言論，在白宮拒絕與她開會。裴洛西隨後在萬麗酒店對大會

的聽眾講述此事，台下不時響起掌聲。

但發布在臉書上的這支影片看起來很不對勁。裴洛西的話語變得含糊不清：「我們想給總統一個機⋯⋯會⋯⋯，為國家做出具有歷史意義的事情。」她費力地拉長每個音節，彷彿喝醉酒一樣。當裴洛西講到川普憤然退出會議的經過時，她的聲音慢了下來，「那非常⋯⋯非常⋯⋯非常奇怪。」

這支影片旋即被轉發分享，而且在一個名為「政治看門狗」（Politics Watchdog）的臉書頁面上吸引了 200 萬次點閱、數萬次分享和 2,000 多則留言❹，有人用「喝醉」、「瘋了」這些字眼來形容裴洛西。數百個私人臉書社團都分享了這支影片，其中許多社團具有濃厚的黨派色彩。隔天，川普私人律師及前紐約市長魯迪・朱利安尼（Rudy Giuliani）在推特上發布這支影片的連結，並寫道：「南西・裴洛西怎麼了？她說話的方式好奇怪。」#DrunkNancy 開始成為熱門的主題標籤。

但裴洛西沒有喝醉，她根本不喝酒❺。在公共事務有線電視網 C-SPAN 播出的原始影片中，裴洛西很清醒，說話的節奏也很平穩❻。那支在臉書和其他社群媒體上瘋傳的影片遭人動過手腳；有人利用簡單的聲音編輯軟體把裴洛西的說話速度放慢了 25% 左右。這種極為容易且低成本的竄改手法，為科技業對抗政治假訊息開闢了一條新戰線。

兩個月前，祖克柏將私人社團當作臉書轉向私密化的一大重點，現在它們卻成了散布這支病毒式影片的管道。臉書用戶在私人社團裡不僅拿影片的編輯手法開玩笑，還分享了讓它瘋傳以便觸及更多用戶的訣竅。

裴洛西的幕僚非常生氣，他們質疑為何社群媒體允許這支變造影

片傳播出去。裴洛西也感到失望，因為那些公司曾經向她保證，他們已經展開整頓自家網站的工作。甚至不到三週前，桑德伯格就在辦公室裡對她說過類似的話。

裴洛西叫幕僚們打電話給那些公司，要求他們刪除影片。

為什麼不刪除不實影片？
臉書：「惡搞影片」也是正當政治辯論的一部分

幾小時後，YouTube 聲稱這支影片違反了公司的政策，因此刪除了影片[7]。在此同時，新聞媒體也注意到這支遭人竄改的影片。《華盛頓郵報》和其他媒體的報導破解了影片的造假技術。學者和國會議員們表示，這是在 2020 年總統大選前對社群媒體平台的一次檢驗。

幕僚向裴洛西報告 YouTube 刪除影片的消息，她隨即問道：「臉書呢？」這段影片仍然出現在幾個網站上，包括一些極右翼新聞網站和鄉民留言板，但最能引起大眾注意的平台就是臉書。

她的幕僚說，臉書還沒有任何動靜，也沒有人接電話。

裴洛西感到錯愕。她的辦公室與臉書有著格外深厚的關係。裴洛西的前任幕僚長歐尼爾（Catlin O'Neill）是臉書最資深的民主黨說客之一。臉書其他幕僚人員來自歐巴馬執政團隊，而且曾經替民主黨參議員黛安・范士丹（Dianne Feinstein）和前參議員約翰・凱瑞（John Kerry）工作過。但現在看起來，這些關係或許已經不再重要。

民主黨人士立刻出面為裴洛西打抱不平。羅德島州眾議員大衛・西西里尼（David Cicilline）在影片傳開後不久就發布推文[8]：「嘿，@facebook，你又搞砸了，快點處理！」參議員夏茲也公開批評臉書

的虛偽：「當我想討論聯邦立法問題時，臉書對我的辦公室有求必應，但當我們請他們處理一支假影片時，他們卻突然悶不吭聲。他們不是解決不了事情，而是拒絕去做必須做的事情。」❾

　　星期四，祖克柏和桑德伯格在總部透過視訊與在華府的卡普蘭開會，討論如何回應此事。桑德伯格向裴洛西吹噓的事實查核團隊和人工智慧技術，並沒有將這支影片標記為不實內容或阻止它散播出去。事實證明，人們可以輕易地利用簡單的替代辦法阻擋臉書系統的過濾和偵測。

　　這支竄改裴洛西發言片段的影片，不僅顯示臉書的技術無法阻止不當內容的散布，也暴露了臉書內部在處理爭議性政治內容上的混亂和分歧。隔天，臉書高層主管、說客和溝通部門幕僚陷入了漫長的討論。桑德伯格說，她認為公司對假訊息所制定的規範可以為撤除影片提供一個好理由，但她沒有多作爭辯。卡普蘭和共和黨的說客們則支持祖克柏對言論採取「最大限度開放」的立場，強調公司必須保持政治中立並遵守保衛言論自由的承諾。

　　這場討論變成了折磨人的假設性辯論。祖克柏和政策團隊其他成員在思考是否可以將這支影片定義為戲謔仿作，如果可以，它就構成政治論辯的一部分，畢竟嘲諷在政治話語中始終占有一席之地。某些溝通團隊成員指出，這種惡搞內容也可能出現在電視喜劇節目《週六夜現場》（Saturday Night Live）當中。安全團隊成員則反駁說，電視觀眾都很清楚《週六夜現場》是個模仿秀，但這支影片並沒有打上浮水印，標明它是戲謔仿作。「每個人都對冗長的討論感到沮喪，」一位參與討論的員工解釋，「但當你試圖為數十億人訂定一項政策，你就得把它抽象化，去思考各種意想不到的後果。」

　　同一時間，臉書全球政策管理部長莫妮卡・畢柯（Monika Bickert）

和內容政策團隊開始對影片進行技術分析，以確定它是否符合公司對「深偽」（deep fake）影片的定義。深偽影片是用機器學習或人工智慧技術合成變造的影片，但這部用低成本方式修改的影片，並不符合深偽影片的定義。

星期五，在影片發布 48 小時後，祖克柏做了最後決定，他說要繼續讓它留在平台上。

雪柔不認同祖克柏的決定，卻不會提出反駁

裴洛西不像一些同僚那樣挑剔臉書，她總認為她所在加州選區的科技產業對經濟有重要貢獻，但是傷害已經造成。「不要接臉書的電話，不要跟他們開會，不要跟他們溝通。」裴洛西告訴她的幕僚人員。臉書已經失去了這位民主黨頭號頑固分子的支持。

臉書的說客們堅持祖克柏和桑德伯格必須親自打電話給裴洛西，解釋公司的決定，但裴洛西拒接他們的電話。接下來的那週，裴洛西公開炮轟臉書。「我們總會說：『可憐的臉書，他們無意間被俄羅斯人利用了。』但我認為他們是有意的，因為他們現在就在昭顯一些自己明知虛假不實的訊息。」她在接受舊金山公共電台訪問時說。裴洛西也表示，臉書正在助長假訊息氾濫的問題。「我認為他們拒絕刪除一些自己明知虛假不實的內容，證明了他們允許俄羅斯干預我們的選舉。」

桑德伯格私下告訴身邊的人，她對祖克柏的決定感到沮喪。她覺得公司有充分的理由主張遭到竄改的影片違反了不實內容的規範，而且拒絕刪除這支影片也抵消了她讓公司重獲外界信任所付出的努力，

然而有些同事指出，她在視訊會議裡並沒有反駁這項決定。這讓那些覺得她最能挑戰祖克柏的人感到失望。在公司裡，她明顯聽從祖克柏的命令，而且經常對部屬說：「公司只有一個意見是重要的。」

幾週後，在法國坎城國際創意節（Cannes Lions）的一場小組討論會裡，有人向桑德伯格問起這支影片的事[⑩]。她承認讓它繼續留在平台上是個「困難且依舊困難」的決定，但她沒有提到裴洛西的名字，而且她也附和了祖克柏現在為人熟知的言論自由立場，「如果某個訊息虛假不實，我們不會將它刪除。」她帶著就事論事的淡然表情說，「因為**我們認為用良性訊息對抗不良訊息是維護言論自由的唯一方法**。」

祖克柏推動的私密化政策，成為仇恨影片的擴散溫床

2019 年 3 月 15 日，紐西蘭基督城一名持槍歹徒闖入兩座清真寺掃射正在做禮拜的民眾，造成 51 人喪生。他以第一人稱視角透過臉書直播行凶過程的影片，並未及時被臉書平台系統偵測和刪除。這名槍手從一開始就打算讓直播影片大肆瘋傳，他還提到某些陰謀論和他所認識的仇恨團體，那些仇恨團體的成員必定會散布他的大屠殺影片。

事發之後，臉書拚命攔截到處流竄的槍擊影片複本，光在 24 小時內就刪除了 150 萬支影片，其中 120 萬支是在上傳過程中封鎖，其他 30 萬支影片有的在平台上出現了幾分鐘，有的則停留了數小時。雖然臉書聲稱已經刪除了超過 90% 的上傳內容，但還是有太多張揚屠殺惡行的影片複本留在平台上。這暴露出人們可以藉由一些方式繞

過臉書的偵測和移除系統；只要稍微變更影片，例如把速度放慢一毫秒，或者將某個片段加上浮水印，就能騙過臉書自誇的人工智慧技術。有些臉書用戶甚至只是把原先的影片拍下來變成新影片而已。這些影片都被排到動態消息的最上方，在私人社團裡吸引數百萬則留言和分享。

　　基督城的大屠殺事件證明祖克柏對科技的依賴並不足以解決問題。法國、英國和澳洲的政府官員譴責臉書放任自家工具變成武器，多個國家在大屠殺事件過後提出與仇恨言論相關的法案，法國總統馬克宏和紐西蘭總理潔辛達·阿爾登（Jacinda Ardern）更帶頭召開一場全球峰會，致力於消除網路上的暴力和仇恨內容。⓫

臉書刻意強調中國的威脅，以便轉移政府的監管焦點

　　祖克柏擔心拆分臉書的主張正在取得優勢。2019 年春末，臉書的一位研究人員針對科技巨頭的監管和拆分問題進行了一系列意見調查。受訪者表示，在所有選項當中，由政府下令解除臉書的收購交易最令他們放心。

　　於是公司指派前政策與傳播部長舒瑞格的接任者尼克·克萊格（Nick Clegg）予以反擊。克萊格在《紐約時報》發表專欄文章駁斥休斯把臉書描述為壟斷企業的說法，並且指出臉書正面臨 Snapchat、推特的競爭以及中國短影音應用程式 TikTok 與日俱增的威脅。他提醒人們：「拆散一家成功的美國企業並不能讓那些問題消失。」⓬

　　克萊格爵士不同於舒瑞格，他是個天生的演說家，也是代表臉書與全球領袖往來的大使。這位前英國副首相在敗選後退出英國政壇。

他曾以英國中間政黨自由民主黨黨魁的身分,與卡麥隆首相領導的保守黨組成一個以撙節政策為主軸的聯合政府,但由於未妥善處理大學學費調漲案,而且強調要削減公共支出以降低赤字,因此飽受批評。然而對美國政壇來說,他是個新面孔,也是一位天生的演說家。他建議祖克柏和桑德伯格在政治上採取更積極的態度。他說政府的監管將難以避免,因此臉書需要公開發起一項行動,帶領科技公司催生輕度監管規範,以便取代更嚴格的法規。

克萊格和卡普蘭一拍即合,他們對言論自由的看法相近,而且都從政治的角度來考量臉書的業務經營。他們想出了一套策略,那就是藉由強調中國造成的經濟與安全威脅來轉移監管臉書的問題。祖克柏幾乎已經放棄進入中國市場;他在 2019 年 3 月的一篇內部文章中宣布,不會在有審查制度和監控措施的國家建立數據中心[13]。祖克柏和桑德伯格在演講和受訪時也開始對中國有所批評。

卡普蘭把這個訊息帶到了華府。他在政府春夏兩季例行會見科技業遊說團體時,與他的說客們提議成立一個由前政府官員主導的新倡議團體「美國優勢」(American Edge),鼓吹人們支持美國本土的科技公司。他們認為強化美國科技公司的成就,是抵禦中國軍事和產業勢力的最好方法。臉書的說客們聯繫美國網際網路協會(Internet Association)的高層人士,以便了解谷歌、亞馬遜、微軟和其他成員是否會加入「美國優勢」倡議團體,但是得不到支持,「沒有人想跟臉書沾上邊。」一位產業高層人士表示。無論如何,「美國優勢」還是成立了,而臉書是唯一的企業成員。

從 2019 年 6 月開始,聯邦和州政府陸續對臉書展開三項調查:聯邦貿易委員會針對臉書的壟斷勢力進行調查[14],美國眾議院司法委員會反托拉斯小組對臉書和其他科技巨頭啟動另一項調查[15],以紐約州

總檢察長為首的 8 位總檢察長也對臉書發起一項聯合反壟斷調查❻。

　　這一連串對任何公司來說都非比尋常的政府調查行動，讓臉書華府辦公室的許多人感到措手不及，但祖克柏的腳步並沒有慢下來。他在 6 月時宣布將會發行臉書幣 Libra，利用這個區塊鏈貨幣系統來代替受到監管的傳統金融系統。這項虛擬貨幣計畫立刻引來全球監管機構的批評，他們提出警告，由私人公司（尤其是臉書）營運的系統可能會成為非法活動的溫床，美國國會也立即要求臉書出席聽證會。卡普蘭的因應之道是對華府辦公室投入更多的資源。從 7 月到 10 月，他增聘了五家遊說公司來協助抵抗政府的介入。

　　公司遭受威脅的感覺已經擴散到基層。臉書總部的員工愈來愈關注反壟斷行動，他們在 7 月的兩場全員大會裡也向祖克柏問到來自華府政治圈的拆分呼聲❼，包括總統參選人華倫對拆分臉書所提出的具體承諾。

　　祖克柏說，如果華倫當選，公司將會為生存奮力一搏。「到頭來，如果有人試圖挑起如此攸關生存的威脅，我就要上場應戰。」

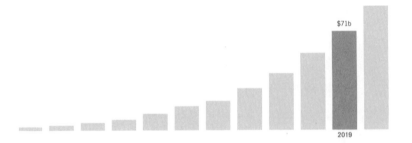

第十三章

跟總統打交道

花一筆錢，臉書就不會審查你的言論

　　2019 年 9 月 19 日下午，祖克柏悄悄走進美國總統辦公室。這是沒有出現在白宮官方日程表上的一項安排，總統的記者團只說他們不是整天都「緊盯著總統」。於是，全世界最有權勢的兩個人在白宮進行了一場密會。

　　川普前傾身子，將兩肘攤在雕刻華麗且有一百多年歷史的堅毅桌（Resolute Desk）上，誇耀自己在執政期間的經濟表現。他面前擺著特大杯的健怡可樂，凝結在杯面的水珠一顆顆滑落到杯墊。祖克柏坐在堅毅桌另一邊的直背木椅上，身後有個大理石壁爐，壁爐上方有一座希臘海神波塞頓（Poseidon）的小金像❶。卡普蘭和川普女婿及資深顧問庫許納分別坐在祖克柏的兩旁，川普的社群媒體主任丹・史卡維諾

（Dan Scavino）坐在最外側。

　　大部分時間都是川普在說話。儘管川普的團隊把臉書運用得很成功，他還是對這個社群網站抱持懷疑。他曾經宣稱臉書利用演算法審查他的支持者，而且不滿矽谷人士在 2016 年大選期間公開表態支持希拉蕊，當時桑德伯格和其他臉書高層主管都替希拉蕊背書。2017年 9 月，他還發布推文說：「臉書一直都是『反川普』❷。」雖然川普大多在推特上猛烈抨擊政治對手和媒體，但他和競選團隊也常在臉書上發文。他需要臉書這個平台來觸及更多的群眾，就像臉書需要居於公眾對話的中心位置一樣。過去三年來，這個位置一直由川普霸占。

　　祖克柏的這場白宮密會是由卡普蘭和臉書董事彼得‧提爾所促成。他在會見川普之前，先跟同為哈佛校友的庫許納見面。「你們很會經營臉書。」他稱讚庫許納，庫許納曾經協助主導川普的競選活動。

　　這場會談的目的是要消弭川普對臉書的敵意，所以祖克柏準備了某種可以滿足虛榮心的見面禮。他告訴川普，**他的團隊查看過獨家的內部數據，川普總統的臉書互動率超越其他任何一位世界領袖。**川普的個人臉書帳號擁有 2,800 萬名追隨者，極具網路聲量。這個前實境秀明星的態度明顯變得熱情起來。

　　祖克柏已經為川普可能提到的各種話題做好準備，包括川普對中國的敵意，這是他特別感興趣的話題。川普正在跟中國打貿易戰，這個訴諸民族主義的行動是藉由鞏固美國企業的勢力，來對抗逐漸占據主導地位的中國商業巨頭。川普已經禁止中國的電信公司華為和中興通訊在美國銷售設備，並且要求歐洲盟國拒絕採用中國的科技及電信設備與服務。這讓祖克柏逮到了機會。他提到來自中國的競爭對手正

在崛起，而且對臉書造成了威脅。就以 TikTok 和微信來說，它們是全球排名數一數二的應用程式，在 iTunes 和 Android 商店的下載量超越了大多數的美國競爭者。兩人一致認為，中國的科技產業在政府資助之下不斷擴張，已經威脅到美國在創新和科技領域的領先地位。

雙邊討好兩大政黨，
才能避免政府祭出不利臉書的法規

這場長達一小時的討論，最後在友善的氣氛中結束。當天稍晚，川普在臉書和推特上公開披露了這場會談，並且貼出一張祖克柏面帶微笑和他握手的照片。「今天在橢圓形辦公室與 @Facebook 的馬克・祖克柏相談甚歡。」川普在圖說文字中寫道。

卡普蘭和克萊格把這場白宮會談視為漂亮的一擊。他們強烈認為臉書的領導者需要與現任政府進行更多的互動，而這個戰略中最重要的環節就是與川普會面。祖克柏之前對直接跟總統打交道抱持謹慎的態度，儘管其他大企業的老闆們都到白宮朝聖過。**祖克柏私下告訴親近的助手們，他對川普拘留非法移民和反移民的說詞感到厭惡。**他長期支持移民的權利，包括被稱為「追夢人」（dreamers）的非法移民兒童。普莉希拉的父母是越南的華人難民，她在東帕羅奧圖市教書時，建議祖克柏在她任教的高中輔導學生。這個經歷帶給祖克柏很大的影響，使他成為移民權利的擁護者。2013 年，祖克柏成立了一個遊說團體 Fwd.us 支持移民政策的改革，例如提高技術工作者的移民配額。然而，除了在大選結束後發表看法之外，祖克柏沒有公開談論過川普在移民問題上的立場。

華府辦公室和總部之間的文化裂隙正在擴大。許多總部員工對這場白宮會談感到不安，但對華府的同事們而言，卡普蘭只不過是遵循美國企業界所使用的遊說劇本而已。他的主要目的是維持現狀，並且防止政府祭出法規來阻撓公司以資料蒐集和廣告投放為主的獲利模式。卡普蘭的一些部屬說，卡普蘭這位前海軍陸戰隊砲兵軍官，是從戰術性作戰任務的角度看待自己的工作，並且將美國海軍陸戰隊的領導原則「JJDIDTIEBUCKLE」奉為圭臬，這 14 個英文首字母縮寫分別代表正義、判斷力、可靠、主動等領導特質。有些同事認為，執政者是誰並不重要，而且把卡普蘭看成政治思想家是一種錯誤的想法。如果卡普蘭因為遵循任何一種意識形態而犯錯，那錯也是出在華府政治圈的教條。他的幕僚人員支持共和黨和民主黨的比例幾乎各半。「臉書是在做生意。如果卡普蘭支持民主黨，他也會為白宮的民主黨人做同樣的事。」政策團隊的一位成員解釋說。

　　卡普蘭從 2019 年夏天就開始安排祖克柏與具有影響力的保守派人士會面或共進晚餐❸，其中包括川普的重要盟友南卡羅萊納州參議員林賽・葛蘭姆（Lindsey Graham）和福斯新聞節目主持人塔克・卡森（Tucker Carlson），後者經常發表煽動性言論，還曾聲稱白人至上爭議是個「騙局」。卡普蘭也指示他的民主黨說客們安排祖克柏與批評臉書的民主黨重要人士舉行類似的晚宴。在 9 月白宮會談的前一晚，祖克柏在華府市區的 Ris DC 餐廳與維吉尼亞州民主黨參議員馬克・華納、康乃狄克州參議員理察・布魯蒙索（Richard Blumenthal）和其他三名國會議員見面。祖克柏一邊享用烤鮭魚和烤球芽甘藍，一邊告知他們臉書已將散布假訊息的外國帳號給刪除了。

　　但美國西岸的員工對卡普蘭的戰術充滿疑慮，他們希望臉書跟川普政府劃清界線。有些人認為卡普蘭保護公司的做法短視近利，如同

總部一位中階員工所說的：「如果你真的想保護公司，你必須保護用戶的安全與權益，而不只是利潤。」

2019 年，川普正在進行競選連任的工作，而且沿用了 2016 年那一套社群媒體戰術。他的競選團隊在距離白宮幾英里外的波多馬克河對岸展開一場資金充沛的媒體經營行動，而臉書再度成為戰略重點。川普的連任競選總幹事帕斯凱爾（Brad Parscale）在維吉尼亞州羅斯林區一座辦公大樓的 14 樓❹，僱用了一批社群媒體及競選專家，他們預計砸下至少一億美元投放臉書廣告❺，這筆花費是 2016 年的兩倍多❻。

川普競選團隊的策略是利用候選人的大量貼文和臉書廣告淹沒選民。他們會把同一則廣告換個顏色或改個字，創造出多重版本，以便精準吸引某些特定族群，而且他們的臉書廣告經常回擊主流媒體對川普所做的負面報導。川普的前資深顧問班農曾經在 2018 年 2 月接受《彭博社》採訪時解釋說，川普真正的政治對手沒有那麼重要。「**民主黨不重要，我們真正的對手是媒體。**」他說，「**而對付之道就是用胡說八道的內容淹沒它們。**」

雪柔致力消弭歧視言論，公司卻決定保留歧視言論

桑德伯格沒有參加卡普蘭安排的晚宴，她把重心放在改善與其他臉書批評者的關係。2019 年 9 月，祖克柏與川普的融冰會談過了一週後，桑德伯格前往亞特蘭大，以特邀講者的身分出席為期一天探討科技界歧視議題的「民權 X 科技」（Civil Rights X Tech）大會❼。

多年來，民權領袖不斷指控臉書的「目標鎖定廣告機制」具有歧視性，而且抨擊臉書僱用非裔和西班牙裔員工的比例一直停留在個位

數，幾乎沒有增加。2016 年大選也暴露出臉書如何讓俄羅斯情報員得以利用「黑人的命也是命」等運動，鎖定並操弄黑人選民。臉書成了散播仇恨的平台。各個種族的員工紛紛對公司內部歧視問題以及領導階層多為白人的現象表示不滿。

桑德伯格告訴助理們，這些問題對她來說非常棘手，尤其是有關臉書上開始出現反猶太言論的指控。2018 年 5 月，在人權與民權領袖的要求下，她針對公司的民權紀錄展開審查工作，找來曾任美國公民自由聯盟（ACLU）主任且為知名民權領袖的蘿拉‧墨菲（Laura Murphy）主導審查過程。她還讓自己的智囊及歐巴馬時代國家經濟委員會（National Economic Council）主任金‧史伯林（Gene Sperling）接洽墨菲和民權領袖，協助他們對公司進行審查，並且制定能保護 2020 年人口普查及大選公正性的政策。2019 年 6 月 30 日，她發布了關於公司民權審查的最新結果❺，證實住房及其他廣告產品存在著歧視現象。

但臉書也開始解決一些問題。2019 年 3 月，臉書在住房、就業和信貸廣告歧視官司中達成和解，並且宣布實施一項新政策，禁止以年齡、性別和郵遞區號來鎖定這幾類的廣告受眾。同月，臉書宣布封禁白人至上主義組織的帳號以及讚揚白人民族主義的言論。桑德伯格也宣布針對民權和多元文化問題成立一個特別工作小組，並且為一項防止 2020 年人口普查期間出現假訊息的計畫投入資源。

墨菲在報告中說：「自從我開始對臉書進行審查以來，我發現臉書在保護民權方面更願意傾聽、調整和介入。我確實相信，現在臉書面對這些問題的態度已經跟一年前不同。我看到員工提出該問的問題、透過民權角度思考事情，並且在產品和政策端找出漏洞。」

桑德伯格帶著兒子和母親到亞特蘭大參加的這場大會，原本應該是她在這艱難的一年裡與民權領袖們密切磋商、緩慢修復關係的高

峰。民權組織「變革的顏色」（Color of Change）主席及大會承辦人拉沙德·羅賓森（Rashad Robinson）回憶說：「我們感謝雪柔的努力，所以邀請她發表演講，表示我們願意繼續共同合作。」

但就在亞特蘭大會議舉行的兩天前，臉書政策與傳播部長克萊格在華府大西洋節（Atlantic Festival）一場座談會上語出驚人地表示，臉書不會干涉和查核政治人物的言論❾，這番話是在解釋臉書一項基於「新聞價值」免除內容審查的模糊政策。這個做法臉書只使用過幾次，最早是在 2015 年破例保留川普主張禁止穆斯林入境美國的影片，後來在 2016 年 9 月，臉書重新恢復一張原以禁止剝削兒童為由刪除的美聯社越戰知名照片《戰爭的恐怖》（Terror of War），這張照片中有個 9 歲女孩正全身赤裸地逃離遭到燒夷彈轟炸的村莊。克萊格當天就是在公開宣布，除了可能導致暴力及其他傷害的內容之外，臉書已經決定將這個不常使用的豁免審查標準套用在政治人物的言論上。

克萊格帶著濃厚的牛津腔說：「我們的職責是營造一個公平的環境，而不是自己成為政治參與者。」他注視著聽眾並放慢速度，強調這番話的重要性，然後接著說：「所以今天我想說明清楚，**我們不會把政治人物的言論提交給獨立事實查核人員，就算那些言論違反了臉書的內容規範，我們通常還是會讓它們留在平台上。**」

臉書證實，政治人物只要花錢就能散播謠言

臉書的發言人後來證實，政治言論包括候選人及其競選團隊的付費廣告在內。克萊格也首度證實，政治廣告並沒有經過事實查核。換句話說，政治人物和他們的競選團隊只要花錢就能在網站上散布謊

言。

　　桑德伯格在亞特蘭大發表演講時，聽眾們正憤怒地討論克萊格的談話內容。一些與會人士表示，克萊格在兩天前宣布的審查豁免政策很危險，可能會引發一波假訊息浪潮，導致選民受到壓制。美國歷史上就有許多類似的例子，從十九世紀後期開始，美國政府領袖會利用《黑人歧視法》（Jim Crow laws）、識字測驗和人頭稅（Poll tax）剝奪非裔美國人的投票權。「我和同事此行是來討論解決方案，不是來打擊萬惡的新政策。」公民與人權領袖會議（Leadership Conference on Civil and Human Rights）主席凡妮塔・古普塔（Vanita Gupta）說，「我們帶著信心來到亞特蘭大，現在卻擔憂臉書的審查豁免政策會破壞我們的進展。」

　　出席這場活動的臉書高階職員試圖平息憤怒情緒，他們堅稱審查豁免不是新的政策，而且媒體誇大了克萊格的言論。「這是操弄。」一位民權領袖說。「那很明顯是新的政策，因為我們從來沒聽說過。」

　　對桑德伯格來說，這時機再糟糕不過了。當她走上講台時，她知道聽眾是失望的。「我現在無法給你們完美的答案，」她兩手一攤地說，「我們沒有完美答案。」但她沒有放棄，她接著說：「一如往常，我今天能告訴你們的是，我承諾會持續關心、與你們合作，並且確保我和我的公司一直在傾聽。」❿

拜登遭到假新聞攻擊，臉書卻拒絕刪文

　　民權組織「變革的顏色」主席羅賓森請了一組攝影師來拍攝亞特

蘭大會議，以便在組織的官網上宣傳這次會議，但活動當天上午，他取消了拍攝計畫。「到頭來，臉書在乎的是生意，而這就是臉書做生意的方式。」他說。

在一些民權領袖看來，桑德伯格似乎對克萊格的宣布感到意外。根據在場一位與桑德伯格關係密切的人士說，桑德伯格聲稱那段時間發生了很多事，所以她可能遺漏了細節，即使有人提醒過。但臉書的高階員工說，桑德伯格知道克萊格要宣布什麼事，而且也同意這項政策。

亞特蘭大會議過後不到 24 小時，一支攻擊民主黨總統候選人及前副總統拜登的 30 秒廣告影片開始出現在臉書上。這支廣告由支持川普的一個超級政治行動委員會（super PAC）贊助，它以一段帶有電視雜訊的影片為開頭，畫面上是拜登在歐巴馬執政時期會見烏克蘭官員，並且配上充滿擔憂口吻的旁白：「拜登承諾給烏克蘭十億美元，只要他們能開除調查他兒子公司的檢察官。」接著畫面切到拜登出席一場美國外交關係協會活動時提到這筆款項的片段，「但是當川普總統要求烏克蘭調查拜登父子的貪污行為時，民主黨卻要彈劾他。」旁白說道，這部影片企圖扭曲惡名昭彰的「通烏門」事件。2019 年 7 月 25 日，川普打電話給烏克蘭新任總統佛拉迪米爾・澤倫斯基（Volodymyr Zelensky）並做出承諾，如果澤倫斯基對拜登和他的兒子杭特展開調查，美國國會將會撥款協助烏克蘭對抗俄羅斯的侵略。但川普競選團隊曲解了整件事，因為沒有證據顯示拜登是為了保護兒子而要求烏克蘭開除那位檢察官。

這支廣告在臉書上散播了好幾天，累計有超過 500 萬次點閱。10 月 4 日，拜登競選團隊發了一封信給祖克柏和桑德伯格，要求撤下這支廣告，但祖克柏和桑德伯格都沒有回應。

10 月 7 日，臉書全球選舉政策主管凱蒂・哈巴斯（Katie Harbath）
回信說：「政治言論已經可以說是最受到檢視的言論。」她還說，臉
書不會對這支誤導性廣告進行事實查核，將會讓它繼續留在網站上。

10 月 17 日，祖克柏現身在華府喬治城大學校園，首度針對臉書
作為言論自由平台的責任公開發表演說。他為自己新制定的政治廣告
豁免審查政策辯護，藐視拜登競選團隊和眾多國會議員提出的批評。

他在演說一開始就撒了謊。

祖克柏站在華麗的加斯頓禮堂（Gaston Hall）裡一個木製講台上，
面對著 740 名學生、教職員和媒體。這裡是總統、宗教領袖和英國皇
室成員發表演講的著名場所，牆上繪有耶穌會人物和希臘神話英雄的
百年壁畫。禮堂內氣氛嚴肅，鴉雀無聲，台下聽眾禮貌性地鼓掌但並
未起立。這與桑德斯參議員或歐巴馬總統發表演講時的場面截然不
同，當時學生們全體起立鼓掌，而且從禮堂外面就能聽到他們的歡呼
聲。

祖克柏把兩肘的黑色毛衣袖口往上推，開始看著透明讀稿機發表
演講。他首先對臉書的創立做了修正主義式的歷史回顧。他告訴聽
眾，他在哈佛念書時，美國剛對伊拉克發動戰爭，「哈佛的校園瀰漫
著一股不信任的氣氛。」他說。接著，他提到自己和其他學生都渴望
聽到有關戰爭的更多觀點：「那段日子使我生起一股信念，只要讓每
個人都能發聲，就可以賦予無權力者更多力量，並且推動社會進
步。」

記者和學者在推特上公開批評祖克柏企圖改寫臉書的起源。眾所
皆知，臉書平台最早始於一個評選哈佛正妹的計畫，而不是像 15 年
後祖克柏在喬治城大學演講時所說的那樣，是從某個嚴肅思維發展出
來的行動。朋友們回憶說，2003 年美國入侵伊拉克之後，哈佛和全

美各個學校都爆發了抗議活動，但是祖克柏並沒有討論或關注過這場戰爭，他的網站是為了更平凡的興趣而創立的。臉書共同創辦人休斯也表示：「我聽到這個版本時大吃一驚。」人們使用當時的「The-facebook」網站主要是為了分享自己喜歡的電影和音樂，而不是為了抗議外國戰爭。

這個故事提醒我們臉書是多久以前問世的。祖克柏曾經是大學生眼中的英雄駭客，如今已成為一個 35 歲擁有兩個孩子的富爸爸。現在的大學生比他年輕了將近一個世代，他們大多使用 Instagram、Snapchat 或 TikTok，而不是以年長者為主要族群的臉書。

到喬治城大學發表演說是個經過盤算的決定。臉書的政策和遊說人員希望為祖克柏找一個具有知識性和歷史意義的演講地點，他們選擇了華府，畢竟祖克柏最重要的聽眾就在白宮和國會山莊。臉書員工把這場演說看成一個重大的政治活動，他們派出先遣團隊檢查場地、安排祖克柏的入場流程，並且在舞台中央的木製講台兩旁設置了讀稿機。祖克柏也為這場演說準備了數週。

祖克柏辯解：
假新聞雖然令人不悅，但對民主體制很重要

祖克柏接著講到言論自由在民權運動中有其重要性，以及每個社會運動都會伴隨言論遭到箝制的情形。他提到「黑人的命也是命」運動、廢奴運動領袖弗雷德里克・道格拉斯（Frederick Douglas），以及因為組織非暴力抗議行動而入獄的金恩博士。「當社會動盪時，我們往往會出於衝動而限縮言論自由，因為我們想獲得言論自由帶來的進

步，卻不想面對緊張的情勢。」他說。

他繼續指出，網路創造了一種強大而嶄新的言論自由形態。網路除去傳統新聞機構的「守門人」，讓每個人的聲音都能擴散到全世界。不同於促使國王或總統負起責任的「第四權」新聞媒體，臉書是「第五權」這股新力量當中的一部分，它為 27 億用戶提供未經過濾和編輯的發聲管道。祖克柏對封鎖不同觀點的做法提出警告；刺耳的聲音雖然令人不悅，但對一個健康的民主體制來說卻很重要。**公眾會擔任政客謊言的事實查核者，審決政治言論並不是企業的責任，祖克柏說。**

這場演說的後座力隨即顯現。「我聽到 #MarkZuckerberg 在他的『言論自由』演說中提到我父親。」金恩博士的女兒柏妮絲·金恩（Bernice King）在推特上說，「我希望能幫助臉書了解政治人物散播假訊息對 #MLK（金恩博士）形成的挑戰。那些假訊息塑造出一種氛圍，最終導致他遭到暗殺。」

員工狠批臉書：「言論自由」不是付錢就能亂說話

祖克柏沒有參與過公司的民權事務。在喬治城大學演說前幾天的一通電話裡，「公民與人權領袖會議」主席古普塔詢問祖克柏臉書是否聘請了民權方面的專家，她一直在力促祖克柏改善平台來對抗假訊息。祖克柏回答說，他已經僱用了前歐巴馬政府團隊的成員，似乎在暗示人權和民權是民主黨的訴求。祖克柏為了考量共和黨與民主黨議題的平衡，把民權方面的工作歸類為自由派訴求。「民權與黨派無關，所以我聽到他的回答時感到很不安。」古普塔說。

國會議員、消費者團體和民權倡議人士警告說,他們勢必會對抗臉書以保護 2020 年的美國總統大選。「全國有色人種協進會法律辯護與教育基金會」(NAACP Legal Defense and Educational Fund)主席及著名投票權專家雪若琳・艾佛(Sherrilyn Ifill)則提醒,祖克柏「相當危險地誤解了我們當今身處的政治和數位化情勢。⑪」祖克柏在演說中提到的民權運動是為了竭力保護美國憲法第十四條修正案所賦予黑人的公民權和人權,不是為了維護第一修正案裡的言論自由權,她說。祖克柏誤解了禁止政府審查言論的第一修正案,而且他意欲保護的對象——政治人物——可能對社會造成極大的危害。艾佛宣稱:「臉書不願充分意識到,用來壓制選民的威脅恫嚇式語言就出現在自家平台上,這些言論尤其出自臉書稱之為『真實聲音』的用戶——政治人物和公職參選人。」

　　學者們認為臉書的政策不老實。以研究俄羅斯干預選舉事件廣為人知的社群媒體及網路假訊息專家迪雷斯塔(Renée DiResta)說,言論自由權並不包括「擴張演算法」(algorithmic amplification)的權利,這種科技創造了讓觀念相近者分享相同故事的同溫層。祖克柏可說是魚與熊掌兩者兼得;臉書已經強大到有如一個民族國家,甚至大過世界上人口最多的國家,但國家受到法律約束,治國者必須投入經費提供消防、警察等公共服務來保護國民,祖克柏卻不負責保護臉書的用戶。

　　臉書員工同意迪雷斯塔的說法。「言論自由和付費言論不能混為一談。⑫」數百位員工在一封寫給祖克柏的聯署公開信中說。「假訊息會影響所有人。我們目前針對政治人物或競選公職者所訂定的事實查核政策,對臉書的基本主張構成了威脅。我們堅決反對這項政策,它不是在保護話語權,而是允許政治人物去操弄那些認為政治人物發

布的內容都值得信任的人，把我們的平台變成武器。」

祖克柏立場：
審查政治言論的責任，不在臉書，而在用戶

　　一週後，祖克柏回到華府，出席眾議院金融服務委員會針對 Libra 臉書幣計畫所召開的聽證會。祖克柏認為這個區塊鏈貨幣系統最終會取代現有的貨幣體系，使臉書在貨幣政策和體系中取得最有利的位置。他在這趟行程中也再度見到川普，而且是在白宮的祕密晚宴上❸。他帶著普莉希拉出席，作陪的有第一夫人梅蘭妮亞、庫許納、伊凡卡、彼得・提爾和他的丈夫麥特・丹澤森（Matt Danzeisen）。這場氣氛愉快的晚宴是為了認識祖克柏夫婦而舉行；白宮正在對無懼外界批評壓力的祖克柏示好。

　　隔天，擔任金融服務委員會主席的加州民主黨眾議員瑪克欣・華特斯（Maxine Waters）在聽證會的開場白中呼籲停止區塊鏈貨幣計畫，因為這項計畫充滿了隱私、安全、歧視和犯罪風險，而且臉書已經有太多問題亟待解決。她說祖克柏堅持推動 Libra 計畫正反映出臉書的殘酷文化，祖克柏願意「踐踏任何人，包括競爭對手、女性、有色人種、用戶，甚至我們的民主，以達成自己的目的。」在接下來的五個小時裡，眾議員們抨擊祖克柏的領導問題以及允許政治謊言出現在平台上的決定。如果臉書有任何盟友在場的話，他們不會替他辯護。紐約民主黨新進眾議員亞歷珊卓亞・奧卡西歐－寇特茲（Alexandria Ocasio-Cortez）問祖克柏，身為政治人物的她可以在臉書上散布謊言到什麼程度。「我可以在初選廣告中說，共和黨對『綠色新政』（Green

New Deal）投下贊成票嗎？」她問，「你看得出來政治廣告完全缺乏事實查核可能會引發的問題嗎？」祖克柏回答說，他認為說謊是「不好的行為」，但他相信「人們應該能夠自行判斷政治人物所說的話，無論會不會投票給對方。」

俄亥俄州民主黨眾議員喬伊絲・比提（Joyce Beatty）則針對臉書侵犯民權的問題質詢祖克柏。在過程中，祖克柏答不出非裔美國人在臉書用戶中的比例，儘管皮尤研究中心（Pew Research Center）已經公布這個數字。當她要求祖克柏答出臉書民權審查報告裡的建議事項時，祖克柏說其中一項建議是成立一個包含桑德伯格在內的特別工作小組，她輕笑幾聲並嘲諷說：「我們都知道雪柔不是真的民權人士。」她接著說：「我不認為雪柔能做什麼，我很清楚雪柔在民權事務方面的背景。」她指責祖克柏把歧視和侵犯民權看成微不足道的問題，「這對我來說很可怕，而且無法接受。」她說。

社會大眾似乎也對祖克柏感到不滿。根據監督團體「事實民主計畫」（Factual Democracy Project）在 2018 年 3 月所做的一項調查，只有 24% 的人對祖克柏有好感❶。

NBC 新聞台在那週播出了非裔主播萊斯特・霍爾特（Lester Holt）專訪祖克柏的內容，祖克柏在專訪中提到他這 15 年來身為臉書領導者的感受。「有很長一段時間，我的許多顧問……都告訴我，當我跟外界溝通時，應該要避免冒犯到任何人。」他說，「對我來說，成長的過程之一就是體認到讓人理解比讓人喜歡更重要。」

雪柔‧桑德伯格：為臉書辯護，我感到很丟臉

　　對桑德伯格來說，公開露面已經變得愈來愈不輕鬆，但《浮華世界》雜誌（Vanity Fair）舉辦的「新權勢集團高峰會」（New Establishment Summit）似乎是個安全的選擇。這場活動號稱集結了一群「科技、政治、商業、媒體和藝術界的大人物，針對形塑未來的議題和創新事物進行鼓舞人心的對話」，但那其實比較像是一場社交盛會，而不是針砭時事的論壇。這場從 2019 年 10 月 21 日到 23 日為期兩天的活動，邀請了女星及生活企業家葛妮絲‧派特洛（Gwyneth Paltrow）、迪士尼執行長鮑伯‧艾格（Bob Iger）、前白宮聯絡室主任安東尼‧史卡拉穆奇（Anthony Scaramucci）等名人擔任座談嘉賓。讓桑德伯格感到更放心的一點是，多年好友及資深主播凱蒂‧庫瑞克（Katie Couric）將會在台上訪問她。她們兩人因年輕喪偶的共同經歷而熟識；庫瑞克的丈夫在 42 歲時因大腸癌去世，她曾在公開訪談場合中對桑德伯格所寫的《擁抱 B 選項》一書表達支持。

　　活動開始前，兩人先在後台休息室敘舊。庫瑞克認識桑德伯格的新男友湯姆‧柏恩瑟（Tom Bernthal）。柏恩瑟在創辦一間私人顧問公司之前，曾經在 NBC 擔任新聞製作人一職，因此與在 NBC 當了 15 年主播的庫瑞克有所交集。桑德伯格和庫瑞克上台之後，繼續輕鬆地互動，她們轉身看著舞台後方大型投影螢幕上的卡通宣傳頭像打趣說笑。

　　但是當訪問一開始，氣氛就變得不同了。庫瑞克問桑德伯格，祖克柏針對政治廣告發布的新政策，難道不會直接破壞臉書對抗選舉干預所做的努力嗎？「蘭德公司其實為此提出了一個名詞，叫做『真相的凋零』」（truth decay）。馬克已經為這個決定做出辯解，儘管他自己

也對網路時代不再注重真相的現象表示擔憂。」庫瑞克接著說，「所以，臉書不審查政治廣告的理由到底是什麼？」

在將近 50 分鐘的時間裡，這位前新聞主播向桑德伯格提出了一連串棘手而嚴肅的問題。庫瑞克問到民權領袖對祖克柏的喬治城大學演說內容所做的批評，也問到 Instagram 和臉書平台上的霸凌行為，也問到臉書所創造出來的同溫層，以及對拜登這類溫和派政治人物較為不利的演算法。她迫使桑德伯格針對參議員華倫呼籲拆分臉書一事替臉書辯護，她也帶著懷疑的語氣問桑德伯格，桑德伯格所承諾的改革是否會影響臉書的病毒式廣告商業模式。

桑德伯格在回答某些問題時顯得結結巴巴，而且給了制式化的答案。她多次坦承那些問題不易解決，也感到臉書有責任，但她沒有提到公司會進行事實查核。她說她認識金恩博士的女兒柏妮絲·金恩本人，已經跟柏妮絲談過她在推特上對祖克柏的喬治城大學演說所做的批評。桑德伯格指出金恩女士和祖克柏的意見分歧是重要公民對話的例子之一，企圖凸顯臉書的言論自由理念以及對立觀點互相衝撞的事實。為了把輕鬆感重新帶入談話中，桑德伯格說她希望金恩女士是在臉書而不是在推特上發表看法，但聽眾對這個笑話沒有反應。

座談結束前，庫瑞克提出了一個幾乎沒人敢直接問桑德伯格的問題：「既然你和臉書的關係如此密切，你對自己留給後世的影響有多擔憂呢？」

桑德伯格故作鎮定地重提她從進入臉書之初就在傳遞的訊息：「我曾說過人們有發聲的權利，我真的相信這點。臉書有很多問題需要解決，那都是真的，而且我確實有責任去解決，我很榮幸能這麼做。」她穩住自己的聲音並保持微笑，儘管後來她跟助手們說，她其實感到很丟臉。

雪柔不認同祖克柏，但她從來不會唱反調

　　真相是更為複雜的。在朋友和同伴們面前，桑德伯格並不認同祖克柏的做法，但在公司裡，她會執行祖克柏的決定。「反誹謗聯盟」在祖克柏結束喬治城大學演說活動之後，批評他讓種族主義者和反猶太主義者在臉書上變得更有恃無恐，而包括「反誹謗聯盟」在內的民權組織都提出警告，祖克柏宣布新政策的此刻正是仇恨言論在臉書上激增的時候。即使是慷慨的慈善捐款也無法抹平臉書所造成的傷害。

　　桑德伯格向身邊的人透露，她很難改變祖克柏的想法。有位外部顧問針對祖克柏的喬治城大學演說發出一連串憤怒的電子郵件，結果桑德伯格回信說，他應該把電子郵件轉發給臉書政策與傳播部長克萊格和其他可能影響祖克柏想法的人。她的無所作為激怒了同事和她的一些助手，畢竟祖克柏的決定與她在公開場合宣揚的核心價值完全矛盾。

　　桑德伯格表示祖克柏把臉書的領導權抓得很緊，藉此替自己的無所作為提出辯解。一位前員工說：「她不會輕易地跟祖克柏唱反調。」雖然她是臉書的第二號人物，但最高管理階層的成員眾多：克萊格、卡普蘭和奧利文等高層主管都扮演著重要角色，此外還有 Instagram 負責人莫瑟里，以及擔任臉書廉正部門副總裁的前奧納沃創辦人羅森。桑德伯格的助手說，電視專訪事務已逐漸由克萊格負責，而桑德伯格很樂意把這項職務移交出去。

　　她變得不像以前那麼有把握。媒體的報導對她很嚴苛，而且聚焦在她的領導缺失上。她退居幕後，同時愈來愈採取守勢。有位朋友說：「她想呈現完美的一面，而這阻礙了她為自己辯護。」

　　桑德伯格多年來支持的民權組織也在對臉書加強攻勢。2019 年

11 月，英國喜劇演員薩夏・拜倫・柯恩（Sacha Baron Cohen）預計在「反誹謗聯盟」舉辦的一場高峰會上公開發表演說，他打算談論社群媒體充斥仇恨言論和反猶太主義的問題。為了準備演說內容，他請教了「常識媒體」的創辦人史戴爾，以及其他受到吳修銘和紐約大學法學教授亨普希爾的號召而加入「志願者聯盟」的成員。

11 月 21 日，拜倫・柯恩在 24 分鐘的演說中指責「矽谷六巨頭」*助長仇恨，並炮轟祖克柏在喬治城大學演講的某些論述「簡直是胡說八道」。他說：「這與限制言論自由無關。問題的癥結在於讓人們——包括一些最該受到譴責的人——利用史上最大的平台去觸及全球 1/3 的人口。」

為什麼人們不把我看作比爾・蓋茲？

十多年來，祖克柏每逢一月都會公布自己的新年目標❶。2010 年，他打算學中文。2015 年，他決定每兩週讀一本書。2016 年，他說要為自己的家打造人工智慧系統，還要每天跑一英里。

從 2018 年開始，他的新年目標顯得更加迫切而重要。那年，他承諾會專注於處理臉書的各種問題：「使我們的社群不受霸凌和仇恨言論侵擾、防止外國的干預，以及確保人們花在臉書上的時間是值得的。❶」2019 年，他宣布將與思想領袖進行一系統的對話，討論科技在未來社會中扮演的角色。

2020 年，他公布了一個更大膽的目標；他不再訂立年度目標，

---

* 編注：矽谷六巨頭指Facebook、蘋果、亞馬遜、Netflix、谷歌和微軟。

而是著眼於未來十年全球將面對的一些棘手問題。他在一篇 1,500 字的文章中回顧了自己身為父親的角色，以及為了提供醫療服務及延長預期壽命而投入資金的非營利計畫。他以前輩般的口吻訴說自己的願景，就像曾經為他的慈善事業提供忠告的導師比爾‧蓋茲那樣。他希望跟隨蓋茲的腳步，從科技公司執行長搖身一變成為全球慈善家。

祖克柏告訴追蹤他民調聲望度的工作人員和民調專家，他長期以來一直對自己的慈善事業沒有獲得關注和讚揚感到煩惱，他和妻子普莉希拉成立的「陳和祖克柏基金會」（Chan Zuckerberg Initiative）就是其中一例。2015 年 12 月，他大張旗鼓地向媒體宣布成立這個慈善組織，外界一開始對他決定把大部分財富投入慈善事業給予好評，但後來卻蒙上了陰影，因為新聞媒體質疑他們刻意把基金會設立為有限責任公司，並指出這種設立形式為這對年輕的億萬富翁夫妻提供了避稅巧門。

祖克柏接連幾天受到負面報導打擊，於是他從夏威夷的度假豪宅打電話給策劃媒體宣傳工作的桑德伯格和舒瑞格，火冒三丈地指責他們把事情搞砸了。這次不尋常的發怒事件反映了祖克柏對難以贏得大眾好感的沮喪。「他對有關基金會的新聞報導感到非常生氣。」一位前員工回憶說，「他會問：『為什麼人們不把我看成像比爾‧蓋茲一樣？』」

2020 年 1 月 31 日，祖克柏出席在鹽湖城舉行的矽坡科技高峰會（Silicon Slopes Tech Summit）。他承認自己是個不善於溝通的人；他說自從創立臉書以來，有很長一段時間他都能避免把個人的意見搬到檯面上，但如今臉書已經變得太重要了，因此身為領導者的他不得不公開支持公司的立場。他解釋說，他的公司致力於維護言論自由的絕對理想，「我們在某些時候需要守住底線。」他說，「這是新的做法，我

想它會惹惱很多人，但是坦白說，舊的做法也惹惱了很多人，所以就讓我們嘗試不同的做法吧。」

當有人問他是否感覺自己在替「整個網路界」承擔後果時，祖克柏忍不住笑了出來，而且花了幾秒鐘才恢復鎮定。「嗯，這就是所謂的領導吧。」他說。

臉書年營收
$86b

2020

第十四章

對世界有益

對世界有益，可能不見得對臉書有益……

　　早在美國政府官員和世界大部分地區有所察覺之前，祖克柏就已經知道新冠肺炎（COVID-19）病毒正在快速而凶猛地四處散播❶。2020 年 1 月中，服務於「陳和祖克柏基金會」的頂尖傳染病專家們開始向祖克柏通報新冠肺炎向全球蔓延的消息。前美國疾病管制暨預防中心（CDC）主任湯姆‧佛利登博士（Tom Frieden）和「陳和祖克柏生物研究中心」（Chan Zuckerberg Biohub）共同總裁喬‧德瑞西（Joe De-Risi）報告說，中國政府和川普正在淡化疫情風險，而病毒已經蔓延到六個國家。臉書有可能在首次發生於網路時代的全球疫病大流行中發揮重要的功能。

　　1 月 26 日，祖克柏命令部門主管們放下所有不必要的工作，為

疫情做準備。負責在總統大選前研發投票資訊中心及其他幾項新功能的公民參與團隊隨即改變工作方向，開始建立一個以美國疾病管制中心和世界衛生組織為消息來源的疫情資訊中心。原本用於標記假訊息的事實查核工具將會用於糾正與新冠肺炎相關的陰謀論。人力資源團隊開始為在家工作模式擬訂一套政策。分布在亞洲各地的臉書辦公室負責收集有關中國疫情真實現況的資訊。祖克柏也會請出他認識的全球最知名醫生和衛生專家，增加權威人士的曝光度。祖克柏要求各個團隊在 48 小時內向他回報，「這會是個重大事件，我們必須做好準備。」他說。

當世衛組織在 1 月 30 日將新冠肺炎疫情列為國際公共衛生緊急事件時，臉書的公關團隊已經準備好一篇網誌文章，而且不到數小時的時間，臉書就公布了相關計畫，包括移除有害的假訊息、為人們提供權威性的疫情資訊，以及免費提供廣告抵用金給世衛組織和美國疾管中心，讓這些機構投放有關新冠肺炎疫情的公共服務廣告。**臉書是矽谷第一家針對新冠肺炎宣布應變措施的公司。**

祖克柏也是率先關閉辦公室並授權員工在家工作的美國執行長。他向員工發送了一份備忘錄，詳細說明新冠肺炎疫情將如何影響公司業務的各個層面。受到疫情癱瘓整體經濟的影響，公司可能會失去廣告方面的收益。臉書的數據中心等基礎設施，也會隨著數十億人同時上線而面臨極限考驗。

臉書的應變措施獲得媒體的正面報導，使員工士氣大振，祖克柏也有了拉抬自己領導聲望的機會。他在臉書上主持與防疫專家安東尼・佛奇博士（Anthony Fauci）的專訪直播，吸引了超過 500 萬人次觀看。他和多年來在舊金山行醫的普莉希拉一起透過線上直播的方式訪問了其他人士，包括加州州長蓋文・紐森（Gavin Newsom）和病毒學家

及傳染病專家唐・加內姆博士（Don Ganem）。新聞節目也開始邀請祖克柏針對疫情因應之道發表看法。

臉書為什麼不刪除川普的「消毒劑殺病毒」假消息？

美國疫情爆發一個月後，祖克柏從意見調查數據中得知，密集的公關宣傳攻勢正在扭轉臉書的公眾形象。多年來，臉書每天會進行問卷調查，藉由一連串的問題詢問用戶對於這個社群網路平台的印象。祖克柏特別追蹤了兩個問題：受訪者是否認為臉書「對世界有益」（good for the world），以及他們是否認為臉書「關心用戶」（cares about users）。他經常引用這兩個問題的調查數據，以至於在開會時會分別用「GFW」和「CAU」來稱呼它們。4月初，認為臉書「對世界有益」的用戶人數出現了自劍橋分析醜聞發生以來首度的顯著成長。

但臉書隨即受到考驗。4月23日，川普在白宮記者會上表示消毒劑和紫外線可能具有治療新冠肺炎的作用。這番言論立即遭到醫生和衛生專家駁斥，但在網路上已經瘋傳開來，不到數小時，臉書和Instagram上就出現五千多則關於這個話題的貼文，瀏覽人次高達數千萬。臉書雖然刪除了一些貼文，卻一直沒有處理錯誤和危險訊息的源頭，也就是川普總統的臉書帳號。川普再度打破了祖克柏對一位擁有大批死忠追隨者的政治領袖，會出於良善用意使用臉書這類平台的假設；川普不甩臉書的規則，而且創造出破紀錄的用戶互動率。

過了一天，川普的溝通團隊還在閃躲媒體的問題。有記者指出，祖克柏先前已將醫療假訊息排除在免於審查的政治言論範圍之外，難道川普的言論不屬於臉書說過會用行動遏止的言論嗎？

臉書的政策與內容團隊開會討論因應之道。卡普蘭支持他的團隊所提出的說法，認為川普只是在**推測**消毒劑和紫外線的作用，並不是在下達指令要求大眾採用消毒劑和紫外線療法。後來臉書的公關團隊向記者指出差異，並發布一份聲明稿：「我們會繼續刪除明確宣傳新冠肺炎錯誤療法的聲明，包括有關使用消毒劑和紫外線的說法。」

「所有在臉書工作的人都想不到，宣傳新冠肺炎荒誕療法的人竟然會是總統。」一位臉書高層主管表示，「我們被一個站不住腳的立場給困住了。這意味著我們要為自己的決定辯護，而這個決定是讓總統在疫情期間散播荒誕至極的醫療訊息。」

在臉書，政治人物享有的言論自由和你不一樣

2020 年 5 月 29 日，推特採取前所未有的措施，將川普的一則推文加上警告標籤。

凌晨 1 點，川普透過他的臉書和推特帳號針對美國國內的示威動亂發布了一則訊息。接連幾天，美國人走上街頭示威抗議，因為明尼亞波里斯市一名警官在逮捕涉嫌以 20 美元假鈔購買一包香菸的 46 歲非裔美國人喬治‧佛洛伊德（George Floyd）時，用單膝跪壓佛洛伊德的頸部超過 9 分鐘，導致他斷氣身亡。川普發文表示對抗議活動感到擔憂，而且已經告知明尼蘇達州州長提姆‧沃爾茲（Tim Walz）可以派兵提供協助，「如果有任何困難，我們將會接管。只要有人搶劫，我們就會開槍。」川普寫道。總共有超過一億美國人經由臉書和推特看到川普的訊息。臉書和推特不曾將川普的訊息刪除或加上警告標籤，因為他們對總統的言論都給予特別保護。

「只要有人搶劫，我們就會開槍。」這句話出自 1960 年代末期一位邁阿密警察局長在當地發生動亂後所做的聲明，如今川普把數千名和平示威者比作搶匪，還建議警方應該對進行和平集會的群眾開槍，等於構成了雙重侮辱。對推特來說，這個說法太過火了。不到數小時的時間，推特就將川普的訊息貼上警告標籤，表明川普在讚頌暴力行為。川普隨即反擊，揚言要實施監管並廢除網路公司的重要法律保護傘『二三○條款』*。川普在推文中說：「推特對中國或激進左派民主黨發布的所有謊言和宣傳毫無作為，卻把矛頭對準共和黨人、保守派人士和美國總統。國會應該廢除「『二三○條款』，在那之前，它將受到監管！」

過去一年，推特在言論政策上已經逐漸跟臉書分道揚鑣。祖克柏才在喬治城大學宣布保護所有的政治言論沒多久，推特就決定禁登政治廣告，而且開始標記川普針對大選所散播的錯誤或誤導性推文。那週稍早，推特也將川普的兩則推文貼上事實查核標籤，因為川普在推文中質疑郵寄投票的正當性。然而，這次貼在川普推文上的警告標籤卻有不同的意義；推特的重點不在於糾正謊言，而在於喚起大眾注意川普言論的潛在危險性。推特清楚地表明，他們知道總統在利用這個平台散播某個可能危害現實世界的想法或訊息。

推特的舉動為臉書領導階層帶來更大的壓力，迫使他們必須對川普的危險言論表達立場。不出所料地，臉書高層主管們再度聚集起來開會，討論如何處置川普的帳號。卡普蘭和他的政策團隊重提上次為川普的消毒劑言論辯護的論點：該貼文**缺乏明確的指令**，川普事實上

---

* 編注：指《通訊端正法》（Communications Decency Act）第230條，保障社群平台「不須為第三方使用者貼文負法律責任，也免於因刪除、封鎖不適內容而遭起訴」。

沒有下令任何人對示威者開槍。臉書的政策團隊告知祖克柏他們的決定，並告訴白宮他們正在審視川普的貼文並權衡各種選項。

當天稍晚，川普打電話給祖克柏試圖為自己辯護，並確保他的臉書帳號不會受到影響。祖克柏告訴川普，他對這則貼文的分裂性和煽動性感到擔憂，也對他引用「只要有人搶劫，我們就會開槍」這句話感到失望。

「大部分時間，祖克柏都在聽川普像平常一樣兜圈子說話。」一位臉書員工回憶說，「我不會說川普在為他的貼文道歉，他只是在做最低限度的努力，以免被臉書刪除帳號。」祖克柏試著把話題圍繞在責任以及川普在臉書的高人氣上，提醒川普應該要負責任地運用自己在平台上的強大影響力，但他也明白表示不會刪除貼文或者處置川普的帳號。

當初的一次性決定，如今已經發展成一個政策，讓政治及公眾人物成為臉書平台上一個受到保護的特權階級。祖克柏在個人臉書頁面上寫了一篇文章，為公司的立場辯護。他說，雖然他個人覺得川普的言論有攻擊性，「但我不能只以個人身分來回應，我也有責任以一個承諾維護言論自由的公司領導者身分來回應。」

許多臉書員工都看到祖克柏的貼文，也看到他在前一天接受福斯新聞訪問的一段影片。在受訪影片中，祖克柏似乎對推持處理川普言論的做法有所批評❷，他說：「**我想，臉書的政策不同於推特。我只是堅信臉書不該成為網路上所有言論的真相仲裁者。**」

雪柔要不是大權旁落，要不就是同流合污

　　推特和臉書之間明顯的政策差異重挫了臉書員工的士氣。他們在 Tribe 留言板上詢問推特公司的職缺，有位工程師更明白地說，他希望服務於「任何一間願意為這世界盡一份道德責任的公司，因為看樣子臉書不是這種公司。」還有一位員工發起一項內部民調，詢問他的臉書同事們是否認同祖克柏的決定，結果有一千多人表示，公司做了錯誤的決定。

　　週一，數百名臉書員工響應了一場虛擬罷工，還把他們在 Workplace 平台上的頭像換成一個黑白色調的拳頭圖案。有些人甚至採取前所未有的行動，利用個人的社群媒體帳號和自動回覆電郵訊息來公開表達意見，直接批評臉書的決定。「臉書不應該假借言論自由之名，為美國總統鼓吹對黑人示威者施暴的仇恨言論辯護。」非裔資深員工及政策溝通主管羅伯特‧崔恩漢姆（Robert Traynham）在 Tribe 留言板的 Black@Facebook 群組裡寫道，「我和公司裡的黑人員工以及所有具備道德良知的人站在一起，呼籲馬克立即刪除總統的貼文，因為它鼓吹用暴力、謀殺和恐嚇的方式來對待黑人。」崔恩漢姆的貼文反映了黑人員工多年來的挫折感，許多人甚至因為難以信任自己的僱主，已經不再使用 Tribe 留言板裡的 Black@Facebook 群組來表達對公司的不滿。他們會私下碰面或利用加密通訊軟體來討論問題，現在他們也聯合起來支持這場虛擬罷工，向臉書高層主管施加壓力。「公司多年來一直試圖安撫我們，聲稱他們努力維護多元性和種族正義，但是當馬克甘願任由總統在臉書上對黑人放話，之前的一切安撫就毫無意義了。」Black@Facebook 群組的另一名成員寫道，「馬克必須阻止人們用臉書煽動種族歧視，我們或許才會相信你真的支持種族正

義。」

　　三天後，33 位已離職的最早期臉書員工向媒體發布一封聯署抗議信，宣稱他們已經認不得現在的臉書：「心碎是促使我們寫下這封信的原因。看到我們曾經打造並自認能使世界變得更好的平台，如今嚴重地迷失方向，實在很痛心。我們明白要回答這些問題並不容易，但建立一個製造出這些問題的平台同樣也不容易。」他們在公開信末尾直接向祖克柏喊話：「請重新考慮你的立場。」❸

　　祖克柏在那個月的每週全員大會上似乎顯得忐忑不安，因為臉書內部發生騷動的消息正以破紀錄的速度外流到媒體手中。雖然《紐約時報》、《華盛頓郵報》和《The Verge》等多家新聞媒體的記者，長年都會刊登外流出來的全員大會內容，但最近《Buzzfeed》一名記者萊恩・麥克（Ryan Mac）總是能夠在推特上即時披露全員大會的討論重點。

　　在其中一場全員大會裡，祖克柏連續花了 85 分鐘回答有關他決定保留川普貼文的問題，而且依然堅持他那套重視言論自由的說詞。當有人問他在做此決定之前是否徵詢過任何黑人員工的意見時，他提到瑪克欣・威廉姆斯（Maxine Williams）。威廉姆斯從 2013 年開始就掌管臉書的多元化事務，也是祖克柏和桑德伯格核心圈內的成員，但臉書員工很難找到信任威廉姆斯的理由，因為在她的管理之下，公司的種族多元化情況幾乎沒有改善。2014 年，臉書的報告顯示黑人員工的比例只占 2%。雖然公司承諾將多元化列為優先處理事項，但五年後，這個數字只上升到 3.8%。此外，Tribe 留言板的 Black@Facebook 群組裡有幾位成員說，威廉姆斯在罷工期間並沒有為黑人員工發聲。祖克柏在會議上提到她的名字並沒有辦法消除任何人的疑慮，一位員工回憶說：「如果你在會議室裡，就會聽到大家的嘆息聲。」

祖克柏隨後宣布威廉姆斯將直接向桑德伯格報告，藉以彰顯公司在多元化方面以及對黑人員工所做的承諾。但是對公司內外的許多人來說，這只不過是一種公關策略。有些員工對桑德伯格已經失去信心；儘管她從進入臉書之初就承諾會改善人才招聘的多元性，並且長期負責處理平台上的民權侵犯行為，但她所做的努力，包括高調宣傳臉書的內容審查機制和傳統黑人大學徵才計畫，並沒有帶來重要的改變。在臉書陷入危機的這幾年，桑德伯格所扮演的角色大致上變得沒那麼鮮明了，不少員工和外界觀察者都覺得她已經退居幕後。很多公開演講和新聞採訪都由克萊格或祖克柏出面，而且當桑德伯格不認同祖克柏的言論政策時，她並沒有公開發表意見。「這令人非常失望。」一位前員工回憶說，「我們一直在等她對川普的貼文說句話，尤其是那篇『有人搶劫就開槍』的貼文，但她保持沉默。她要不是大權旁落，就是同流合污，或兩者皆是。」

用戶活躍於陰謀論社團，祖克柏開始感到焦慮

　　當祖克柏輪流在自己的帕羅奧圖住宅和夏威夷濱海莊園辦公時，他看到全美各地的抗議活動愈演愈烈，而且川普持續加強力道，質疑郵寄投票在總統大選中的正當性。2020 年 7 月，祖克柏向「公民與人權領袖會議」主席古普塔透露，他很憂慮政治極化現象、假訊息以及川普在臉書上引發的效應。他在電話裡告訴古普塔：「我為我們的民主感到擔憂。」還說川普的貼文「破壞我們的政策，而且在推動威權主義」。臉書言論自由立場的最大受益者正在濫用他的特權。為了在 11 月大選前加強政策的執行力道，祖克柏向原本對他不積極處理

選舉假訊息頗感失望的古普塔尋求協助，並表示會親自上陣，「我有一股強烈的急迫感。」他說。

然而問題是，最極端的行為往往出現在封閉或私密社團裡，而且隨著臉書在幾年前鼓勵人們加入社團，這個問題變得更為嚴重。根據分析，加入許多社團的用戶較有可能把更多時間花在臉書上，祖克柏也自豪地認為，社團才是用戶更想要的那種像自家客廳般的聊天空間，但是**祖克柏對於人們寧願加入陰謀論或邊緣政治活動社團，而不是像他所想像的加入健行或親子社團，逐漸感到焦慮**。「他似乎開始有些不安，就個人和理念來說都是如此。」古普塔說。

無庸置疑地，有個不同於卡普蘭的聲音縈繞在祖克柏耳邊是有幫助的。在 2020 年 6 月重返臉書產品長職位的考克斯，不時會對祖克柏提起言論自由的話題。一年前，考克斯離開臉書之後，就到民主黨的一個非營利組織擔任顧問，阻止川普再次當選。他曾公開表示，有害內容不該讓人瘋傳，政治廣告必須經過事實查核❹。他也在矽谷創業者社群「南公園共享空間」（South Park Commons）的一場會談中說：「社群媒體和通訊軟體公司應該為廣為散播的內容負起責任。❺」當時他剛離開臉書不久，而「南公園共享空間」的創辦人正是當初和他共同開發動態消息功能的前臉書員工魯琪・桑維（Ruchi Sanghvi）。

考克斯在離開臉書的那段期間花了很多時間思考，現在他的想法跟最初當工程師的時候已經完全不同，當初他還認為人們對動態消息和其他產品所做的批評過於誇大。「我覺得假訊息和隱私問題，和臉書蒐集一堆數據的能力，真的很糟糕也很可怕，因為它們造成權力的不對稱集中，以至於被危險分子濫用。」

每天都有數百萬則仇恨言論，是人工智慧無法辨識的

　　許多人都知道，考克斯在離職之後依然和祖克柏保持著密切關係，所以臉書員工對兩人私下商量回鍋一事並不感到意外。這也充分說明了即使考克斯對平台有所批評，祖克柏也要把他找回來。有些員工的確在猜想，祖克柏把考克斯找回來，會不會正是因為考克斯對臉書有不同的看法。「馬克相信考克斯可以提供外界的觀點，因為他知道考克斯終究跟他一樣希望臉書成功。考克斯是少數幾個祖克柏完全信任的人。」臉書的一位高層主管說，「事實上，考克斯回鍋對祖克柏很有幫助，祖克柏又能倚賴這位重要的參謀了。」

　　就考克斯而言，身為臉書最早期的工程師，他覺得有責任去阻止他協助開發的技術造成傷害。「臉書和它的產品從未如此密切攸關我們的未來。這裡是我最了解的地方，是我協助建造的地方，也是我捲起袖子幫忙的最好地方。」他在臉書貼文中解釋了自己回歸臉書的決定。

　　考克斯很快就重回祖克柏的領導圈，並投入臉書最令人擔憂的政策論戰中。7月7日，祖克柏、桑德伯格、克萊格和考克斯與「停止以仇恨牟利」（Stop Hate For Profit）活動召集人進行了一場視訊會議。「停止以仇恨牟利」這個活動由一群批評者帶頭發起，「常識媒體」創辦人史戴爾、英國喜劇演員柯恩和多位民權領袖都有參與，他們運用自己跟企業高層建立起來的人脈，對臉書進行為期一個月的廣告抵制活動。7月初，幾家企業如威訊通訊、星巴克、福特和沃爾格林（Walgreens）就宣布加入抗議的行列❻。桑德伯格雖然拚命聯繫一百多家公司的執行長和行銷主管，試圖說服他們不要參與這個活動，但還是徒勞無功。

在視訊會議中，民權領袖針對仇恨言論在平台上日漸增多的現象斥責臉書的高層主管。「反誹謗聯盟」執行長格林布拉特也質問祖克柏有關大屠殺否認論者繼續在平台上散播相關言論的問題。民權組織「變革的顏色」主席羅賓森則堅持認為，臉書起碼要跟隨推特的腳步，監督川普的帳號，因為他煽動暴力而且散播有關郵寄投票的假訊息。

大部分的問題都由祖克柏回應。他為臉書所做的努力提出辯護，宣稱臉書平台的人工智慧技術已可偵測出 90% 的仇恨言論和其他有害言論。雖然這是很大的進展，也證明了臉書人工智慧技術的能力和內容審查人力的提升，但由於每天產生的內容多達數億則，那 10% 需要用人工或其他方式才能檢查出來的部分，還是代表了數百萬則充滿仇恨言論的貼文。格林布拉特駁斥說，祖克柏的數學邏輯很危險，因為你絕不會說一杯只含 10% 致癌物的咖啡是安全的。

羅賓森抨擊祖克柏說：「我們可以持續推動更好的政策，但你不會去執行，因為你的誘因建立在避免惹惱川普和避免遭到監管的基礎上。」他接著說，「而主導這些決定的人，是你的華府辦公室和喬爾・卡普蘭。」羅賓森把矛頭指向沒有參與會議的臉書全球公共政策副總裁卡普蘭。

羅賓森的直言似乎惹惱了祖克柏，他不喜歡被人逼入絕境，而且他想保護卡普蘭，許多新聞報導都把卡普蘭塑造一個壞蛋、一個幫助川普在臉書上增強勢力的政治傭兵。「你想看我掉進陷阱，」祖克柏說，而且據羅賓森描述，他把聲調拉高，「但這裡由我做主。」

2020年，臉書的言論政策出現180度大逆轉

桑德伯格、考克斯及其他人一直敦促祖克柏重新考慮他對大屠殺言論的立場。「反誹謗聯盟」和其他民權團體所提出的疑慮是有道理的，臉書的技術和龐大社群正以空前的規模放大邊緣右翼分子的聲音，臉書確實需要採取更多措施來打擊仇恨言論和有害言論。祖克柏曾經以原則問題為由，替那些內容辯護，但這已經不再是次要問題，臉書需要經過重新評估對策。

祖克柏也看到了令人不安的新數據。一份內部報告顯示，臉書上有關大屠殺陰謀論和否認論的內容正在不斷增加，而且採納這些想法的人有不少是來自千禧世代。有些用戶認為大屠殺的細節遭到誇大，還有人認為，所謂納粹德國與盟國系統性處決約 600 萬猶太人的大屠殺事件根本是捏造出來的。祖克柏對報告中提到千禧世代的部分特別有印象；他無法理解，跟他一樣在成長過程中經常接觸網路資訊的千禧世代，竟然可以突然改變想法，否認大屠殺的事實。桑德伯格和其他人要求祖克柏問自己，他是否能繼續捍衛原有的立場，尤其考慮到美國和其他地方的反猶太攻擊事件正在與日俱增。

2020 年夏末，祖克柏命令臉書政策團隊開始擬訂一項政策，禁止用戶發布任何否認大屠殺事件的言論。「這是徹底的大逆轉，但很奇怪，祖克柏並沒有認為這是大逆轉，他把這說成是一種『進化』。」一位曾被告知要如何向媒體解釋這個決定的臉書溝通團隊成員說，「我們宣布了針對長期政策所做的種種改變，卻將它們視為各自獨立的權宜之計。」

其他數據同樣令人擔憂。根據內部報告顯示，極端主義社團和陰謀活動的數量都在持續增加。臉書的安全團隊報告了發生在現實世界

裡的暴力事件以及私人社團裡的駭人留言。臉書的資料科學家和安全主管也發現，從 2020 年 6 月到 8 月，與「匿名者 Q」（QAnon）陰謀論相關的內容就增加了三倍。「匿名者 Q」陰謀論的支持者認為，自由派的菁英名流們正在經營一個全球性的兒童販運集團，其中包括比爾‧蓋茲、湯姆‧漢克斯和索羅斯。這個假理論源自「披薩門」陰謀論，它宣稱希拉蕊和其他民主黨高層官員在華府一間披薩餐廳的地下室裡從事虐待兒童的勾當。儘管「披薩門」陰謀論已經一再被證實是假的──那間餐廳根本沒有地下室，還是有人相信全球菁英階層正在醞釀一起陰謀，而且在川普政府內部祕密進行中。

8 月 19 日，祖克柏同意刪除一些與右翼組織「匿名者 Q」有關而且鼓吹暴力的內容。為了回應某些團隊成員的「政治對等」訴求，臉書也宣布移除了超過 980 個與民兵組織和鼓勵暴動行為有關的左派社團，而且其中一些社團與極左派的「反法西斯主義運動」（Antifa）有關。對於經常把示威暴亂歸咎於左派人士的川普及共和黨人來說，「反法西斯主義運動」分子就是他們眼中的妖魔鬼怪。一位臉書工程師在政策宣布當天接受記者電話訪問時惱羞成怒地說：「這是政治問題，好嗎？我們不能只宣布『匿名者 Q』的事而不宣布左派團體的事。我們不是在說『匿名者 Q』和『反法西斯主義運動』屬於同一類型的暴力社團。我只能告訴你，我們必須在同一天宣布這兩件事。」

負責在平台上尋找並刪除極端主義內容的臉書團隊認為祖克柏的決定是個好的開始，他們正密切注意「匿名者 Q」和其他右翼組織的反應。他們知道，隨著大選漸漸接近，發生暴力衝突的可能性也會升高。

外包審查員受訓不足，未刪除鼓吹屠殺的頁面

2020 年 8 月 23 日，威斯康辛州基諾沙市一名黑人雅各‧布雷克（Jacob Blake）因抗拒執法，遭警察開槍造成癱瘓。當地支持「黑人的命也是命」的市民，隨之開始連續數日的示威抗議。8 月 25 日，有一群反對示威者的右翼人士在臉書上煽動憤怒情緒，一個臉書粉絲專頁「基諾沙衛隊」（Kenosha Guard）的管理員在上午 10 點 44 分發出召集令：「拿起武器，保護我們城市今晚不受那些支持『黑人的命也是命』的邪惡暴徒攻擊。」這個粉絲專頁還有個名為「武裝公民保護我們的生命和財產」（Armed Citizens to Protect Our Lives and Property）的活動頁面，而且回覆會參加活動的用戶有 300 多人，回覆有興趣的用戶則超過 2,300 人。「我打算在今晚殺光搶匪和暴徒❼。」一名成員在活動頁面上留言。「該是換上真正的子彈，阻止這些毛頭小子鬧事的時候了。」另一名成員說。還有人提到要使用哪種槍枝（AR-15 步槍）或哪種子彈（一擊中目標就會開花的中空彈）才能造成最大的傷害。

臉書在一天當中就接獲 455 起有關這個活動的投訴，而且投訴者清楚指出違反臉書暴力內容規範的留言內容。然而，距離武裝行動開始的時間愈來愈近，活動頁面卻依然留在平台上。

夜幕降臨，自稱是「基諾沙衛隊」的武裝人員開始與示威者起衝突。到了基諾沙市當地時間晚上 11 點 45 分，一名據稱攜帶 AR-15 步槍的年輕人開槍打死了兩個人，並造成另一人受傷。

祖克柏隨後得知這起槍擊事件以及它與臉書的關聯，他要求政策團隊進行調查。6 天前，臉書才針對這類極端主義團體和民兵組織發布禁令。祖克柏問他們，為什麼沒有刪除基諾沙衛隊的頁面？

第二天早上，當美國各地的新聞媒體聯繫臉書尋求官方說法時，

祖克柏得到了答案。基諾沙衛隊的活動頁面違反了臉書的規則，但最初接獲投訴的內容外包審查員沒有受過處理這類狀況的訓練。

臉書的公關團隊告訴記者，公司已經刪除了基諾沙衛隊的活動頁面，而且槍手沒有加入這個活動，但這兩項說法都規避了事實。臉書雖然在 8 月 26 日刪除了基諾沙衛隊的粉絲專頁❽，但他們沒有刪除活動頁面，刪除活動頁面的是基諾沙衛隊一名擁有管理員權限的成員。槍手雖然沒有加入基諾沙衛隊的活動，但他在臉書上很活躍，經常瀏覽與警察相關的粉絲專頁並留言。

極端主義分子的帳號，臉書怎麼刪都刪不完

隔天，祖克柏在全員大會上表示這是個「作業疏失」，內容審查員沒有受過將這類內容提交給專責團隊的訓練，不過在進行第二次審查時，負責審查危險組織的團隊意識到這個活動頁面違反公司的政策，所以「我們把它刪除了」。但員工不接受這個說法，他們認為祖克柏把過錯推給了酬勞最低的外包審查員。當某個工程師在 Tribe 留言板上指出祖克柏沒有誠實交代活動頁面的刪除者是誰時，許多人都覺得自己被誤導了。一位工程師說：「馬克還是像先前一樣，把這次的錯誤視為個案。他想怪罪別人。他無法了解事實上臉書有某種系統性的問題，才會讓這樣的組織存在，更別說在平台上建立活動，還有公開發表那些鼓吹開槍殺人的言論。」這位工程師曾經向主管反映他的擔憂，但主管只告訴他在臉書推行新政策時「要有耐心」。

但在接下來幾週，右翼團體開始公開支持基諾沙槍擊案兇手，為他成立臉書粉絲專頁，讚揚他的行為是一種愛國的表現。儘管臉書在

一個月內刪除了超過 6,500 個與民兵組織有關的粉絲專頁和社團，但一個頁面被刪除之後，很快就有其他頁面出現，而且避開了用來偵測這類內容的自動化系統。

基諾沙危機暴露出臉書平台的種種漏洞。臉書鼓勵人們加入社團，卻導致民兵組織和陰謀論者得以在平台上號召並動員支持者，從事邊緣政治活動。即使臉書制定了全面封殺政策，許多人還是能夠鑽漏洞，引發致命的後果。祖克柏和臉書持續以個案方式處理這些組織，但這也代表他們經常在某個組織惹出麻煩之後才採取行動。

Tribe 留言板上有一則由某個資深工程師發布的貼文，在臉書主管的轉發之下傳到祖克柏那裡。「如果我們破壞了民主，這將是世人記住我們的唯一一件事。」這位工程師對惡毒的仇恨言論，黨派政治和假訊息充斥臉書的現象感歎地說，「難道這就是我們要留給後世的資產嗎？」

美國總統大選前一個月，臉書緊急壓制偏激言論

2020 年 10 月，臉書在七天內發布了兩項重大公告，首先是在 10 月 6 日宣布全面刪除「匿名者 Q」相關帳號，接著是在 10 月 12 日宣布封鎖關於大屠殺的假訊息。他們也悄悄刪除了數千個與民兵組織相關的粉絲專頁和社團。祖克柏正在偏離他長期堅持的言論自由理念，但全公司沒有人說這是一種連貫性的政策轉變，包括他自己。在 10 月 15 日的全員大會上，他反駁了外界認為他在改變立場的想法：「有一群人質疑，為什麼我們現在這樣做？理由是什麼？這是否表示我們的理念有所改變？我要藉著這個機會把事情說清楚。基本上，這

不表示我們的理念或我們強烈支持言論自由的立場有所改變，在我們看來，這是因為暴力和動亂的風險正在升高。」

祖克柏和公關部門都把這些行動，解釋成是碰巧在同一時間通過的個別決定。「全公司的人似乎都接受了這個說法，但這正是存在於馬克親信圈裡的盲從心態。沒有人 ：『等等，我們是不是改變了我們允許哪些內容出現在臉書上的立場？我們是不是應該解釋一下我們的想法？』沒有人停下來這麼做。」一位當時與祖克柏開會的員工說，「那是大選前的一個月，我們似乎正處於緊急狀態。」

反誹謗聯盟、美國以色列公共事務委員會（American Israel Public Affairs Committee）等團體都對臉書所發布的禁令給予肯定，但也指出這些做法還不夠。他們要求臉書在投票前一週禁止刊登政治廣告，並採取強有力的措施來對抗假訊息，尤其要禁止候選人在官方計票結果尚未出爐之前就宣布當選的訊息。祖克柏同意了這項要求。這幾年，臉書已經針對選舉假訊息推出了一些因應辦法，包括與外部事實查核機構合作，標記虛假不實或誤導性的內容，還有刪除數萬個企圖重演2016 年俄羅斯「協同性造假行為」的帳號。他們也討論到為政治廣告設計一個「緊急停止開關」，這樣萬一某個候選人對選舉結果提出異議，他們就能立刻關閉 2020 年 11 月 3 日（美國總統大選日）以後的政治廣告。「隨著大選日愈來愈接近，我們很清楚到時候可能會遇到一種狀況，那就是有候選人透過臉書自行宣布當選。」與數百名員工共同加入臉書選舉團隊的一名成員說，「我們沒有提到『川普』這個名字，但很顯然我們講的是川普。」祖克柏每天都跟選舉團隊開會，他曾經告訴身邊的部屬，11 月 3 日對公司而言是「一決勝負」的時刻，「他說如果我們做不好，沒有人會再相信臉書。」這位選舉團隊成員回憶說。

無論公司採取什麼措施，川普在臉書上已經累積了一群死忠且互動頻繁的追隨者。他的粉絲人數在大選前幾個月一直持續增加，光是9月份，他的粉絲專頁互動次數就將近 8,700 萬次❾，超過了 CNN、ABC、NBC、《紐約時報》、《華盛頓郵報》和《BuzzFeed》的總和。

　　2020 年 11 月 3 日早晨，臉書前任資安長史戴摩斯在自家的起居室裡，沿著一組他特別併成 T 形的辦公桌踱來踱去。離開臉書兩年了，他還在跟臉書平台的問題纏鬥。史戴摩斯在史丹佛大學組成了一個結合學者、研究人員和其他專家的選舉廉正團隊，協助定期發表有關外國勢力在臉書平台上散播假訊息的報告，並且針對臉書和其他社群媒體公司的大選因應措施建立一套評分系統。投票當天，他提高警覺注意任何可能發生的狀況，包括外國勢力利用駭客竊取電子郵件，以及針對美國選舉基礎設施發動攻擊，但他最擔心的是美國人對自己同胞散播的本土假訊息。

　　史戴摩斯說：「很顯然，臉書的假訊息問題已經完全變成了美國內政問題。」他在投票前幾個月，就注意到許多網站和媒體公司透過社群媒體成功地散播有關投票的不實說法。史戴摩斯的團隊會在一天之內發送數百份報告給臉書、推特、YouTube 和其他社群媒體公司，通報他們所發現的假訊息。在所有公司當中，**臉書是最快回應並刪除不當內容的公司。**

　　儘管如此，網路上還是流傳著許多謠言，例如投票機把川普的選票算成拜登的選票、選舉官員讓人冒用寵物貓狗（或已故親人）的名字投票、某些州故意算錯選票等等。這些謠言毫無根據，但是在川普總統及其支持者的散播之下，它們開始在網路上滋生一種選舉「被偷走」的說法。「在投票當天和隔天，我們看到總統和他的支持者聯合起來煽動人們的情緒，而且做得比 2016 年的俄羅斯人還要成功。」

史戴摩斯指出，「以某種程度來說，這已經超出了俄羅斯人所希望看到的結果。」

臉書的員工覺得他們在跟一股難以抵擋的假訊息浪潮搏鬥。他們按照工作指示為任何含有假訊息的貼文加上標籤，但這些標籤大多只是引導人們進入臉書的投票資訊中心頁面，並不能發揮什麼效果。根據數據顯示，很少人會閱讀標籤上的說明，或者停止分享遭到標記的內容。「想想看，如果菸商在香菸的包裝盒上貼個標籤，上面寫著：『衛生官員對香菸有意見，讀讀這本小冊子吧！』那會有什麼作用。這就是我們正在做的事，我們沒有站出來說：『這是謊話，沒有證據證明這一點，真相在這裡。』」臉書安全團隊的一位成員指出，「或許，在讓川普口無遮攔這麼多年以後，大家已經習慣在臉書上看到瘋狂的言論了。」

臉書刻意不讓「對世界有害」的貼文消失

總統大選投票結束，夜幕降臨，臉書選舉團隊明白他們的任務尚未結束，因為選情顯然陷入了膠著狀態，有些還在計票的州可能需要幾天甚至幾週的時間才能宣布勝利者，這是臉書已經做好準備但希望不會發生的情況。投票日隔天，臉書選舉團隊跟祖克柏開了一場虛擬會議，請他批准新的應變措施，其中之一是臨時調整動態消息的演算法，以增加「新聞生態系統品質」（News Ecosystem Quality，NEQ）分數的比重。「新聞生態系統品質」是臉書內部針對各個新聞發布者的新聞品質所制定的一套祕密排序系統，擁有較高分數的是臉書評為最值得信賴的新聞媒體，例如《紐約時報》或《華爾街日報》，分數較低

的新聞媒體則包括《每日傳訊》（Daily Caller），這個網站已經多次被臉書的事實查核員發現散布假訊息或誤導性新聞。根據這個應變措施，臉書將會調整演算法，讓動態消息裡的新聞內容主要來自可靠的媒體，而不是那些宣傳假新聞或大選結果陰謀論的媒體。

　　祖克柏同意調整演算法。於是在投票過後的那五天，臉書似乎變成一個比較平和、不再那麼對立的社群空間。「我們開始用『友善版動態消息』來稱呼新措施，它讓人窺見了臉書可以成為的樣貌。」選舉團隊的一位成員說。團隊裡還有好幾個成員在問，是否可以讓這個「友善版動態消息」成為常態。

　　但是到了月底，演算法又漸漸恢復原狀。臉書廉正部門副總裁羅森證實那些改變都是臨時性的，它們只是臉書在重大選舉期間所採取的緊急措施。高層主管們暗自擔心的是，如果許多知名右翼媒體發布的內容都遭到降級，保守派人士會如何反應。有些人則擔心這個新措施已經導致用戶登入平台的時間變少。在過去一年裡，臉書的資料科學家們一直在悄悄進行實驗，測試臉書用戶在瀏覽「對世界有益」（good for the world）和「對世界有害」（bad for the world）兩種內容時所產生的反應。這個名為「P（對世界有害）」的實驗雖然成功降低了「對世界有害」的貼文在動態消息裡的排序，促使用戶在登入臉書時看到更多「對世界有益」的貼文，但資料科學家們發現，自從這個實驗開始進行之後，人們造訪臉書的時間變少了。

　　由於祖克柏和工程團隊仍然極為重視「連網時間」這項反映用戶造訪情況的指標，因此實驗團隊重新調整演算法，減少「對世界有害」的貼文的降級強度，於是用戶造訪臉書的次數慢慢地穩定下來。實驗團隊收到訊息，祖克柏同意適度修改演算法，前提是必須確定新的版本不會導致用戶互動率下降。

「我們的底線是不能損害自己的底線。」一位參與這些新措施的臉書資料科學家說，「馬克仍然希望人們使用臉書的時間愈長愈好、次數愈多愈好。」

雪柔將國會暴動的責任，推給其他社群平台

桑德伯格坐在門洛帕克住家外面一個陽光燦爛的花園裡，面對著高解析度攝影機，接受路透社 Reuters Next 會議的線上直播訪問。這天是 2021 年 1 月 11 日，再過幾天，拜登就要宣誓就任美國第 46 任總統，但這個國家還沒從一週前數百名川普支持者攻擊國會大廈的動盪中平復過來。隨著一天天過去，記者們在社群媒體上找到愈來愈多由暴徒留下的網路足跡，也拼湊出由一群自認效忠於美國第 45 任總統川普的右翼極端分子所組成的暴力網路。

桑德伯格事先已經得知，採訪者將會問到臉書在暴動發生之前採取了哪些措施。在顧問和溝通團隊幕僚的協助下，她準備好了答案，而且她被告知在受訪時要特別強調臉書對改善平台言論以及刪除仇恨言論所做的重大努力，畢竟公司不希望 2016 年的情況重演；當時祖克柏在回應外界批評時表示，將臉書假新聞視為影響總統大選的因素是個「非常瘋狂的想法」。

當採訪者問起 2021 年 1 月 6 日國會大廈遭到圍攻的事情時，桑德伯格把過錯歸咎於廣受極右派分子歡迎的新社群媒體平台，例如 Parler 和 Gab。她說：「我認為這些活動主要透過其他平台來動員，那些平台沒有我們這種阻止仇恨的能力，也沒有我們這種標準和透明度[⑩]。」世界各地的新聞媒體都引述她這段話，憤怒的國會議員和右

翼團體研究人士指責臉書推卸責任，《新共和週刊》（*The New Republic*）更以「雪柔·桑德伯格，下台」作為報導標題。

幾天後，參與國會大廈攻擊事件的暴徒紛紛遭到起訴。聯邦檢察官為了提交法律文件，開始從臉書、推特和其他社群媒體蒐集證據，而這些證據呈現了國會大廈攻擊事件的動員者和參與者使用臉書的情況。

檢察官在一份起訴書中揭露，1 月 6 日川普總統在白宮前主持「拯救美國」（Save America）集會演講前數週，湯瑪斯·考德威爾（Thomas Caldwell）和他的民兵組織「守誓者」（Oath Keepers）成員就透過臉書公開討論他們華府行程的住宿、機票和其他後勤工作。2020 年 12 月 24 日，考德威爾在回應朋友的臉書貼文時描述了他動身前往華府的路線。12 月 31 日，他試圖號召成員加入他的行列，他說自己已經準備好「在街頭動員……這把火就要燒起來了。」2021 年 1 月 1 日，他建議其他民兵投宿華府某間旅館，以便晚上可以出來「獵捕」反法西斯主義運動分子，他們認為這些左派分子正在華府活動。

其他起訴書也顯示「守誓者」、「驕傲男孩」（Proud Boys）和其他組織的成員曾經在臉書上互傳訊息，談到他們計畫攜帶武器到華府，然後在那裡進行暴力抗爭。1 月 5 日，一個名為「紅州脫離聯邦」（Red-State Secession）的臉書粉絲專頁發文說：「如果你不打算用武力捍衛文明，那就準備接受野蠻行徑。」許多人紛紛留言，還貼出照片展示他們打算帶到 1 月 6 日川粉集會現場的武器。

臉書的安全與政策團隊已經注意到這些活動，而且愈來愈提高警覺。1 月 6 日上午，有記者向臉書舉發「紅州脫離聯邦」粉絲專頁，不到幾小時，臉書就回覆說安全團隊已經在審查這個專頁，而且會立即把它刪除。儘管臉書正在加速刪除鼓吹暴力行為的社團和粉絲專

頁，他們卻消除不了這幾個月數千個臉書粉絲專頁醞釀出來的憤怒情緒。成千上萬的群眾受到號召，前往華府參加示威活動。他們舉著「停止偷竊選舉」（Stop the Steal）的抗議標語，聲援全面指控對手竊取選舉結果的川普總統。

臉書Messenger淪為國會暴徒的幫兇

1月6日上午，人們抵達華府之後，毫無顧忌地在臉書和Instagram上發文，秀出大批群眾聚集聆聽川普總統發表談話的場面。就在演講進入尾聲時，川普號召支持者「走上賓夕法尼亞大道」，朝著數百位國會議員所在的國會大廈前進。不久之後，人們就開始用手機直播在國會大廈外跟警察爆發衝突並推倒路障的畫面。此時，考德威爾和多名示威者透過 Messenger 收到從遠處觀看攻擊行動的夥伴們傳來的訊息。

「所有議員都在國會大廈的隧道裡。」有人告訴正要闖入國會大廈的考德威爾，並接著說：「把他們關在裡面。打開瓦斯。」

過了一會兒，考德威爾在臉書上發布最新動態：「進來了。」

接著，他開始透過臉書上的訊息取得一連串詳細的指示。有人慫恿他：「把那個婊子帶走。」另一人告訴他：「所有議員都在地下三樓的隧道裡。」還有人吩咐他「從上到下」檢查各個樓層，並告訴他走哪條通道。考德威爾正在尋找國會議員的蹤影，執行一場他和全美極右派組織成員視為革命起義的行動。

數千里外，住在門洛帕克總部附近翠綠郊區的臉書高層主管們正在家中驚恐地看著這一切。臉書安全團隊先前已經對華府可能發生暴

力事件提出警告，因此在安全團隊的建議下，這群主管們在當天上午舉行了一場線上會議，討論應變計畫。儘管美國總統大選已經過了兩個月，這些高層主管卻覺得他們從 11 月 3 日以來一直處於緊繃狀態。「我們沒有機會可以鬆口氣。每天醒來，我們仍然感覺選舉沒有結束，所有人都在看我們對川普拒絕承認敗選有何回應。」其中一位高層主管回憶說。

刪文標準何在？
臉書為何總是在發生攻擊行為後，才採取行動？

在會議上，這群主管感到最困擾的一個問題就是川普會如何使用他的臉書帳號。過去一週來，臉書已經開始對川普指控選舉舞弊的許多貼文加上標籤，但如果川普擺出更強硬的姿態，透過臉書宣布不會辭職下台，臉書該怎麼辦。這群主管也討論到，萬一川普直接號召華府的群眾加入暴力行動，他們該如何因應。祖克柏雖然沒有出席這場線上會議，但他聽取了開會內容。在開會過程中，領導團隊曾經一度建議請祖克柏打電話給川普，以得知總統的想法，但最後臉書還是沒有這麼做，因為他們擔心談話內容會外流到媒體手中，使臉書成為川普當天所作所為的共犯。

於是這群主管一直在等，看看川普是否會在臉書貼文中重申他在演講中所提出的指控，也就是對手從他那裡偷走了選舉。他們看著暴徒衝進國會大廈，看著氣喘吁吁的記者透過鏡頭報導國會議員在警力衛護下撤離議事廳的情況。臉書的安全團隊通知高層主管們，一些暴徒正利用臉書和 Instagram 帳號直播他們闖入國會大廈的過程，而且

從早上開始，用戶投訴暴力內容的案件就增加 10 倍以上❶，每小時湧入了將近 4 萬筆有關暴力內容或留言的投訴。祖克柏同意採取緊急措施，刪除任何有關暴徒闖入國會大廈的暴力影片。

這群主管繼續看著川普指責副總統彭斯沒有按照他的計畫強制國會授予他第二個任期，並看著川普對暴徒說他「愛」他們。成千上萬的人在臉書上呼應總統的話，號召暴徒們追捕彭斯。

正當祖克柏和高層主管們討論因應之道時，有一股聲浪開始在 Tribe 留言板的各個群組中出現，工程師、產品經理、設計師和政策團隊成員都出面呼籲公司徹底禁止川普使用臉書。

「這不再是假設性的問題，川普確實煽動了暴力行為。」一位臉書工程師寫道，「我看不出來我們有什麼正當理由繼續保留他的帳號。」

「大家要挺住。」臉書技術長施洛普佛在 Tribe 留言板的全員群組中寫道。

一名員工回應說：「恕我直言，難道我們還沒有足夠的時間弄清楚，如何管理平台上的言論而不助長暴力嗎？」這番話很快就獲得數百名同事按讚，跟許多表達不滿情緒的留言一樣，「我們推波助瀾了很長一段時間，如今面對失控的局面，我們不該感到意外。」

到了晚上，國會大廈大致清場完畢時，祖克柏終於決定刪除川普的兩則貼文，並封鎖他的帳號 24 小時。

祖克柏從來不想走到這一步，領導團隊清楚知道自己是在開創先例，在應付一個前所未有的狀況。團隊成員們一直在進行深入而激烈的討論。「在過程中，有人告訴祖克柏，如果我們這樣做，我們將不得不回答一個問題：為什麼選在這個時候封鎖川普的帳號？」一位高層主管回憶說。他接著說，有團隊成員指出，臉書並沒有對其他國家

的領導者這樣做，包括菲律賓、印度和衣索比亞，即使他們的言論似乎也在煽動暴力行為。「所以我們對美國有一套標準，對其他國家有另一套標準嗎？這是在告訴人們，只有當美國發生這種事情時，我們才採取行動嗎？這種觀感不是很好。」

從下午到晚上，祖克柏一直在考慮應該對川普的帳號採取什麼進一步的措施。隔天，他決定繼續封鎖川普的帳號，直到就職典禮舉行之日。他也指示安全團隊針對平台上協助動員 1 月 6 日集會的挺川普團體採取行動，包括刪除「出走」（WalkAway）運動粉絲專頁以及所有提到「停止偷竊選舉」的內容。

「我們相信大眾有權透過各種可能的管道接觸政治言論，」祖克柏在臉書上發文解釋這個決定，「但目前的情況完全不同，因為它牽涉到利用我們平台煽動暴力叛亂行為，去反抗一個民選政府。」他接著說，「允許總統在這段期間繼續使用我們的服務所帶來的風險實在太高了。」

這是社群媒體平台對川普所採取最為強烈的措施，但祖克柏在貼文結尾透露了一個憂喜參半的訊息：他將「無限期」延長對川普臉書及 Instagram 帳號所發布的禁令，而具體地說就是「至少會持續兩週，直到政權和平轉移為止。」

換句話說，臉書會為自己保留選擇餘地。

後記

持久戰

　　2020 年 5 月，臉書宣布任命第一批 20 名獨立委員，負責裁決平台上最棘手的爭議內容案件。這個「監察委員會」（Oversight Board）的成員包含世界各地的民權專家和卸任政治領袖，他們會從用戶提出的申訴請求中，挑選符合資格的案件，然後深入審理臉書先前對其貼文或帳號所做的處分。祖克柏從多年前就開始醞釀這個想法；在他的構想中，這個類似最高法院的「監察委員會」可以針對案件進行表決並提供書面意見。這個委員會雖然由臉書出資成立，但有權宣布具有約束力的裁決，即使是祖克柏或其他臉書高層主管也不能推翻。祖克柏在介紹監察委員會的一篇文章中解釋：「臉書不應自行做出太多關於言論自由和網路安全的重要決定。」

　　監察委員會在運作初期審理的其中一件申訴案，跟緬甸用戶發布的一則貼文有關。臉書原先認為這則貼文對穆斯林有「貶低或冒犯」之意，於是將它刪除，後來監察委員會裁定，這則貼文並沒有鼓吹仇恨情緒或者煽動立即性的傷害行為，儘管他們承認臉書平台在緬甸曾經扮演了危險的角色。

　　這個裁決公布的時間點對臉書而言有點奇怪，因為他們那陣子一直在打擊緬甸的仇恨言論，除了增聘緬甸語審查員，也跟當地的非政

府組織緊密合作。2020年8月，也就是東南亞人權組織「鞏固人權」執行長史密斯請求臉書向聯合國提供緬甸軍方的國際罪行證據將近兩年之後，臉書才終於交出了一批密存的檔案。

至於其他在監察委員會運作初期審理的案子，大多相對不是很嚴重，例如裸露女性乳頭以宣導乳癌防治觀念的照片、批評法國新冠肺炎處方療法的貼文等等。但2021年1月21日，監察委員會收到一件高度受人注目的案子；在拜登就職之後，祖克柏並沒有立即將川普永久停權，而是把最終決定權交給監察委員會，並預計最晚在4月得知裁決結果 *。

監察委員會為臉書提供了一個絕佳的脫身管道，**祖克柏等於把處置川普帳號這個重大而棘手的決定丟給其他人，這是一舉數得的方便之計**。自從川普遭到臉書停權之後，世界各地的公民社會團體就要求臉書以相同的標準對待土耳其總統艾爾段（Recep Tayyip Erdoğan）、委內瑞拉總統馬杜洛（Nicolás Maduro）等獨裁者，因為他們也在煽動仇恨並散播假訊息。美國國會大廈暴動事件有比緬甸、斯里蘭卡或衣索比亞的種族滅絕和暴力衝突更嚴重嗎？許多臉書員工和用戶也質疑，為什麼川普因為發文煽動國會大廈暴亂行為遭到停權，卻沒有因為發文說要開槍伺候「黑人的命也是命」抗爭活動中的搶劫者而受到相同處分？現在，這一切都由監察委員會來決定。

臉書再一次假借在為世界做最有益的事，找到了卸責的方法。這間公司並沒有興趣推動真正的改革，正如民主黨籍參議員伊莉莎白・華倫評論臉書的滾動式政治言論決策時所說的，他們只注重「表面工夫」❶。

---

* 譯注：裁決結果原訂在4月21日宣布，但監察委員會延到5月5日。

聘用超過100位律師，全力反擊政府的壟斷指控

2020 年 12 月美國聯邦及州政府對臉書提起了反壟斷訴訟，那些指控的幅度和嚴重性以及強迫拆分的要求，都出乎臉書的意料。2020 年 10 月，臉書的律師曾在一份文件中指出，如果公司遭到拆分，將被迫花費數十億美元的成本來維護獨立運作的系統，還會削弱安全性、損害用戶體驗，「因此，『拆分』臉書完全不可行。❷」律師總結說。

2020 年夏天，祖克柏和桑德伯格向聯邦貿易委員會和州政府提供了證詞，助理們都認為他們的說法無懈可擊。桑德伯格在家中接受視訊作證時，就像她平常開會那樣隨意踢掉鞋子、盤腿而坐，然後一邊回答問題，一邊用湯匙舀起她卡布奇諾咖啡上的奶泡。她忠於腳本地說，臉書有很多競爭對手，並沒有壟斷市場，而且一直盡力協助 Instagram 和 WhatsApp 在公司內部發展成強大的事業體。如同十年前跟聯邦貿易委員會官員開會時的情景，桑德伯格的隨興表現令一些監管人士感到驚訝，也顯示她誤判了他們看待質詢的認真程度。某位人士回憶說，桑德伯格感覺就像在跟朋友聊天一樣。儘管人們經常談論桑德伯格自誇的政治天賦，她卻屢次出奇地展現自己的過度自信和狀況外。

臉書不想冒險，並且願意投入所有力氣和資源來打這場反壟斷訴訟官司。他們聘請前聯邦貿易委員會官員代表公司遊說反壟斷官員，並撰寫白皮書來支持臉書的辯護論點。臉書擁有超過 100 位專任及外聘律師，其中包括老牌頂級律師事務所「凱洛格漢森」（Kellogg Hensen）的首席出庭律師，和一位目前任職於盛德律師事務所（Sidley Austin）的前聯邦貿易委員會總法律顧問。臉書的專任律師們認為聯邦

貿易委員會和州政府的立場薄弱，他們認為臉書想要壓制未來的競爭對手。聯邦貿易委員會等於在要求重新審核收購案，但多年前他們審查這些交易案時並沒有反對，「所以基本上他們是向法庭認錯，然後又說『現在臉書得聽我們的』？」一位在臉書反壟斷團隊工作的資深員工說。

祖克柏小心翼翼地避免發表個人意見。他在寫給員工的一封信中說，這些訴訟案「開啟了一個可能要花數年時間才會結束的官司」，他要求員工不得公開討論這些訴訟案，而且暗示他願意為了公司的長遠發展而戰。

同一時間，聯邦貿易委員會正式提起訴訟，臉書也採用一貫的轉移焦點手法和防禦策略，指出其他公司正帶來更巨大的威脅。臉書的律師們準備對蘋果提起反壟斷訴訟，因為蘋果新推出的隱私政策造成臉書及其他應用程式的運作模式受限。臉書的高層主管們也持續警告來自中國企業的威脅，以及澳洲即將立法要求臉書付費給媒體才能刊登新聞的新措施。

在此同時，臉書的華府辦公室正忙著因應新任政府的人事布局。每次新任政府上台時，國會的遊說機制都會跟著重新啟動，各企業的遊說團隊也要調整人力和優先事項，以便迎合新執政黨的需求。以臉書來說，這就像一艘遊輪要在海上做 180 度大轉彎一樣。先前臉書傾向於取悅川普，現在祖克柏要對拜登政府熱情示好，難免引發員工和政治領袖的不同意見。臉書需要徹底重整他們規模龐大的遊說行動。

臉書布局華府，遊說支出全美第一

臉書的華府辦公室並非省油的燈。為了保護自身利益，臉書近幾年花在遊說工作上的費用幾乎超過其他公司。

2020 年，臉書的遊說支出高達將近兩千萬美元，在所有企業當中排名第一，超越亞馬遜、字母控股公司（Alphabet）、石油巨擘，大藥商和零售業者。他們多年來與兩大黨和知名政商領袖建立關係也帶來一些好處。臉書的前董事傑夫・齊安茲（Jeff Zients）被拜登任命為白宮防疫協調官，另一名前董事厄斯金・鮑爾斯（Erskine Bowles）在拜登的交接團隊裡擔任顧問。曾在臉書擔任總法律顧問並參與劍橋分析事件調查工作的潔西卡・赫茲（Jessica Hertz）同樣進入了拜登交接團隊，並且被任命為白宮幕僚祕書。

臉書華府辦公室裡的民主黨人爭相搶奪直接遊說白宮並領導國會遊說團隊的高階職位。儘管克萊格在擔任英國副首相時就認識拜登，但桑德伯格還是全公司最有權勢的民主黨人。在新舊政府交接期間，有媒體揣測桑德伯格可能會離開臉書，進入拜登內閣任職，但一些民主黨政界人士認為她的名聲和臉書的形象太過負面，或者如同拜登交接團隊裡某個顧問所說的，「根本連門兒都沒有。」

有些人則對卡普蘭在川普執政期間所做的決定感到心灰意冷。民主黨說客凱特琳・歐尼爾在 1 月時離開臉書，她告訴朋友，她之所以辭職是因為公司所做的一連串決定讓她無法苟同，包括拒絕刪除有關她前任老闆裴洛西的造假影片。其他人則對卡普蘭和他的過往紀錄有所批評。當參議院司法委員會在總統大選前決定傳喚祖克柏出席社群媒體審查言論聽證會時，一位政策團隊成員嘲諷說：「如果喬爾・卡普蘭那麼厲害，為什麼我們執行長還要一直出面作證？換作是別家公

司，早就開除華府辦公室了。」

但卡普蘭的位子坐得很穩，即使民主黨在白宮和國會裡占多數，他仍然是臉書的全球公共政策副總裁，他已經成功地打進祖克柏的核心圈裡。雖然卡普蘭將在拜登政府面前保持低調，讓其他人與白宮進行更多接觸，但在政治問題上，祖克柏還是會繼續聆聽他的意見。「如果喬爾準備好要走，他就會走。馬克在政策方面信得過的人不多，喬爾就位在這個信任圈的核心。」那位政策團隊成員說。同樣安然坐在這個信任圈裡的還有考克斯和博斯。

疫情期間，臉書廣告獲利連創新高

桑德伯格和祖克柏的關係也依然穩固。儘管她有時達不到他的期望，但克萊格可以緩衝一些壓力，因為他欣然接下了為全世界最受責難的一間公司應付公關危機的任務，按照桑德伯格閨蜜的說法，這是她樂於擺脫的角色。桑德伯格身邊的人也表示，她無意投入政壇，因為她覺得自己在臉書還有太多事情要做，而且很滿意目前的生活，任何會對她還在念中學的孩子們造成干擾的事，她都不感興趣。她和未婚夫柏恩瑟已經共組家庭，柏恩瑟的三個孩子也從洛杉磯搬到門洛帕克，並在那裡上學。有些員工說桑德伯格不像以前那樣經常參加高層會議，但桑德伯格的助理堅稱，那是受到內部員工向媒體洩密以及新冠疫情迫使人們在家工作的影響，開會時程才有所變動。撇開八卦不談，至少在重要層面上，桑德伯格毫無疑問地有盡到她身為工作夥伴的義務——讓公司不斷從她掌管的廣告業務中獲利。

2021 年 1 月 27 日，祖克柏和桑德伯格在跟投資分析師們舉行電

話法說會時傳達了兩個截然不同的訊息，也透露出兩人獨特的互動關係。在法說會上，祖克柏宣布臉書正計畫減少動態消息裡的政治貼文，因為「人們不希望政治和爭執占據了我們所提供的服務體驗」。他仍然掌握公司最重大政策的決定權。不過這個聲明也默認臉書多年來沒能妥善處理平台上大肆散播的有害言論，尤其是在美國總統大選期間。他接著說：「我們將著重於協助無數用戶參與健康的社群，並且會投入更多心力拉近人們的距離。」❸

隨後發言的桑德伯格則把焦點轉移到營收上，「我們這一季的表現相當強勁。」她指出臉書 2020 年第四季的營收來到 280 億美元，跟前一年同期相比成長了 33%，「成長速度創下兩年來的新高。」

在新冠疫情期間，每天使用 Meta 集團三大應用程式任一款的人數估計有 26 億，比往年還要多，廣告商們也爭相搶著觸及這些用戶。

想要「串連人群」，又想要「從中獲利」，是臉書永遠無法消除的矛盾

當你讀到本書時，臉書的面貌可能已經大不相同。祖克柏或許會從執行長的工作中抽身，花更多時間去從事慈善事業。人們或許不是透過手機在臉書上互相聯繫，而是透過其他裝置，例如擴增實境（AR）眼鏡。臉書最受歡迎的功能或許不是動態更新和分享，而是供網路購物用的區塊鏈支付系統，或者賣座影音產品的製作和發行。

臉書坐擁 550 億美元的現金，可以盡情透過收購或創新來拓展新的業務，就像谷歌研發自動駕駛汽車、蘋果打造健康管理裝置一樣，

因此即使在多災多難的 2020 年，祖克柏也沒有停止為未來布局。為了踏入利潤豐厚的企業通訊軟體領域，臉書在 11 月底宣布以十億美元收購客戶關係管理軟體公司 Kustomer。受到 Zoom 在疫情期間迅速爆紅的刺激，祖克柏督促員工推出新的視訊功能，搶占視訊會議軟體市場。他投入更多程式設計資源來開拓虛擬實境及擴增實境頭戴式裝置的功能，探索他所謂未來人類溝通的新領域。就在《華盛頓郵報》董事長葛蘭姆向新創時期的臉書表達股權投資意願的 15 年後，臉書開始測試供用戶使用的自助出版工具。除此之外，儘管面臨來自監管機構的壓力，祖克柏依然不放棄區塊鏈貨幣的開發計畫，還將 Libra 幣更名為 Diem 幣❹，以便重新出發。

臉書自 2004 年創立以來，頻頻犧牲用戶隱私、網路安全及民主制度的廉正性來獲取巨大的利益，但這些從未阻止它成功。祖克柏和桑德伯格已經把這個企業打造成一個無法停止運轉而且可能強大到無法拆解的賺錢機器。即使有一天監管機構或祖克柏自己決定終結臉書實驗，那些早已向我們釋出的技術還會繼續存在。

可以肯定的是，臉書這個社群平台在未來幾年即使經歷重大的轉變，那個轉變也不大可能來自內部，畢竟用於維繫營運命脈的演算法太過強大，也太有賺頭，而且這個平台仰賴的是一個或許無法消除的根本性矛盾：藉由串連人群並從中獲利，來達成一個號稱能推動社會進步的使命。這就是臉書的困境和醜陋的真相。

致謝

　　如果沒有許多消息人士信任我們，向我們講述自己的故事，這本書不可能完成。他們經常冒著個人及職場的巨大風險跟我們交談，我們十分感謝他們的參與、耐心以及追求真相的承諾。雖然有些人已經離開臉書，但還有許多人仍然留在公司裡，試圖從內部改變現狀。

　　感謝哈潑出版社（Harper）整個團隊對這本書的信任，也感謝他們不畏艱難，耐心呵護一個即時開展並且由兩位分處美國東西岸的作者共同撰寫的故事。我們的編輯珍妮佛・巴斯（Jennifer Barth）傾注心力在這個主題上，並且號召強納森・伯納姆（Jonathan Burnham）所帶領的哈潑出版社全力支援一個隨著臉書故事進展而經歷多次轉折的出版計畫。我們感謝珍妮佛的付出、好奇心、想法以及對這個極為艱難的計畫所抱持的堅定信念。

　　感謝提姆・懷廷（Tim Whiting）所帶領的利特爾布朗出版社（Little, Brown）工作團隊，他們對這本書和我們的工作充滿熱忱，並且帶進國際視野，提醒我們留意臉書對全球造成的影響。

　　我們也十分感激《紐約時報》，靠著眾多同仁的協助以及新聞編輯室主管的全力支持，這本書才能從一系列的新聞報導逐漸萌芽成形。我們首先要感謝一直堅持不懈並提供支援的編輯譚佩穎（Pui-Wing Tam）。她在 2017 年夏天向我們提出一個簡單的問題：臉書內部究竟發生了什麼事，導致這個公司陷入一連串的醜聞？她不滿足於粗

略觀察這間公司，而是鞭策我們進行更詳盡、更深入的檢視。她尖銳的問題和敏銳的思考，一直激勵我們成為更好的記者。

我們的經紀人亞當・伊格林（Adam Eaglin）和艾麗絲・切尼（Elyse Cheney）始終和我們站在一起。他們認為這個世界需要一本關於臉書的書，以便讓人們認識這個強大的企業以及它對社會造成的影響。他們閱讀了章節和大綱，而且超乎我們預期地，將我們兩人的處女作盡可能完美地呈現出來。我們很感謝切尼經紀公司（Cheney Agency）全體同仁在世界各地宣傳我們的著作，包括伊莎貝爾・曼迪亞（Isabel Mendia）、克蕾兒・葛拉斯彼（Claire Gillespie）、愛麗絲・惠特萬（Alice Whitwham）、愛莉森・戴威洛（Allison Devereux）和丹尼・赫茲（Danny Hertz）。

芮貝卡・科貝特（Rebecca Corbett）不僅在《紐約時報》新聞編輯室裡指導我們，她出了名的宏觀看法、新聞判斷力、質疑態度以及處理結構、主題和人物的嫻熟能力，也在我們的寫書過程中扮演重要角色。芮貝卡經常在為重大報導調查工作忙了一整天後，還利用晚上和週末的時間從頭開始跟我們討論章節和想法。加雷斯・庫克（Gareth Cook）較早加入支援行列，他幫助我們篩選大量材料，讓我們可以看到大方向並制定計畫。他對這個主題的熱忱以及對結構和論點的熟練處理技巧，也讓我們的主軸呈現得更清晰。

希拉蕊・麥克萊倫（Hilary McClellan）和吉蒂・貝內特（Kitty Bennett）在事實查核及研究工作上都提供了寶貴的協助。她們在處理數百則資訊的過程中，始終保持一絲不苟的態度以及最嚴格的標準。

貝伍夫・席恩（Beowulf Sheehan）為我們的作者照施了一點魔法。雖然我們無法碰面，但貝伍夫透過遠距方式拍攝我們兩人的影像，然後完美無瑕地將它們結合起來。我們感謝貝伍夫和他不可思議的藝術

感、耐心及冒險精神。

我們飽讀了許多《紐約時報》同事們所做的精湛報導，雖然他們的名字多到無法一一列舉，但概括來說，尼古拉斯・康菲索（Nicholas Confessore）、馬修・羅森伯格（Matthew Rosenberg）和傑克・尼卡斯（Jack Nicas）是我們的元老級夥伴，我們五個人在 2018 年 11 月共同做了一篇報導，而這篇報導以相當罕見的方式喚醒了大眾的意識。麥克・伊薩克（Mike Isaac）、凱文・羅斯（Kevin Roose）、史考特・夏恩（Scott Shane）等人隸屬一個致力於揭露臉書勢力的強大報導團隊。我們非常感謝《紐約時報》科技組的其他成員，這些無比能幹而勤奮的科技記者為了使矽谷巨頭承擔責任，付出了極大的心力，我們相當倚重他們的報導，也很感激他們的合作。我們的編輯喬・普蘭貝克（Joe Plambeck）和詹姆斯・克斯泰特（James Kerstetter）對我們在報上和書中所做的報導給予極大支持。《紐約時報》的編輯主管們——迪恩・巴奎（Dean Baquet）、周看（Joe Kahn）、麥特・普迪（Matt Purdy）、白佩琪（Rebecca Blumenstein）和艾倫・波洛克（Ellen Pollock）——提供了重要的支持，而且允許我們休假進行報導和寫作，讓這本書得以完成。感謝阿瑟・格雷格・蘇茲伯格（A. G. Sulzberger）對我們的報導給予善意的指點，他的電子郵件總是為我們帶來驚喜，我們也對他熱衷於這些科技報導感到振奮。

這本書也參考了許多其他記者的報導，他們一直不屈不撓地為世人揭露臉書的面貌。我們在此僅舉幾例：萊恩・麥克（Ryan Mac）、克雷格・席佛曼（Craig Silverman）、莎拉・佛萊爾（Sarah Frier）、蒂帕・西薩拉曼（Deepa Seetharaman）、凱西・紐頓（Casey Newton）、茱莉亞・安格溫（Julia Angwin）、卡拉・史威雪、大衛・柯克派崔克（David Kirkpatrick）、史蒂芬・李維（Steven Levy）、傑夫・霍羅維茲（Jeff Horowitz）、莉莎‧多斯金（Lizza Dwoskin）、茱莉亞‧凱莉‧王（Julia Carrie Wong）、布蘭迪‧扎德羅茲尼（Brandy Zadrozny）和班‧柯林斯（Ben Collins）。

我們的讀者——卡希米爾‧希爾（Kashmir Hill）、潔西卡‧加里森（Jessica Garrison）、凱文‧羅斯（Kevin Roose）、娜塔莎‧辛格（Natasha Singer）、史考特‧夏恩和布萊恩‧陳（Brian Chen）——非常地慷慨，無論是最抽象、最哲學的看法，還是對我們的報導和想法提出具體的挑戰，他們都給予相當寶貴的意見，而我們也將所有意見融入了本書的最終版本。

希西莉雅的話：

從我開始寫這本書到完稿為止，我親愛的家人始終支持著我，他們忍受了太多個沒有我的夜晚和週末，只為了讓我可以埋首寫作。我的另一半歐塔克是我忠實的支持者，他認同我的想法，並且幫助我了解市場、商業和政治哲學。我親愛的孩子萊拉和提金是我最犀利的編輯，因為他們會毫不掩飾地對我的敘事內容和風格給予意見，他們也為我加油，對我充滿信心。我的父母威廉和瑪格麗特是我的心靈羅盤。從我還是首爾的一名小記者開始，我爸爸就會用活頁夾收集我寫過的每篇報導。他們的旅程不斷提醒我，寫作是個極大的恩典，這也使我得以踏上記者之路。薩賓娜、費莉西亞、葛蕾絲和德魯仔細研究書中章節，而且對這個主題投入情感，激發了我的雄心壯志，費莉西亞也為有關美國歷史和古典文學主題的討論帶來活力。他們提醒我，我必須把臉書的故事說出來。這本書是為我的家人而寫的。

希拉的話：

感謝我的家人，他們始終相信我能夠寫書——我們做到了！我會成為一名記者，甚至一名作家，絕對要感謝我的頭號支持者，那就是我爺爺路易斯，他燃起了我對報紙的熱愛，我是在他古老的加蓋寫字桌上完成這本書的。感謝我的祖母約娜和瑪卡，她們可能會想拿雞蛋砸我的頭，帶給我好運。感謝我的父母麥克和伊莉特時常鼓勵我迎接挑戰、提出問題、絕不退縮。感謝塔莉亞把創意和熱忱帶進每次的討論中，而且和我一樣對這本書感到興奮。感謝艾倫總是跳脫框架想問題，鼓勵我思考不同的觀點。

感謝湯姆，我的摯愛，他讓我實現了所有夢想，也給了我寫這本書所需要的空間、時間和支援。我是在 2017 年懷艾拉時寫出催生本書的那一篇《紐約時報》報導，而且我在寫第一章時剛好懷了伊登，我很高興他們開口說的第一句話都不是「臉書」。或許是我帶著艾拉和伊登一起經歷這個過程，但支持著我的卻是他們。媽媽愛你們。

資料來源

序章／不計一切代價

❶ "NY Attorney General Press Conference Transcript: Antitrust Lawsuit against Facebook," December 9, 2020.

❷ State of New York et al. v. Facebook, Inc., antitrust case filed in the United States District Court for the District of Columbia, Case 1:20-cv-03589-JEB, Document 4, filed December 9, 2020. https://ag.ny.gov/sites/default/files/state_of_new_york_et_al._v._facebook_inc._-filed_public_complaint_12.11.2020.pdf.

❸ John Naughton," 'The Goal is to Automate Us': Welcome to the Age of Surveillance Capitalism," Observer, January 20, 2019.

❹ Elise Ackerman,"Facebook Fills No. 2 Post with Former Google Exec," Mercury News, March 5, 2008.

❺ Facebook, "Facebook Reports Fourth Quarter and Full Year 2020 Results," press release, January 27, 2021.

第一章／別得罪你惹不起的人

❶ Vindu Goel and Sidney Ember, "Instagram to Open Its Photo Feed to Ads," New York Times, June 2, 2015.

❷ Barton Gellman and Ashkan Soltani, "Russian Government Hackers Penetrated DNC, Stole Opposition Research on Trump," Washington Post, October 30, 2013.

❸ Jenna Johnson, "Donald Trump Calls for'Total and Complete Shutdown of Muslims Entering the United States,' "Washington Post, December 7, 2015.

❹ Sheera Frenkel, Nicholas Confessore, Cecilia Kang, Matthew Rosenberg, and Jack Nicas, "Delay, Deny and Deflect: How Facebook's Leaders Fought through Crisis," New York Times, November 14, 2018.

❺ Issie Lapowsky,"Here's How Facebook Actually Won Trump the Presidency," Wired, November 2016.

❻ Sarah Frier and Bill Allison, "Facebook 'Embeds' Helped Trump Win, Digital Director Says,"Bloomberg, October 6, 2017.

❼ Andrew Marantz, "The Man Behind Trump's Facebook Juggernaut," New Yorker, March 9, 2020.

❽ Jeffrey Gottfried, Michael Barthel, Elisa Shearer and Amy Mitchell, "The 2016 Presidential Campaign—a News Event That's Hard to Miss," Journalism.org, February 4, 2016.

❾ Deepa Seetharaman,"Facebook Employees Pushed to Remove Trump's Posts as Hate Speech," Wall Street Journal, October 21, 2016.

❿ Renée DiResta, "Free Speech Is Not the Same as Free Reach," Wired, August 30, 2018.

第二章／洞悉人性的下一個大人物

❶ Katharine A. Kaplan, "Facemash Creator Survives Ad Board," Harvard Crimson, November 19, 2003.

❷ Laura L. Krug, "Student Site Stirs Controversy," Harvard Crimson, March 8, 2003.

❸ Aaron Greenspan, "The Lost Chapter," AaronGreenspan.com,September 19, 2012.

❹ Claire Hoffman, "The Battle for Facebook," Rolling Stone, September 15, 2010.

❺ Nicholas Carlson, " 'Embarrassing and Damaging' Zuckerberg IMs Confirmed by Zuckerberg, New Yorker," Business Insider, September 13, 2010.

❻ Erica Fink, "Inside the 'Social Network' House," CNN website, August 28, 2012.

❼ Noam Cohen, "The Libertarian Logic of Peter Thiel," Wired, December 27, 2017.

❽ MG Siegler, "Peter Thiel Has New Initiative to Pay Kids to 'Stop out of School,' " TechCrunch, September 27, 2010.

❾ Seth Fiegerman,"This is What Facebook's First Ads Looked Like," Mashable, August 15, 2013.

❿ Anne Sraders, "History of Facebook: Facts and What's Happening," TheStreet, October 11, 2018.

⓫ Allison Fass, "Peter Thiel Talks about the Day Mark Zuckerberg Turned down Yahoo's $1 Billion," Inc., March 12, 2013.

⓬ Nicholas Carlson, "11 Companies that Tried to Buy Facebook Back When it Was a Startup," Business Insider, May 13, 2010.

⓭ Fass, "Peter Thiel Talks about the Day Mark Zuckerberg Turned down Yahoo's $1 Billion."

⓮ Mark Zuckerberg's August 16, 2016 interview with Sam Altman, "How to Build the Future," can be viewed on YouTube.

⓯ Stephen Levy, "Inside Mark Zuckerberg's Lost Notebook," Wired, February 12, 2020.

⓰ Steven Levy, Facebook: The Inside Story (New York: Blue Rider Press, 2020).

⓱ Tracy Samantha Schmidt, "Inside the Backlash against Facebook," Time, September 6, 2006.

⓲ UCTV's "Mapping the Future of Networks with Facebook's Chris Cox: The Atlantic Meets the Pacific," October 8, 2012, can be viewed on YouTube.

⓳ Taylor Casti, "Everything You Need to Know about Twitter," Mashable, September 20, 2013.

⓴ Zuckerberg, quoted in Now Entering: A Millennial Generation, directed by Ray Hafner and Derek Franzese, 2008.

第三章／我們要開發哪一門生意？

❶ Marital Settlement Agreement between Sheryl K. Sandberg and Brian D. Kraff, Florida Circuit Court in Dade County, filed August 25, 1995.

❷ Sandberg, interview with Reid Hoffman, Masters of Scale podcast, October 6, 2017.

❸ Ibid.

❹ Peter Holley, "Dave Goldberg, Husband of Facebook Exec Sheryl Sandberg, Dies Overnight, Family Says," Washington Post, May 2, 2015.

❺ Brad Stone and Miguel Helft, "Facebook Hires a Google Executive as No. 2," New York Times, March 5, 2008.

❻ Patricia Sellers, "The New Valley Girls," Fortune, October 13, 2008.

❼ Kara Swisher, "(Almost) New Facebook COO Sheryl Sandberg Speaks!" AllThingsD, March 10, 2008.

❽ FTC, "FTC Staff Proposes Online Behavioral Advertising Principles," press release, December 20, 2007.

❾ Henry Blodget, "The Maturation of the Billionaire Boy-Man," New York magazine, May 4, 2012.

⑩ Vauhini Vara, "Facebook CEO Seeks Help as Site Grows," Wall Street Journal, March 5, 2018.

⑪ Andrew Bosworth, Facebook post, December 1, 2007.

⑫ Katherine Losse, The Boy Kings (New York: Simon and Schuster, 2012), p. 24.

⑬ Bianca Bosker, "Mark Zuckerberg Introduced Sheryl Sandberg to Facebook Staff by Saying They Should All 'Have a Crush on' Her," Huffington Post, June 26, 2012, https://www.huffpost.com/entry/mark-zuckerberg-sheryl-sandberg-facebook-staff-crush_n_1627641.

⑭ David Kirkpatrick, The Facebook Effect (New York: Simon and Schuster, 2010), p. 257, and interviews.

⑮ Janet Guyon,"The Cookie that Ate the World," Techonomy, December 3, 2018.

⑯ Katharine Q. Seelye,"Microsoft to Provide and Sell Ads on Facebook, the Web Site," New York Times, August 23, 2006.

⑰ Francesca Donner, "The World's Most Powerful Women," Forbes, August 19, 2009.

⑱ Josh Constine,"How the Cult of Zuck Will Survive Sheryl's IPO," TechCrunch, March 1, 2012.

⑲ Jessica Guynn, "Facebook's Sheryl Sandberg Has a Talent for Making Friends," Los Angeles Times, April 1, 2012.

⑳ Ibid.

㉑ Louise Story and Brad Stone, "Facebook Retreats on Online Tracking," New York Times, November 30, 2007.

㉒ Ibid.

㉓ John Paczkowski, "Epicurious Has Added a Potential Privacy Violation to Your Facebook Profile!," AllThingsD, December 3, 2007.

㉔ Mark Zuckerberg, "Announcement: Facebook Users Can Now Opt-Out of Beacon Feature," Facebook blog post, December 6, 2007.

㉕ Donner, "The World's Most Powerful Women."

㉖ Sandberg, "Welcome to the Cloud" panel, Dreamforce 2008 conference, San Francisco, FD (Fair Disclosure) Wire, November 3, 2008.

㉗ Shoshana Zuboff, "You Are Now Remotely Controlled," New York Times, January 24, 2020.

㉘ Julie Bort, "Eric Schmidt's Privacy Policy is One Scary Philosophy," Network World, December 11, 2009.

㉙ Leena Rao, "Twitter Added 30 Million Users in the Past Two Months," TechCrunch, October 31, 2010.

㉚ Bobbie Johnson,"Facebook Privacy Change Angers Campaigners," Guardian, December 10, 2009.

㉛ Jason Kincaid, "The Facebook Privacy Fiasco Begins," TechCrunch, December 9, 2009.

㉜ Cecilia Kang, "Update: Questions about Facebook Default for New Privacy Rules," Washington Post, December 9, 2009.

㉝ Ryan Singel, "Facebook Privacy Changes Break the Law, Privacy Groups Tell FTC," Wired, December 17, 2009.

㉞ Bobbie Johnson,"Privacy No Longer a Social Norm, Says Facebook Founder, Guardian, January 11, 2010.

㉟ In the Matter of Facebook, Inc., EPIC complaint filed with the FTC on December 17, 2009, https://epic.org/privacy/inrefacebook/EPIC-FacebookComplaint.pdf.

第四章／追捕洩密者

❶ Michael Nuñez, "Mark Zuckerberg Asks Racist Facebook Employees to Stop Crossing out Black Lives Matter Slogans," Gizmodo, February 25, 2016.

❷ Ibid.

❸ Ibid.

❹ Michael Nuñez, "Former Facebook Workers: We Routinely Suppressed Conservative News," Gizmodo, May 9, 2016.

❺ John Herrman and Mike Isaac, "Conservatives Accuse Facebook of Political Bias," New York Times, May 9, 2016.

❻ Zachary Warmbrodt, Ben White, and Tony Romm, "Liberals Wary as Facebook's Sandberg Eyed for Treasury," Politico, October 23, 2016.

❼ Mike Isaac and Nick Corasaniti, "For Facebook and Conservatives, a Collegial Meeting in Silicon Valley," New York Times, May 18, 2016.

❽ Brianna Gurciullo, "Glen Beck on Facebook Meeting: 'It Was Like Affirmative Action for Conservatives,' " Politico, May 19, 2016.

❾ Daniel Arkin, "Boston Marathon Bombing Victim Sues Glenn Beck for Defamation," NBC News website, April 1, 2014.

❿ Ryan Mac, Charlie Warzel and Alex Kantrowitz,"Growth at Any Cost: Top Facebook Executive Defended Data Collection in 2016 Memo—and Warned that Facebook Could Get People Killed," Buzzfeed News, March 29, 2018.

⓫ Facebook, "Facebook Names Sheryl Sandberg to Its Board of Directors," press release, June 25, 2012.

⓬ Miguel Helft, "Sheryl Sandberg: The Real Story," Fortune, October 10, 2013.

⓭ Keith Collins and Larry Buchanan,"How Facebook Lets Brands and Politicians Target You," New York Times, April 11, 2018.

⓮ David Cohen, "Facebook Officially Launches Lookalike Audiences," Adweek, March 19, 2013.

⓯ "Facebook Executive Answers Reader Questions," New York Times "Bits" blog, May 11, 2010.

⓰ Sarah Perez, "More Cyberbullying on Facebook, Social Sites than Rest of the Web," New York Times, May 10, 2010.

⓱ "CR Survey: 7.5 Million Facebook Users are Under the Age of 13, Violating the Site's Terms," Consumer Reports, May, 2011.

⓲ Lisa Belkin, "Censoring Breastfeeding on Facebook," New York Times "Motherlode" blog, December 19, 2008.

第五章╱預警金絲雀

❶ Editorial Team, "CrowdStrike's Work with the Democratic National Committee: Setting the Record Straight," CrowdStrike, June 5, 2020.

❷ ThreatConnect Research Team,"Does a BEAR Leak in the Woods?" ThreatConnect, August 12, 2016. Secureworks Counter Threat Unit, "Threat Group 4127 Targets Hillary Clinton Presidential Campaign," Secureworks, June 16, 2016.

❸ Motez Bishara, "Russian Doping: 'An Unprecedented Attack on the Integrity of Sport & the Olympic Games," CNN website, July 18, 2016.

❹ Jonathan Martin and Alan Rappeport, "Debbie Wasserman Schultz to Resign D.N.C. Post," New York Times, July 24, 2016.

❺ Scott Detrow,"What's in the Latest WikiLeaks Dump of Clinton Campaign Emails," NPR, October 12, 2016.

❻ Arik Hesseldahl, "Yahoo to Name TrustyCon Founder Alex Stamos as Next Chief Information Security Officer," Vox, February 28, 2014.

❼ Joseph Menn, "Yahoo Scanned Customer Emails for U.S. Intelligence," Reuters, October 4, 2016.

❽ Michael S. Schmidt, "Trump Invited the Russians to Hack Clinton. Were They Listening?," New York Times, July 13, 2018.

❾ Ian Bogost and Alexis C. Madrigal, "How Facebook Works for Trump," Atlantic, April 17, 2020.

❿ Davey Alba, "How Duterte Used Facebook to Fuel the Philippine Drug War," Buzzfeed News, September 4, 2018.

⓫ Ben Chapman, "George Soros Documents Published 'by Russian Hackers' say US Security Services," Independent, August 15, 2016.

⓬ Jennifer Ablan, "Russia Bans George Soros Foundation as State Security 'Threat'," Reuters, November 30, 2015.

第六章／無稽之談

❶ Robert Costa, "Former Carson Campaign Manager Barry Bennett is Quietly Advising Trump's Top Aides," Washington Post, January 22, 2016.

❷ Kerry Saunders and Jon Schuppe, "Authorities Drop Battery Charges against Trump Campaign Manager Corey Lewandowski," NBC News website, April 14, 2016.

❸ Adrienne Jane Burke,"Facebook Influenced Election? Crazy Idea, Says Zuckerberg," Techonomy, November 11, 2016.

第七章／公司勝過國家

❶ Salvador Rizzo, "Did the FBI Warn the Trump Campaign about Russia?" Washington Post, September 20, 2019.

❷ Kate Losse, "I Was Zuckerberg's Speechwriter. 'Companies over Countries' Was His Early Motto," Vox, April 11, 2018.

❸ Kyle Cheney and Elana Schor, "Schiff Seeks to Make Russia-linked Facebook Ads Public," Politico, October 2, 2017.

第八章／刪除臉書

❶ Matthew Rosenberg, Nicholas Confessore and Carole Cadwalladr, "How Trump Consultants Exploited the Facebook Data of Millions," New York Times, March 17, 2018.

❷ Carole Cadwalladr and Emma Graham-Harrison, "Revealed: 50 Million Facebook Profiles Harvested for Cambridge Analytica in Major Data Breach," Guardian, March 17, 2018.

❸ Rosenberg, Confessore and Cadwalladr, "How Trump Consultants Exploited the Facebook Data of Millions."

❹ "Facebook CEO Mark Zuckerberg Testifies on User Data," April 10, 2018, Video can be found on C-Span .org.

❺ State of New York et al. v. Facebook.

❻ Paul Lewis, " 'Utterly Horrifying': Ex-Facebook Insider Says Covert Data Harvesting Was Routine," Guardian, March 20, 2018.

❼ CPO Team, "Inside the Facebook Cambridge Analytica Data Scandal, " CPO Magazine, April 22, 2018.

❽ Cecilia Kang and Sheera Frenkel, "Facebook Says Cambridge Analytica Harvested Data of Up to 87 Million Users," New York Times, April 4, 2018.

❾ Brooke Seipel and Ali Breland, "Senate Judiciary Dem Calls on Zuckerberg to Testify before Committee," The Hill, March 17, 2018.

❿ Reuters staff, "Republican Senator Joins Call for Facebook CEO to Testify about Data Use," Reuters, March 19, 2018.

⓫ Cher, "2day I did something very hard 4me," Tweet posted March 20, 2018.

⓬ Casey Newton, "Facebook Will hold an Emergency Meeting to Let Employees Ask Questions about Cambridge Analytica," The Verge, March 20, 2018.

⓭ Cecilia Kang, "Facebook Faces Growing Pressure over Data and Privacy Inquiries," New York Times, March 20, 2018.

⓮ FTC, "Facebook Settles FTC Charges that it Deceived Consumers by Failing to Keep Privacy Promises," press release, November 29, 2011.

⓯ Mark Scott, "Cambridge Analytica Helped 'Cheat' Brexit Vote and US Election, Claims Whistleblower," Politico, March 27, 2018.

⓰ "Pursuing Forensic Audits to Investigate Cambridge Analytica Claims," Newsroom post, March 19, 2018.

⓱ Harry Davies, "Ted Cruz Using Firm that Harvested Data on Millions of Unwitting Facebook Users," Guardian, December 11, 2015.

⓲ "Salesforce CEO Marc Benioff: There Will Have to Be More Regulation on Tech from the Government," video posted on CNBC, January 23, 2018.

⓳ "Remarks Delivered at the World Economic Forum," George Soros website, January 25, 2018.

⓴ "Organizer of 'Revolution 2.0' Wants to Meet Mark Zuckerberg," NBC Bay Area website, February 11, 2011.

㉑ "Sheryl Sandberg Pushes Women to 'Lean In'," 60 Minutes, CBS, March 10, 2013, can be viewed on YouTube.

㉒ Maureen Dowd, "Pompom Girl for Feminism," New York Times, February 24, 2013.

㉓ Jack Turman, "Lawmakers Call on Facebook to Testify on Cambridge Analytica Misuse," CBS News online, March 21, 2018.

㉔ Julia Angwin and Terry Parris, Jr., "Facebook Lets Advertisers Exclude Users by Race," ProPublica, October 28, 2016.

㉕ Natasha Singer, "What You Don't Know about How Facebook Uses Your Data," New York Times, April 11, 2018.

㉖ Sandy Parakilas, "Opinion: I Worked at Facebook. I Know How Cambridge Analytica Could Have Happened," Washington Post, March 20, 2018.

㉗ https://www.opensecrets.org/federal-lobbying/clients/lobbyists?cycle=2018&id=D000033563.

㉘ Emily Stewart, "Lawmakers Seem Confused about What Facebook Does—and How to Fix It," Vox, April 10, 2018.

㉙ Laura Bradley, "Was Mark Zuckerberg's Senate Hearing the 'Worst Punishment of All?'," Vanity Fair, April 11, 2018.

㉚ Zach Wichter, "2 Days, 10 Hours, 600 Questions: What Happened When Mark Zuckerberg Went to Washington," New York Times, April 12, 2018.

㉛ Natasha Bach, "Mark Zuckerberg's Net Worth Skyrocketed $3 Billion during His Senate Testimony and Could Rise Again Today," Fortune, April 11, 2018.

第九章／分享前先想想

❶ Tom Miles, "U.N. Investigators Cite Facebook Role in Myanmar Crisis," Reuters, March 12, 2018.

❸ Drew Harwell, "Faked Peolosi Videos, Slowed to Make Her Appear Drunk, Spread across Social Media, Washington Post, May 23, 2019.

❹ Ed Mazza, "WHOOPS: Giuliani Busted with Doctored Pelosi Video as He Tweets about Integrity," Huffington Post, May 23, 2019.

❺ Sarah Mervosh, "Distorted Videos of Nancy Pelosi Spread on Facebook and Twitter, Helped by Trump," New York Times, May 24, 2019.

❻ The May 22, 2019 "Speaker Pelosi at CAP Ideas Conference" video can be viewed on C-Span's website.

❼ Brian Fung, "Why It Took Facebook So Long to Act against the Doctored Pelosi Video," CNN website, May 25, 2019.

❽ David Cicilline, "Hey @facebook, you are screwing up," tweet posted May 24, 2019.

❾ Brian Schatz, "Facebook is very responsive to my office when I want to talk about federal legislation," tweet posted May 24, 2019.

❿ "Sheryl Sandberg Talks Diversity and Privacy at Cannes Lions," June 19, 2019, video can be viewed on Facebook.

⓫ Ryan Browne, "New Zealand and France Unveil Plans to Tackle Online Extremism without the US on Board," CNBC website, May 15, 2019.

⓬ Nick Clegg, "Breaking up Facebook Is Not the Answer," New York Times, May 11, 2019.

⓭ Ryan Mac, "Mark Zuckerberg Tried Hard to Get Facebook into China. Now the Company May be Backing Away," Buzzfeed News, March 6, 2019.

⓮ Cecilia Kang, David Streitfeld, and Annie Karni, "Antitrust Troubles Snowball for Tech Giants as Lawmakers Join In," New York Times, June 3, 2019.

⓯ Cecilia Kang, "House Opens Tech Antitrust Inquiry with Look at Threat to News Media," New York Times, June 11, 2019.

⓰ John D. McKinnon, "States Prepare to Launch Investigations into Tech Giants," Wall Street Journal, June 7, 2019.

⓱ Casey Newton, "All Hands on Deck," The Verge, October 1, 2019.

第十三章／跟總統打交道

❶ Chip Somodevilla, "President Donald Trump Welcomes NATO Secretary General Jens Stoltenberg to the White House," www.getty.images.com, News Collection #1139968795.

❷ Maya Kosoff, "Trump Slams Zuckerberg: 'Facebook Was Always Anti-Trump'," Vanity Fair, September 27, 2017.

❸ Natasha Bertrand and Daniel Lippman, "Inside Mark Zuckerberg's Private Meetings with Conservative Pundits," Politico, October 14, 2019.

❹ Don Alexander Hawkins, "Welcome to Rosslyn, Team Trump. Here's All You Need to Know," Politico, December 16, 2018.

❺ Grace Manthey, "Presidential Campaigns Set New Records for Social Media Ad Spending," ABC7 News online, October 29, 2020.

❻ Bryan Clark, "Facebook Confirms: Donald Trumped Hillary on the Social Network during 2016 Election," TNW, April 4, 2018.

❼ Jeff Amy, "Advocates Fault Facebook over Misleading Posts by Politicos," Associated Press, September 26, 2019.

❽ "Facebook's Civil Rights Audit Progress Report," June 30, 2019. PDF can be accessed on FB website.

❾ Nick Clegg, "Facebook, Elections and Political Speech," Facebook blog post, September 24, 2019.

⑩ A.R. Shaw, "Facebook's Sheryl Sandberg Confronts Race, Diversity at 'Civil Rights x Tech'," A.R. Shaw, Rolling Out, October 4, 2019.

⑪ Sherrilyn Ifill, "Opinion: Mark Zuckerberg Doesn't Know His Civil Rights History," Washington Post, October 7, 2019.

⑫ "Read the Letter Facebook Employees Sent to Mark Zuckerberg about Political Ads," New York Times, October 28, 2019.

⑬ Ben Smith, "What's Facebook's Deal with Donald Trump?" New York Times, June 21, 2020.

⑭ Andrea Germanos,"Poll Shows Facebook Popularity Tanking. And People Don't Like Zuckerberg Much Either," Common Dreams, March 30, 2018.

⑮ Mary Meisenzahl and Julie Bort,"From Wearing a Tie Every Day to Killing His Own Meat, Facebook CEO Mark Zuckerberg Has Used New Year's Resolution to Improve Himself Each Year," Business Insider, January 9, 2020.

⑯ Mark Zuckerberg, Facebook post, January 4, 2018.

第十四章／對世界有益

❶ "WHO/Coronavirus International Emergency," January 30, 2020 video can be viewed on UNifeed website.

❷ Yael Halon, "Zuckerberg Knocks Twitter for Fact-Checking Trump," Fox News online, May 27, 2020.

❸ https://assets.documentcloud.org/documents/6936057/Facebook-Letter.pdf.

❹ Kif Leswing, "Top Facebook Exec Who Left this Year Says Political Ads Should Be Fact-checked," CNBC online, November 8, 2019.

❺ "Fireside Chat with Chris Cox, Former CPO of Facebook," July 16, 2019, can be viewed on Youtube.

❻ Kim Lyons, "Coca-Cola, Microsoft, Starbucks, Target, Unilever, Verizon: All the Companies Pulling Ads from Facebook," The Verge, July 1, 2020.

❼ Ryan Mac and Craig Silverman, "How Facebook Failed Kenosha," Buzzfeed News, September 3, 2020.

❽ Ibid.

❾ Kevin Roose, "Trump's Covid-19 Scare Propels Him to Record Facebook Engagement," New York Times, October 8, 2020.

❿ Reuters, "An Interview with Facebook's Sheryl Sandberg," January 11, 2021, video can be viewed on Youtube.

⓫ Jeff Horwitz, "Facebook Knew Calls for Violence Plagued 'Groups,' Now Plans Overhaul, Wall Street Journal, January 31, 2021.

後記／持久戰

❶ Elizabeth Warren, "Facebook Is Again Making Performative Changes to Try to Avoid Blame for Misinformation in its platform," Facebook post, October 7, 2020.

❷ Jeff Horwitz, "Facebook Says Government Breakup of Instagram, Whatsapp Would Be 'Complete Nonstarter'," Wall Street Journal, October 4, 2021.

❸ "FB Q4 2020 Earnings Call Transcript," January 28, 2021, Motley Fool website.

❹ Diem, "Announcing the Name Diem," press release dated December 1, 2020, can be found on Diem.com.

地球觀 68

獲利至上

你的一舉一動，都是他們的賺錢工具！
Meta集團(Facebook, Instagram, WhatsApp)稱霸全球的經營黑幕
An Ugly Truth: Inside Facebook's Battle for Domination

作　　者　希拉·法蘭柯（Sheera Frenkel）
　　　　　希西莉雅·康（Cecilia Kang）
譯　　者　陳柔含、謝維玲

野人文化股份有限公司
社　　長　張瑩瑩
總 編 輯　蔡麗真
責任編輯　陳瑾璇
專業校對　魏秋綢
行銷企劃經理　林麗紅
行銷企畫　蔡逸萱、李映柔
封面設計　李東記
內頁排版　洪素貞

讀書共和國出版集團
社　　長　郭重興
發行人兼出版總監　曾大福
業務平臺總經理　李雪麗
業務平臺副總經理　李復民
實體通路組　林詩富、陳志峰、郭文弘、吳眉姍
網路暨海外通路組　張鑫峰、林裴瑤、王文賓、范光杰
特販通路組　陳綺瑩、郭文龍
電子商務組　黃詩芸、李冠穎、林雅卿、高崇哲
專案企劃組　蔡孟庭、盤惟心
閱讀社群組　黃志堅、羅文浩、盧煒婷
版 權 部　黃知涵
印 務 部　江域平、黃禮賢、林文義、李孟儒

出　　版　野人文化股份有限公司
發　　行　遠足文化事業股份有限公司
　　　　　地址：231 新北市新店區民權路 108-2 號 9 樓
　　　　　電話：（02）2218-1417　傳真：（02）8667-1065
　　　　　電子信箱：service@bookrep.com.tw
　　　　　網址：www.bookrep.com.tw
　　　　　郵撥帳號：19504465 遠足文化事業股份有限公司
　　　　　客服專線：0800-221-029
法律顧問　華洋法律事務所　蘇文生律師
印　　製　成陽印刷股份有限公司
初版首刷　2022 年 1 月

ISBN 978-986-384-650-5（平裝）
ISBN 978-986-384-663-5 (PDF)
ISBN 978-986-384-664-2 (EPUB)

國家圖書館出版品預行編目（CIP）資料

獲利至上：你的一舉一動，都是他們的賺錢工
具！Meta 集團 (Facebook,Instagram,WhatsApp)
稱霸全球的經營黑幕／希拉·法蘭柯 (Sheera
Frenkel)、希西莉雅·康 (Cecilia Kang) 作；陳柔
含、謝維玲譯 -- 初版 -- 新北市：野人文化股份
有限公司出版：遠足文化事業股份有限公司發
行，2022.01　面；　公分 .-- (地球觀；68)
譯自：An Ugly Truth：Inside Facebook's Battle for
Domination.
ISBN 978-986-384-650-5(平裝)

1.Meta 2. 科技業 3. 網路社群 4. 企業經營 5. 美國

484.6　　　　　　　　　　　　　110020819

獲利至上

野人文化　　野人文化　　線上讀者回函專用
官方網頁　　讀者回函　　QR CODE，你的寶
　　　　　　　　　　　　貴意見，將是我們
　　　　　　　　　　　　進步的最大動力。